HTML5 基礎

WINGSプロジェクト
片渕彼富【著】／山田祥寛【監修】

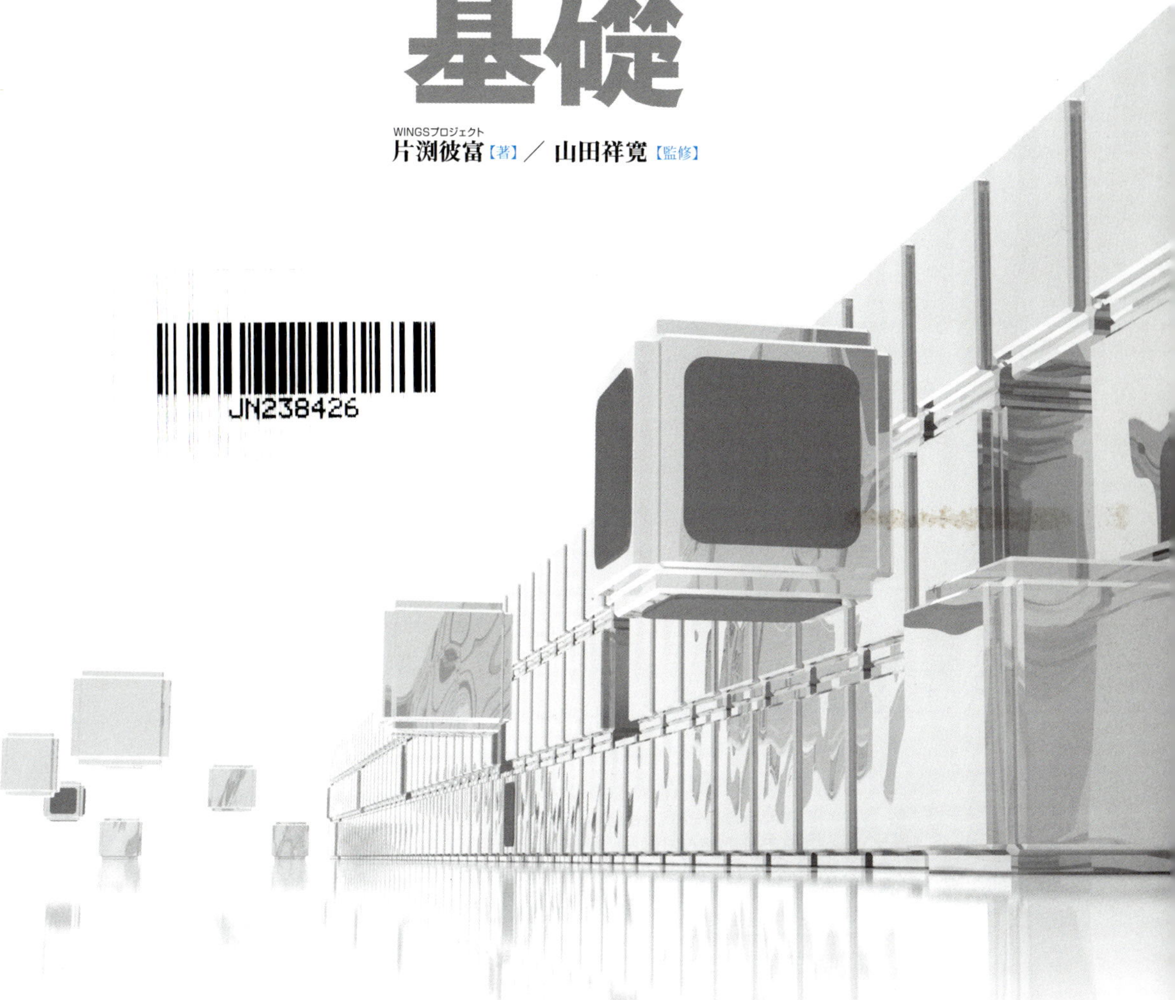

マイコミ
毎日コミュニケーションズ

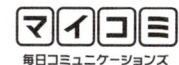

本書のサンプルコードのダウンロード URL

本書で紹介されているサンプルコードは以下のURLからダウンロードできます。

http://www.wings.msn.to/index.php/-/A-07/978-4-8399-3793-5/

サンプルコードはzipで圧縮されており、パスワード「wings-html5」で解凍できます。

・本書の内容は本書執筆時点の情報に基づいており、その後予告なく変更される可能性があります。
・本書に記載されている内容の運用によって、いかなる損害が生じても著者及び出版社は責任を負いかねますので、あらかじめご了承ください。
・本書に記載されている社名、商品名、製品名などは各社の商標、または登録商標です。

はじめに

　私達が日ごろ何気なく見ているホームページ、ブログ、SNS、動画共有サイト等のWebページを構成するHTMLというマークアップの言語の仕様が大幅に変わろうとしています。この仕様変更によって登場してきたのが、いわゆるHTML5です。

　HTML自体は、インターネットが一般的になる前から存在するマークアップ言語です。ただ、HTMLはおよそ10年以上もの間、その仕様にまったく変更がありませんでした。この間にWebサイトの利用が、ホームページに情報を載せて見せるだけというような一方的な情報配信での使われ方から、ブログのように自分の意見を自由に発信して誰かからトラックバックされたり、SNSのように他の人と交流を行ったり、動画共有サイトのように自分の作品をより多くの人に公開してコメントをもらったり、というように誰でも情報配信を行い、交流ができる双方向なものへと変化してきました。さらにスマートフォンやタブレットPCのような、いつでもどこでも手軽にインターネットを使える新しい機器の普及もあり、利用方法も多様化しました。

　このようにインターネットを通した情報配信と利用のされ方が変わってくると、当然制作者側も「より表現力をアップさせたい」「より手軽に情報配信を行いたい」「もっと高度なことを行いたい」という要求が出てきます。HTML5はこのような利用者側の要求を大きく反映した仕様となっています。

　本書内では、HTML5の仕様の策定の経緯や、HTML5で新規に追加された技術、変更された古い仕様等について解説しています。

　本書は、ある程度のWeb制作の経験があり、HTML5で新しく定義される仕様や技術を学んでみたいという方を対象としています。もちろん、初学者の方にもわかりやすいように配慮していますので、HTML5自体の規模が大きすぎてよくわからない、個別の技術の具体的な使い方がイメージしにくいといった学習の入口における漠然とした疑問にも、「この仕様はこのようなことだったのか」と、改めて確認できると思います。お役に立てれば幸いです。

　最後に、執筆の機会を与えて下さいましたWINGSプロジェクトの山田祥寛様、山田奈美様、関係者御一同様に深く感謝を申し上げます。

2011年3月
片渕彼富

CONTENTS 目次

はじめに 3

第1章 HTML5 とは 11

これまでの HTML について 12
HTML5 について 14
HTML5 でできること 15
    構造化要素 16
    フォーム機能の強化 16
    CSS 16
    マルチメディア要素 17
    Canvas 17
    ドラッグ&ドロップ 17
    位置情報 18
    Offline Web Application 18
    Web Storage 19
    Indexed Database API 19
    クロスドキュメント通信 19
    Web Socket API 20
    Web Workers 20
Web ブラウザの対応 20
HTML5 とスマートフォン 22
まとめ 22

第2章 HTML5 の文法 23

HTML5 の形式 24
    全般 24
    DOCTYPE 25
    html 要素 25
    meta 要素による文字エンコーディング設定 26
    script 要素 27
    link 要素 27
    空要素 27

終了タグの省略	27
「属性値」の指定方法	28

要素の追加、変更、廃止 ... 28
 新しく追加された要素 ... 28
 変更された要素 ... 30
 廃止された要素 ... 31
 廃止された属性 ... 32

コンテンツモデル ... 34

HTML5 での Web サイト作成支援ツール ... 38
 構文チェックサイト ... 38
 テンプレート配布サイト ... 38
 IE 対応 ... 38
 BlueGriffon ... 40

第3章 新しいセクション／アウトラインの定義で HTML5 の文書構造を実装してみよう ... 41

セクション／アウトライン概要 ... 42
 Web ページ構成 ... 44

構造化のための要素を使ってサイトを作成する ... 46
 ヘッダ、フッタ構造を実装する ... 46
 コンテンツ部分を構成する ... 47

セクション内部の構造について ... 51
 h1～h6 要素、hgroup 要素 ... 52
 figure 要素、figcaption 要素 ... 53
 address 要素 ... 53
 time 要素 ... 54
 mark 要素 ... 54
 ruby 要素、rt 要素 ... 55
 rp 要素 ... 56
 small 要素、strong 要素、i 要素 ... 56

第4章 便利になったフォーム画面を実装してみよう ... 59

新しく追加されたフォームコントロール ... 60
 使用度の高いフォームコントロール ... 60
 UI を備えたフォームコントロール ... 63
 その他の入出力に関する要素 ... 67

新しく追加された機能を持つ属性 ... 70
 入力を補助する機能 ... 70

入力のチェックに関する機能 77
　　　フォーム自体に関するもの 79
フォームのバリデーション機能を利用する 81
　　　フォームのバリデーションの状態を取得する 81
　　　バリデーションを課したフォーム作成 83

第5章　新しくなったCSSの機能を使ってみよう 87

CSS3の概要 88
　　　各ブラウザ間での実装状況 89
CSS3の新しい機能 90
　　　セレクタ 90
　　　文字装飾に関する新しい機能 93
　　　レイアウトに関する新しい機能 97
　　　動的な装飾 105
　　　プロパティの値の変化による動的なコンテンツ 105
　　　アニメーション 107
　　　その他の機能 110

第6章　プラグインを使わずに video／audio を埋め込んでみよう 111

ブラウザで扱えるファイルと圧縮形式 112
　　　メディアファイルの構造 112
ブラウザで動画を再生する 115
　　　ブラウザ対応 117
　　　JavaScriptからの操作 118
ブラウザで音声を再生する 124
　　　ブラウザ対応 125
　　　JavaScriptからの操作 125

第7章　インタラクティブな画面を作成してみよう 129

ブラウザ上で描画を行う 130
描画を行う基本的な動作 131
　　　canvas要素 131
　　　2Dコンテキスト 132
　　　四角形の描画 132
　　　線を描く 134
　　　線から図形へ 135

- 色を付ける 135
- グラデーション 136
- 円、円弧を描く 138
- 画像の表示 141
- 文字の描画 142
- グラフの作成 145
  - ライブラリの紹介 150
- アニメーション 151
- SVG 155
  - SVG の描画形式 155
  - SVG の今後の展望 160

第8章 ドラッグ&ドロップ機能を実装してみよう 161

- ドラッグ&ドロップ API 162
  - ドラッグ&ドロップを実装する 162
  - ドラッグ&ドロップ間でのデータの受け渡し 164
  - 他のアプリケーション内のデータをドラッグ&ドロップする 167
- File API 168
  - ファイル情報を取得する 169
  - ファイルの内容を取得する 170
  - 画像ファイルの読み込み 171
  - テキストファイルの読み込み 173
- ブラウザにドロップしたファイルを読み取る 174
  - ドロップされたファイルを読み込む 174
  - ファイル読み込みの進捗 177

第9章 位置情報を表示してみよう 179

- Geolocation API 180
  - 位置情報を取得できる環境 182
  - ブラウザから現在地の位置情報を取得する 182
  - 定期的に位置情報を取得する 188
  - 定期的な位置情報を中止する 189
- Geolocation API を利用して Google Map を表示する 191
- Google Map API 逆ジオコーディングによる住所の取得 193

第10章 オフラインでも利用できるコンテンツを作成してみよう 197

- オフラインでコンテンツを閲覧する仕組み 198

オフライン Web アプリケーション 198
オフラインでの作業を行うにあたって 199
オフライン Web アプリケーションを実行できる環境 200
オフラインの状態で Web アプリケーションを実行する 200
キャッシュの詳細 204
キャッシュの更新について 207
JavaScript からキャッシュを更新する 211

第11章　ストレージでデータを保存してみよう 215

Web Storage の概要 216
Web Storage の利用例 217
JavaScript からストレージを利用する 218
Web Storage を利用できる環境 218
ウィンドウごとのセッションで有効なストレージ 218
オリジン単位でデータを保存するストレージ 223
Web Storage を利用する際の注意点 225
Web Storage に関するイベント 227

第12章　Web でデータベースを利用してみよう 229

HTML5 でのデータベースに関する仕様と現状 230
Web SQL Database 231
Web SQL Database を取得できる環境 232
ブラウザから SQL を実行する 232
Indexed Database API 237
Indexed Database API の基本的な使い方 238

第13章　異なるドメイン間での通信を行ってみよう 245

クロスドキュメントメッセージング 246
異なるオリジンのフレームにメッセージを送信する 248
異なるドメインの複数のウィンドウ、フレームにメッセージを送信する 252
XMLHttpRequest Level2 256
事前準備 257
クロスオリジンで通信を行う 257
外部サーバーへデータをアップロード 261
File API との連携 263

第14章　サーバーと双方向通信をしてみよう 267

WebSocket 268
 WebSocket での通信の特徴 269
 WebSocket を利用しているサービス 270
 WebSocket に対応したサーバー 272
WebSocket を使ったアプリケーションの例 272
 WebSocket を利用したチャットアプリケーション 272
WebSocket 通信を利用してオブジェクトを共有する 276
 マウスの動きをウィンドウ間で共有する 276

第15章　バックグラウンドで JavaScript を動かしてみよう 281

Web Workers 概要 282
 ワーカ使用時、未使用時の違い 283
 ワーカの特徴 287
ワーカ内から同期 API を利用する 289
 File API の同期 API を利用する 289
ワーカを共有する 292
 共有ワーカで変数を共有する 293

索引 296

コラム目次

- 文字コードについて 26
- HTML5 と SEO 57
- スマートフォン向けサイトの作成 57
- スマートフォンでの画面表示 69
- Selectors API 86
- Google が発表した「WebM」 114
- video 要素に今後期待される機能 123
- Flash 非対応端末での HTML5 127
- Internet Explorer での Canvas 利用 130
- スマートフォンでの位置情報 191
- JavaScript の便利な開発ライブラリ 195
- キャッシュしたデータについて 214
- ストレージのデータを確認するツール 228
- SQL 実行時のプレースホルダ利用について 236
- Web Workers の利用とマルチコア CPU 289

本書を読むにあたって

■ 用語

本書を読むにあたってよく出てくる用語をここにまとめます。

・W3C
World Wide Web Consortiumの略。Webで利用される技術を標準化をすすめる非営利団体。HTML 4.01、XHTML 1.0等の仕様を策定した。

・WHATWG
Web Hypertext Application Technology Working Groupの略。W3Cに対して、Apple、Mozilla、Operaの3社によって設立された次世代のHTMLの仕様を策定するための団体。

・オリジン
「http://www.example.com:80」のような「プロトコル://ドメイン:ポート番号」のこと。

・Ajax
Asynchronous JavaScript and XMLの略。JavaScriptのHTTPの非同期通信機能を使ってWebサーバーとXML形式のデータのやり取りを行い、通信結果によりWebページのリロードを伴わずページの一部を書き換える等の処理を行う仕組みのこと。

・XMLHttpRequest
JavaScript内でWebサーバーとのHTTP通信を行うための仕組み。Google MapやFacebook等、多くのサービスで利用されている。

・JSON
JavaScript Object Notationの略。JavaScriptのテキスト形式の構造化データフォーマット。生成やパーズが簡単に行える。

■ 動作環境

本書で掲載しているサンプルコードは以下の環境で動作確認しています。

・Webサーバー
Cent OS 5.5＋Apache HTTP Server 2.2.17＋PHP 5.3.5

・クライアント
＜Windows Vista/7＞
Internet Explorer 8/9
Mozilla Firefox 3.6.13/4.0 beta 9
Opera 11.01
Safari 5.0.3
Google Chrome 8/9

＜Mac OS X Snow Leopard 10.6.6＞
Mozilla Firefox 3.6.13
Opera 11.01
Safari 5.0.3
Google Chrome 8

＜iPhone/iPad＞
iOS 4.2

第 1 章

HTML5 とは

この章で学ぶこと

現在、HTML5というHTMLの新しい仕様が策定されている最中です。そもそもHTML5というのはどのようなものなのか、なぜ新しい仕様が策定されることになったのか、今までのHTMLと違う点は何か等、HTML5についての概要と周辺の事情について学びます。

これまでのHTMLについて

　HTMLとは「HyperText Markup Language」の略称のことで、Webページを作成するためのマークアップ言語です。HTMLの仕様はW3Cで管理されています。W3C（World Wide Web Consortium）とは、Webで利用される技術の標準化を進める非営利団体です。1997年頃に「Internet Explorer 4」と「Netscape 4」の2つのブラウザがそれぞれ独自の機能の拡張を施して、激しいシェア争いを行ったことがありました。ブラウザ間の独自の機能のため、一方のブラウザで正常に表示され、正常に動作するWebサイトが、もう一方のブラウザでは正常に動作しない場合もあり、ブラウザの仕様によりWebサイトの作成が制限されるということが起こりました。

　W3Cにより「HTML 4.0」が勧告されたのはその頃です。HTML 4.0はブラウザ間の機能拡張の競争により要素の定義が不安定になりつつあったHTMLを、一度整理して新しい機能の拡張も取り組みながら将来にわたって互換性を保証するという規格です。HTML 4.0の勧告により、HTMLの仕様はいったんは落ち着きました。

　W3Cはその後HTML 4.0の後継仕様であるHTML 4.01を発表し、HTMLの拡張を終了します。

　HTMLに代わって登場した仕様がXHTMLです。XHTMLとは、HTMLをXMLの文法で定義し直した仕様です。XHTMLはXMLの形式であるため、他のXMLを埋め込むこともでき、拡張しやすく、Webの新しいプラットフォームとなることが期待されていました。W3CはXHTMLの仕様として「XHTML 1.0」を2000年に勧告しました。その後、W3Cは2001年にはXHTML 1.0を細分化した仕様である「XHTML 1.1」を勧告。さらに2002年には、既存のHTML・XHTMLとの互換性を持たない、まったく新しい仕様の「XHTML 2.0」の策定を開始しました。

W3Cによるマークアップ言語の標準化の年表

西暦	仕様	概要
1997	HTML 4.0 勧告	HTMLの標準化
1999	HTML 4.01 勧告	HTML 4.0の後継
2000	XHTML 1.0 勧告	HTML 4.01をXML化
2001	XHTML 1.1 勧告	XHTML 1.0を細分化
2002	XHTML 2.0 策定開始	まったく新しい仕様で策定

W3CはHTMLからXHTMLへと標準化を進めようとしていました。しかし、W3Cの意図する通りにはXHTMLの普及は進みませんでした。その理由として以下のことが挙げられます。

- XHTMLと互換性のないHTMLで作成されたWebサイトが数多く存在した
- XHTMLのMIMEタイプ（application/xhtml+html）をうまく扱えないブラウザがすでに普及していた
- HTML 4.01自体の完成度が高かったため、新しい仕様が必ずしも必要でなかった

上記のようにXHTMLの普及が進まない一方で、Web 2.0の概念やAjax技術によるWebアプリケーションの多様さと高機能化が進みます。これらのWebアプリケーションの機能の発展はXHTMLとは無関係であり、HTMLで十分動作するものでした。そのため、Webアプリケーションでより高度な機能を実装していくためには、XHTMLではなくHTML自体の仕様を更新させていくべきだという意見が出てきます。この流れの中心になったのがブラウザベンダーでもあるApple、Mozilla、Operaの3社でした。2004年にMozillaとOperaは、HTMLと後方互換性のある仕様の策定をW3Cで提案しましたが、当時のW3Cの方針に反する提案であったため、否決されました。

このため、Apple、Mozilla、Operaの3社はWHATWG（Web Hypertext Application Technology Working Group）という団体を発足し、W3Cとは別に次世代のHTMLの仕様を策定していくことになります。このWHATWGで決められた仕様が現在のHTML5の仕様につながるものとなります。HTML 4からHTML5への策定の流れをまとめると以下の図のようになります。

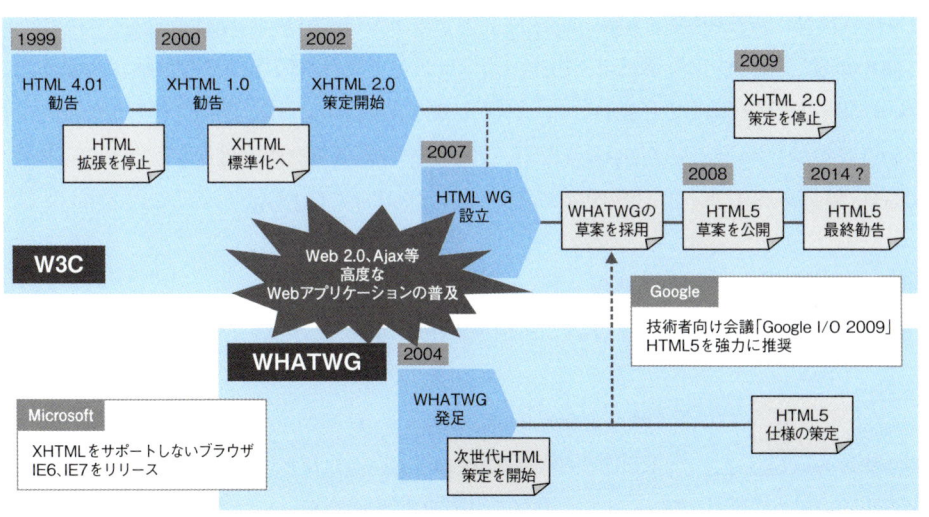

HTML 4からHTML5への策定の流れ

HTML5の策定から勧告については、次項で述べます。

HTML5について

次世代のHTMLの仕様はWHATWGにより進められていくことになりました。WHATWGが策定しようとした次世代のHTMLの仕様は、以下の通りです。

- HTML 4.01で定義されているHTMLを継承
- Web 2.0の概念で普及した誰でも簡単に情報配信ができる仕組み
- OS依存のアプリケーションを使わず、ブラウザのみで様々な作業が行えるWebアプリケーションを開発できる仕組み

　上記の仕様は、HTML 4.01を後継するものとして、「HTML5」と名付けられました。HTML5の仕様の方針は、多くの企業や開発者、Webデザイナーに受け入れられ、WHATWGが策定している仕様がHTMLの次の仕様の本流であると認識されるようになりました。

　W3C側もこのような次世代HTMLへの流れを無視しておくわけにもいかず、W3C内に「HTML WG」という次世代のHTMLの仕様を策定する部門を作ります。しかし、最終的にはXHTML 2.0の仕様を断念して、WHATWGのHTML5の仕様を採用することになりました。このため、HTML5はW3Cの管理下で正式にHTMLの新しい仕様として策定されていくことになりました。

　W3Cのサイト内でHTML5の草案のページ（http://www.w3.org/TR/html5/）を参照すると「A vocabulary and associated APIs for HTML and XHTML（HTMLとXHTMLの表現形式と関連するAPI）」と書かれています。このことはHTML5がWebページを作成するためのマークアップ言語の機能にとどまらず、Webアプリケーションの核となるAPIの仕様も包括したWebのプラットフォーム的な意味があることを示しています。しかし、HTML5はまだ草案段階にあります。HTML5の勧告時期は2014年と発表されましたが、今後仕様の変更や機能の追加が行われる可能性もありますので、情報をWebサイトなどでこまめにチェックするようにしましょう。

W3CのHTML5勧告時期の告知ページ
http://www.w3.org/2011/02/htmlwg-pr.html

　また、現在W3Cには多くの企業や団体が加盟しています。MicrosoftやApple、Adobeといった企業の他にも、NTTドコモ、KDDI、キヤノン、ソニーといった日本国内の企業も多く加盟しています。どのような企業がW3Cに加入してHTML5の策定を行っているかは以下のURLで確認できます。

W3C – Current Members
http://www.w3.org/Consortium/Member/List

HTML5でできること

　HTML5の仕様の策定は、WHATWGによって定義された「Web Applications 1.0」という概念から始まりました。厳密な意味でのHTML5の仕様は、Web Applications 1.0内のマークアップに関する仕様ということになります。しかし現在では、この仕様の部分だけを指してHTML5と呼ぶことはまずありません。Web Applications 1.0内のJavaScriptやAPIの仕様を含めた範囲、Web Applications 1.0から派生して個別に策定が進められているAPIを含めてHTML5と呼ぶことが一般的です。さらにHTML5では、各要素の装飾的な意味合いが削除されますので、その部分を担うCSSおよびCSSの次期バージョンであるCSS3まで含めた範囲、SVGのように一部の既存ブラウザのみが導入していた機能の正式な導入までを含めた範囲も包括する場合もあります。これらの広義のHTML5と本書で扱う範囲を図にまとめると以下のようになります。

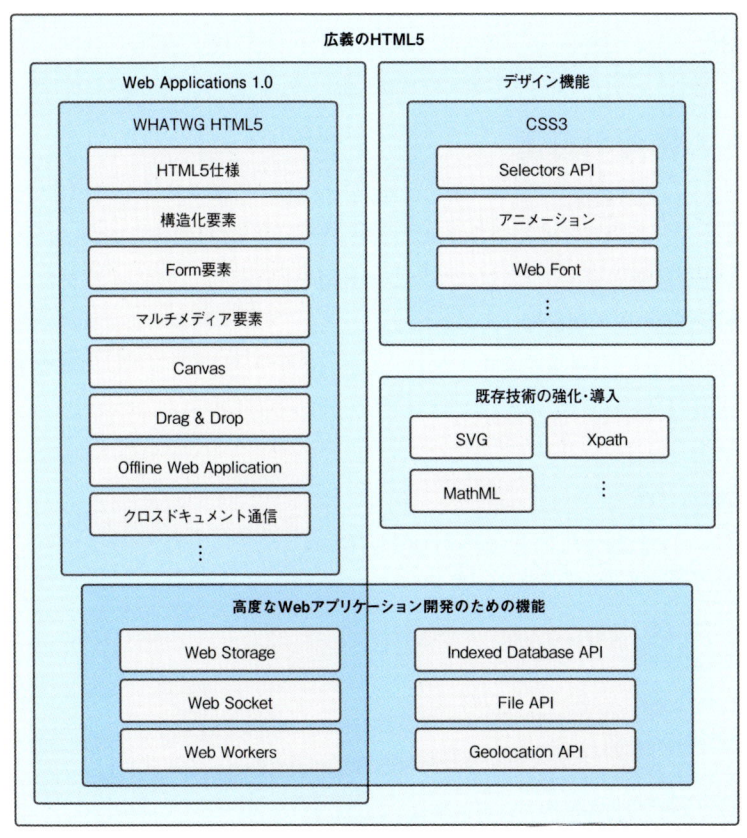

広義のHTML5

HTML5の仕様はまだ策定中で、仕様も非常に多く細かいため上記の図は大まかなものとなっています。本書内で扱うHTML5の仕様については以下の通りです。

構造化要素

　マークアップの際に、より高度な文書構造を構築できるように、文書構造化のための新しい要素が追加されました。このことにより、文書構造を意識したWebサイトを作成できるようになりました。さらに、HTMLのパースを前提とした検索エンジンの精度を上げたり、Webサイトへのより的確なリスティング広告の配信が可能となるといったメリットもあります。

W3C 内の該当ページ
http://www.w3.org/TR/html5/sections.html

　本書では『第3章 新しいセクション／アウトラインの定義でHTML5の文書構造を実装してみよう』で扱います。

フォーム機能の強化

　Webページのフォームをより便利に使えるように、新しい要素や属性が追加されました。メールアドレスや電話番号のように、よく使用される入力欄にいついては専用の属性が、数値や日付のように入力する値がある程度固定されるものについては専用のUIを出力できる属性が定義されています。また、入力欄単位での入力補助や、入力された値のチェック等の機能もマークアップで実装することができます。このようにフォームを利用したより高度なWebアプリケーションの開発ができる機能が多数追加されています。

W3C 内の該当ページ
http://www.w3.org/TR/html5/forms.html

　本書では『第4章 便利になったフォーム画面を実装してみよう』で扱います。

CSS

　HTML5では、要素はマークアップを行うためだけのものとして位置付けられ、Webページの装飾はCSSで行うように役割分担されています。このため、Webサイト作成においてCSSの果たす役割が大きくなります。また、CSSの側でもCSS3へのバージョンアップが行われているところです。CSS3では全体がモジュール化され、様々な機能がモジュールごとに分かれて策定されており、多様なセレクタやプロパティの追加、アニメーションの追加など表現手法が多様化しています。HTML5とCSS3を

組み合わせて利用することで、より表現力の高いWebページが作成可能になると期待されています。

W3C 内の該当ページ
http://www.w3.org/TR/css3-roadmap/

本書では『第5章 CSSについて』で扱います。

マルチメディア要素

HTML5では、Webサイトの作成がFlashやSilverlight等の外部プラグインに依存することのないように動画、音声を扱える要素が追加されました。このため、ブラウザを使った動画や音声の配信が非常に手軽に行えるようになりました。メディアを要素で扱えるため、JavaScriptを利用してメディアの再生状況をコントロールしてプレイヤーのような機能を作成することも可能です。

W3C 内の該当ページ
http://www.w3.org/TR/html5/video.html

本書では『第6章 プラグインを使わずにvideo／audioを埋め込んでみよう』で扱います。

Canvas

HTML5で新しく追加された要素「Canvas」では、2D、3Dグラフィックスを使って描画できる領域を定義します。これまではWebサイト内に描画を行いたい場合には、FlashやJavaアプレットを利用して描画機能を実装してきました。HTML5ではJavaScriptを使ってCanvas内に描画を行うことが可能となります。閲覧者の動作に応じて動的な描画を行ったり、時間ごとに描画する内容を変更したりする等、これまで外部のプラグインを利用しなければ実装できなかった機能をHTMLとJavaScriptで実装することもできます。

W3C 内の該当ページ
http://www.w3.org/TR/html5/the-canvas-element.html

本書では『第7章 インタラクティブな画面を作成してみよう』で扱います。

ドラッグ＆ドロップ

デスクトップで行うドラッグ＆ドロップの動作を利用できるAPIが追加されました。マウスで行うドラッグ＆ドロップでブラウザ内の要素を移動させたり、ファイルをアップロードしたりすることもできま

す。また、新しく追加されたFile APIの機能を利用すると、ファイルのメタ情報だけでなくファイルの内部の情報を取得できます。つまり、ブラウザからローカルのファイルにアクセスし、操作することも可能となります。この機能は通常のWebアプリケーションの範囲を超えたアプリケーションを作成できる可能性があると考えられています。

> **W3C 内の該当ページ**
> http://www.w3.org/TR/html5/dnd.html
> http://www.w3.org/TR/FileAPI/

本書では『第8章 ドラッグ&ドロップ機能を実装してみよう』で扱います。

位置情報

HTML5からブラウザで位置情報を取得するためのAPIが用意されました。位置情報については携帯キャリアや端末機器メーカーが個別に定義していたためにWebアプリケーションの開発においては、サーバーサイドで実行環境に応じて位置情報を取得するという処理が必要でした。HTMLの仕様として位置情報の取得が定義されたため、実行環境に依存せずに共通のやり方で位置情報を取得することが可能となり、位置情報を利用したWebアプリケーションの開発が容易となります。

> **W3C 内の該当ページ**
> http://www.w3.org/TR/geolocation-API/

本書では『第9章 位置情報を表示してみよう』で扱います。

Offline Web Application

オフラインでもWebアプリケーションを動作させたり、キャッシュからコンテンツを閲覧できる機能が実装されました。インターネットに接続していない環境でもWebアプリケーションを利用できるということになります。オフライン環境ではローカルにキャッシュさせたリソースを使ってWebアプリケーションを動作させます。オンラインになった段階でオフラインで操作していたデータをオンラインのWebアプリケーションに送信したり、同期したりすることが可能になります。

> **W3C 内の該当ページ**
> http://www.w3.org/TR/offline-webapps/

本書では『第10章 オフラインでも利用できるコンテンツを作成してみよう』で扱います。

Web Storage

HTML5ではブラウザ側でデータを保存する仕組みが新しく提供されます。従来のクッキーに比べると、以下の点が機能強化されています。

- データの有効期間の制限がない
- 仕様上は保存するデータのサイズの制限がない
- JavaScriptのオブジェクトをデータとして保存できる

保存したデータをそのままJavaScriptで扱えるため、ちょっとしたデータ保存を利用したアプリケーションの開発がより手軽になります。

W3C 内の該当ページ
http://www.w3.org/TR/webstorage/

本書では『第11章 ブラウザでストレージを利用してみよう』で扱います。

Indexed Database API

ブラウザ側でリレーショナルデータベースを利用できるAPIが追加されました。データはkey-value型でローカルに保存します。サーバーサイドでのWebアプリケーションがクライアントサイドでのデータを受け取ってデータベースサーバーで処理を行っていたのに対して、HTML5ではクライアントサイドである程度データを加工してサーバーサイドに送ることができ、毎回のサーバー通信とパフォーマンスの軽減が期待されます。Webアプリケーションの実行速度の面で、とくに通信が不安定になりがちなスマートフォン向けの機能として非常に期待されています。

W3C 内の該当ページ
http://www.w3.org/TR/IndexedDB/

本書では『第12章 Webでデータベースを利用してみよう』で扱います。

クロスドキュメント通信

HTML5から別ドキュメントのデータを送受信したり、別ドメインに対しても通信ができるようになります。これまでのAjaxでは、基本的に同じドメイン内でのみXMLHttpRequestが可能でした。HTML5から別のドメインに対してもリクエストを送信したり、バイナリデータをやり取りしたりできるようになります。JavaScriptで別サーバーから情報を取得し、様々なサイトの情報を収集して処理を行うWebアプリケーション等の開発が期待されています。

> **W3C 内の該当ページ**

http://www.w3.org/TR/XMLHttpRequest2/
http://www.w3.org/TR/webmessaging/

本書では『第13章 異なるドメイン間での通信を行ってみよう』で扱います。

Web Socket API

サーバーとブラウザの間で完全な双方向通信が可能となるAPIが追加されました。サーバーとブラウザ間での通信が一度確立されると、サーバー、ブラウザの双方向からリアルタイムでの送受信が可能となります。データのやり取りはバイナリレベルで可能です。例えば、ブラウザのみでP2Pやオンラインゲームのアプリケーション等を開発することなどが期待されています。

> **W3C 内の該当ページ**

http://www.w3.org/TR/websokcets/

本書では『第14章 サーバーと双方向通信をしてみよう』で扱います。

Web Workers

バックグラウンドでJavaScriptを動かす機能が実装されます。バックグラウンドで動かされるJavaScriptはUIと無関係に動作するため、JavaScriptの動作によりブラウザ自体がフリーズしてしまうこともなくなります。また、バックグラウンドにおいて並列処理でJavaScriptを動かすこともできるので、マルチコアのCPUの能力を最大限に利用することができます。この機能は多機能化、複雑化が進むと思われるWebアプリケーションのパフォーマンス改善に非常に役立つと期待されています。

> **W3C 内の該当ページ**

http://www.w3.org/TR/workers/

本書では『第15章 バックグラウンドでJavaScriptを動かしてみよう』で扱います。

Webブラウザの対応

HTML5の仕様はまだ策定中ですが、ブラウザ単位では実装が進んでいます。Firefox、Safari、Chrome、OperaではすでにHTML5の機能を利用できるバージョンを次々とリリースしています。

Internet Explorer（IE）については次期バージョンのIE9からHTML5に対応することを告知しています。詳しくは以下の各ブラウザのサポートページで確認できます。

ブラウザのサポートページ

ブラウザ名	サポート URL
IE	http://ie.microsoft.com/testdrive/
Firefox	https://developer.mozilla.org/ja/HTML/HTML5
Opera	http://dev.opera.com/
Safari	http://developer.apple.com/devcenter/safari/index.action
Chrome	http://www.google.com/chrome/

　IEを除くブラウザでは、HTML5から新しく追加された構造化要素には対応済みで、フォーム関係の要素と属性についてもかなり対応が進んでいます。JavaScriptの機能についても、Indexed Database API等のごく一部のAPIを除いて実装が完了しつつあります。上記のブラウザでは、開発のスピードの速いChromeとOperaがHTML5の多くの機能に対応しています。

　各ブラウザのHTML5への対応状況を調べるときに、各ブラウザのサイトを毎回チェックしていると大変なので、本章ではHTML5とCSS3での開発支援を行っているグループ「FindMeByIP.com」のまとめサイトを紹介します。

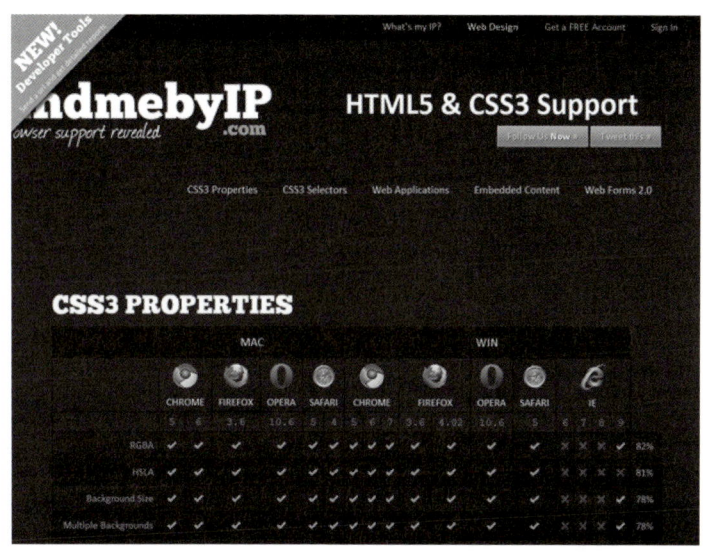

FindMeByIP.com（http://www.findmebyip.com/litmus/）

　FindMeByIP.comではHTML5、CSS3でのサイト作成に役立つライブラリの紹介も行っているので、開発の際に一度目を通しておくと便利です。

HTML5とスマートフォン

　前項のWebブラウザのHTML5への対応状況が、各ブラウザごとに若干違いがあるのに対して、iPhoneやiPad等のスマートフォンでは少し状況が違います。スマートフォンでは、「WebKit」というHTMLレンダリングエンジンを使ったブラウザが搭載されていることが多いです。HTMLレンダリングエンジンとはHTMLやJavaScriptで書かれた文書を読み込んで、その仕様に従って適切な形式に表現し直すソフトウェアのことです。WebKitはMac OS X標準のWebブラウザ「Safari」をはじめとして、ダッシュボードやメール、RSSリーダーなど、Mac OS X上の様々なアプリケーションで利用されていました。その後、オープンソースソフトウェア化され、他のブラウザでも使用されるようになりました。現在ではAndroidのブラウザでも利用されています。HTML5、CSS3の機能の実装という点では、WebKitが最先端です。そして、そのWebKitを利用したブラウザはiPhone、iPadをはじめ多くのスマートフォンに搭載されています。そのため、HTML5とCSS3で作成されたWebサイトの閲覧、Webアプリケーションは多くのスマートフォンで利用可能であると判断できます。

　また、2010年10月にJavaScript開発フレームワークjQueryのモバイル版「jQuery Mobile」がアルファリリースされました。

jQuery Mobile
http://jquerymobile.com/

　jQuery Mobileは、jQueryをベースとした「ユーザーインターフェイスフレームワーク」で、JavaScriptのコーディング等を一切必要としないHTMLベースなライブラリです。HTML内にjQuery MobileのCSSとJavaScriptファイルをコールする記述をし、HTML内にコンテンツの部分を記述するだけでスマートフォン向けにHTML5とCSS3の機能を利用したサイトを作成できます。端末間の微調整も自動で行われます。今後もこのようなライブラリの公開でスマートフォン向けのHTML5対応サイトの作成は比較的容易になると考えられます。

まとめ

　これまでの説明でHTML5が策定に至るまでの経緯、おおよその機能はイメージできたかと思います。次章よりHTML5で利用できる各機能について概要と具体的な使い方を説明していきます。

第2章

HTML5 の文法

この章で学ぶこと

　HTML5から従来のHTMLとは書式が若干変わりました。また要素や属性が新規に追加されたり変更されたり、マークアップの際に意識しなければならない概念も導入されています。本章では、HTML5を使ってHTMLを記述する場合、従来のHTMLとはどこが違うのか、新しく定義しなければならないことは何なのかということを中心に、基本的な文法についてチュートリアル的に説明します。

HTML5の形式

　HTML5の基本的な文法はHTML 4.01と同じです。これまでHTMLを使ったことがあればとくに難しいところはありません。

■ 全般

　HTML5で記述したファイルの拡張子やContent-Typeは従来のものが使えます。拡張子は「.html」「.htm」、Content-Typeは「text/html」を用います。

　また、マークアップの際に大文字、小文字の区別がなくなりました。

　さらに、HTML5には「後方互換性」という概念があり、廃止された要素や属性（後述）がHTMLドキュメント内にあったとしてもブラウザ側でサポートされるので、HTML5に対応するためにすべてのHTMLドキュメントを書き換える必要はありません。

　HTML5ではHTML 4.01やXHTML 1.0と互換性のあるHTML構文を採用しています。HTML5の仕様で定義されるHTML構文の仕様は「HTML5」、XML構文の仕様は「XHTML5」といいます。

　HTML構文に適合する文書の例は、次のようなものになります。

[リスト2-1] 　HTML5構文　html5.html

```
<!doctype html>
<html>
  <head>
    <meta charset="UTF-8">
    <title>Example document</title>
  </head>
  <body>
    <p>Example paragraph</p>
  </body>
</html>
```

以下はHTML5文書のXML構文に適合する文書の例です。

なお、XHTML5を利用する場合は、WebサーバーでMIMEタイプを「application/xhtml+xml」「application/xml」に設定する必要があります。

[リスト2-2]　XHTML5構文　xhtml5.html

```
<?xml version="1.0" encoding="UTF-8"?>
<html xmlns="http://www.w3.org/1999/xhtml">
  <head>
    <title>Example document</title>
  </head>
  <body>
    <p>Example paragraph</p>
  </body>
</html>
```

DOCTYPE

HTMLドキュメントではまず最初に「DOCTYPE」を宣言するのが一般的です。

HTML5ではDOCTYPE宣言が非常にシンプルになりました。

[リスト2-3]　HTML5のDOCTYPE　sample.html（抜粋）

```
<!doctype html>
```

HTML5ではDTDが存在しないので、従来のように長いDOCTYPE宣言が必要なくなりました。上記のDOCTYPEの指定のみでCSSの標準に準拠して表示する「標準モード」としてHTMLの内容を表示できます。

html要素

html要素は従来の通り、HTMLドキュメントのルートにあたる要素です。

HTML5よりオフラインでのコンテンツ閲覧機能の追加に伴い、「manifest」という属性が追加されます。

html要素の属性

属性	意味
lang	言語指定
manifest	キャッシュの指定

[リスト2-4] html要素の仕様例　sample.html（抜粋）

```
<html lang="ja">
```

manifest属性の仕様については第10章『オフラインでも利用できるコンテンツを作成してみよう』で説明します。

meta要素による文字エンコーディング設定

HTML5では文字エンコーディング設定として、meta要素のcharset属性による指定が可能となりました。

[リスト2-5]　文字エンコーディングの設定例　sample.html（抜粋）

```
<meta charset="utf-8" />
```

meta要素以外には、以下の2つの設定方法があります。

- HTTP Content-Typeヘッダなど、転送レベルで指定
- ファイルの先頭に記述するUnicode文字にBOMを指定することでエンコーディングを設定

コラム　文字コードについて

　HTML5では、文字エンコーディングに「UTF-8」を推奨しています。Shift_JISやEUCを使用しても、正常に表示できないというわけではありません。ただし、UTF-8以外の文字エンコーディングを使用した場合、フォームやURLエンコーディングなどの処理において文字化け等の不具合が起こることがあります。

　また、JavaScriptでもUTF-8以外の文字エンコーディングを使用した場合には正しく動作しないことがあります。特別な理由がない限り、ページの文字エンコーディングはUTF-8にすべきと考えられます。

　Shift_JISやEUC-JPを使っても正常に表示されない、というわけではありません。

　どうやらHTML5の仕様を決めている方々は日本国内のインターネット事情をあまり考えていないようです。

　大きな理由がない限り、ページの文字エンコーディングはUTF-8にしたほうがよいでしょう。

script 要素

HTML5からscript要素のtype属性を省略できることになりました。
省略時のデフォルト値は「text/javascript」です。

[リスト2-6]　script要素の使用例　sample.html（抜粋）
```
<script src="/js/xxx.js" ></script>
```

link 要素

HTML5からlink要素のtype属性を省略できることになりました。
省略時のデフォルト値は「text/css」です。

[リスト2-7]　link要素の使用例　sample.html（抜粋）
```
<link rel="stylesheet" href="/css/xxx.css">
```

空要素

空要素とは自身にコンテンツを持たない要素のことです。以下の要素が空要素に該当します。

空要素

area	base	br	col	command
embed	hr	img	inqut	keygen
link	meta	param	source	

これらの要素では
のように単体で使用します。
</br>のように開始タグと終了タグを使うことはできません。また
のように末尾に「/」を入れる必要もありません。

終了タグの省略

従来のHTMLと同様に、次に配置される要素のタグで終了タグが自動的に補完される要素があります。このような要素では終了タグを省略できます。

例えば、li要素は次の要素がliであるかul要素の最後であれば、li要素の終了タグは省略できます。

[リスト2-8]　終了タグを省略する例　elm.html（抜粋）
```
<ul>
    <li>first
    <li>second
    <li>third
</ul>
```

その他にも条件によって終了タグを省略できる要素は以下の通りです。

終了タグを省略できる要素

li	dt	dd	p	rt
rp	optgroupoption	colgroup	thead	tbody
tfoot	tr	td	th	

これらの要素は、ある要素に含まれる場合のみ利用可能ですので、終了タグの省略が可能となっています。

「属性値」の指定方法

開始タグ内の属性値は一般的には引用符（"）で囲むことになっています。ただし、属性値に「（スペース）」「"」「'」「=」「>」「<」「/」を含まない場合は必要ありません。

[リスト2-9]　「属性値」の指定方法　attr.html（抜粋）

```
<a href=http://www.w3.org/TR/html5/introduction.html>HTML5 introduction</a>
```

ダブルクォーテーション以外にもシングルクォーテーションやスペースを使用することもできます。

[リスト2-10]　「属性値」の指定方法　attr.html（抜粋）

```
<a href="http://www.w3.org/TR/html5/introduction.html">HTML5 introduction</a>
<a href='http://www.w3.org/TR/html5/introduction.html'>HTML5 introduction</a>
<a href= http://www.w3.org/TR/html5/introduction.html >HTML5 introduction</a>
```

要素の追加、変更、廃止

HTML5では基本的にマークアップはHTMLで、スタイリングはCSSで行うという方針で策定されています。そのため、スタイリングの目的で使用されていた要素は定義が変更されたり、廃止されたりしています。また、新しい機能のために追加された要素もあります。

新しく追加された要素

HTML5では大きく分けてHTMLドキュメントをより構造化する、フォームの機能を強化する、コンテンツを組み込む、という3つの目的で新しい要素が追加されています。それぞれの目的で追加された要素は次の通りです。

■ 構造化のために追加された要素

　HTMLドキュメントをより構造化できるように以下の要素が追加されています。これらの要素により、どの場所に何が記載されているか、どのような目的でどのような内容が記載されているか等がわかりやすくなります。

構造化のために追加された要素

要素名	概要
section	HTMLドキュメント内の一般的なセクションを表す要素
header	セクションのヘッダを表す要素
footer	セクションのフッタを表す要素
nav	ナビゲーションに特化したセクションを表す要素
article	ニュース記事やブログの投稿等の独立したコンテンツのセクションを表す要素
aside	HTMLドキュメント内の主要なセクションと少し関連のあるセクションを表す要素
hgroup	セクションの見出しを表したり、まとめるための要素
figure	図、写真、表、ソースコードなどを示す要素
figcaption	図、写真、表、ソースコードなどのキャプションを示す要素
mark	文書内のテキストをハイライトさせる要素
ruby	ルビをふる要素
rt	ルビのテキストを指定する要素
rp	ルビのテキストを囲む記号を示す要素
time	グレゴリオ暦による日付、時刻を示す要素

　これらの要素の詳しい使い方等は第3章『新しいセクション／アウトラインの定義でHTML5の文書構造を実装してみよう』で説明します。

■ フォーム機能の強化のために追加された要素

　フォームの機能の強化のために、ユーザーが操作できるUIとなる要素が追加されています。

フォーム機能の強化のために追加された要素

要素名	概要
progress	処理の進行状況を表す要素
meter	規定範囲の測定結果を表す要素
command	操作メニューの各コマンドを指定する要素
details	追加で得ることのできる詳細情報を示す要素
summary	details要素の内容の要約を示す要素
keygen	フォーム送信時に秘密鍵と公開鍵を発行する要素
output	計算結果を示す要素

これらの要素の使い方等は第4章『便利になったフォーム画面を実装してみよう』で説明します。

■ コンテンツを組み込むために追加された要素

外部コンテンツを組み込むために、メディアを再生したり、プラグインを組み込んだりするための要素が追加されています。

要素名	概要
canvas	図形を描く際に使用する要素
video	動画を再生する際に使用する要素
audio	音声を再生する際に使用する要素
source	動画や音声ファイルの URL や MIME-TYPE、種類を指定する要素
embed	Flash などの外部プラグインを必要とするデータを組み込むのに使用する要素

これらの要素の詳しい使い方等は第6章『プラグインを使わずにvideo／audioを埋め込んでみよう』、第7章『インタラクティブな画面を作成してみよう』で説明します。

変更された要素

HTML 4.01 までで使われてきた要素のうち、意味が変更された要素があります。大きく分けると、意味が変更、追加された要素と、スタイリングの意味合いがなくなった要素に分けられます。

■ 意味が変更、追加された要素

従来のHTMLでの意味に加えて、新しい意味合いが加わった要素や用途がはっきりした要素です。

意味が変更、追加された要素

要素名	HTML 4.01 での意味	HTML5 での意味
a	href 属性が必須であった	href 属性は必須ではない。href 属性がない場合は将来作成されるページへのプレースホルダ的な意味で使われる
address	どのコンテンツに対する address 情報か明確でなかった	配置されたセクションに対する address 情報を指定する
menu	リストを示す	Web アプリケーションのコマンドメニューを示す

■ スタイリングの意味合いがなくなった要素

以下の要素は、従来のHTMLではスタイリングとは別の意味合いを持つ要素でした。HTML5からこれらの要素ではスタイリングの意味合いが削られます。

スタイリングの意味合いがなくなった要素

要素名	HTML 4.01 での意味	HTML5 での意味
b	太字、強調を示す	強調を示す
hr	水平線、区切りを示す	段落レベルの区切り
i	イタリック体で表現	声、感情、思考、台詞、特定の用語などを表現
label	関連付けられたフォーム要素基準でのキャプション	OS のインターフェイス基準でのキャプション
small	文字の大きさを小さく、注釈を示す	注釈や細目を示す
strong	重要性、強調を示す	重要性を示す

各要素の変更点については急にHTMLを書き換えなければならない、というものではありません。視覚的な目的で上記の要素を利用していた場合は、CSSの該当するプロパティで書き換えれば問題はありません。

廃止された要素

冒頭で述べた通り、視覚的な装飾はCSSで扱われるべきと位置付けられており、そのような要素は廃止されます。また古い要素やアクセシビリティ上重要でないと判断される要素も廃止されます。廃止された要素に関しては、CSSのリファレンスを参照すれば代用するプロパティで同様に処理できるので問題はありません。

削除された要素

要素名	概要	代替機能（廃止理由）
acronym	用語の頭文字をマークアップするための要素	同様の要素である abbr 要素に統一
applet	Java アプレットの埋め込みのための要素	object 要素で代用
base	font ページの基準フォントサイズを指定する要素	CSS の font-size プロパティで代用
big	フォントを大きく表示する要素	CSS の font-size プロパティで代用
center	左右中央揃えを指定する要素	CSS の text-align プロパティで代用
dir	ディレクトリ型リストを表す要素	ul 要素、ol 要素で代用
font	フォント装飾（色・サイズ・種類）のための要素です。	CSS の font 系のプロパティで代用
frame、frameset、noframe	フレームの表示を定義するための要素	ユーザビリティやアクセシビリティに悪い影響を及ぼすため廃止
isindex	キーワード検索を行うための要素	input 要素で代用
s	テキストに取消線を引く要素	CSS の text-decoration プロパティで代用
strike	テキストに取消線を引く要素	CSS の text-decoration プロパティで代用
tt	テキストを等幅フォントにする要素	CSS の font-family プロパティで代用
u	テキストに下線を引く要素	CSS の text-decoration プロパティで代用

廃止された属性

要素と同様に属性においても、他の要素や属性で代用可能なもの、CSSで代用可能なものについては廃止されます。属性の場合でもリファレンスを見ながら同様の処理を行えば問題はありません。

■ 他の要素や属性で代用可能な属性

以下の属性は廃止されますが、他の属性または要素により同様の処理を行えるものです。

他の要素や属性で代用可能なもの

属性名	関連要素	概要	代替手法
charset	a,link	文字コードの指定	HTTP ヘッダで指定
coords	a	複数のリンク先を指定する際の座標	area 要素で代用
shape	a	複数のリンク先を指定する際の形状	area 要素で代用
name	a,embed,img,option	オブジェクトの名前を指定	id 属性で代用
rev	a,link	リンク先からの関係を指定	rel 属性で代用
usemap	input	イメージマップの名称を指定	img 要素で代用
archive	object	関連データの場所を指定	data 属性、または type 属性で代用
classid	object	オブジェクトファイルを指定	data 属性、または type 属性で代用
code	object	Java アプレットのクラスを指定	data 属性、または type 属性で代用
codebase	object	URL を指定	data 属性、または type 属性で代用
codetype	object	classid 属性で指定するデータの MIME タイプ	data 属性、または type 属性で代用
language	script	スクリプト言語を指定	type 属性で代用
abbr	td,th	ヘッダ情報を指定	title 属性で代用
axis	td,th	セルが属するカテゴリを指定	scope 属性で代用

■ 完全に廃止される属性

以下の属性は完全に廃止されますが、CSSにより同様の処理を行うことは可能です。

CSSで代用可能なもの

属性名	関連要素	概要	CSS での代替手法の例
alink	body	選択中のリンクの色	a:hover プロパティで代用
bgcolor	body	背景の色を指定	background-color プロパティで代用
link	body	リンクの色	a:link プロパティで代用
marginbottom	body	下マージンを指定	margin-bottom プロパティで代用
marginheight	body	上下マージンを指定	margin プロパティで代用

属性名	関連要素	概要	CSS での代替手法の例
marginleft	body	左マージンを指定	margin-left プロパティで代用
marginright	body	右マージンを指定	margin-right プロパティで代用
margintop	body	上マージンを指定	margin-top プロパティで代用
marginwidth	body	左右マージンを指定	margin-width プロパティで代用
text	body	body 要素内の基本文字色	color プロパティで代用
vlink	body	訪問済みリンク色	a:visited プロパティで代用
clear	br	テキストの回り込みを解除	position プロパティ等で代用
align	caption	水平方向の表示位置	text-align プロパティで代用
align	col	水平方向の表示位置	text-align プロパティで代用
valign	col	垂直方向の表示位置	vertical-align プロパティで代用
width	col	幅の指定	width プロパティで代用
align	div	水平方向の表示位置	text-align プロパティで代用
compact	dl	テキストを 1 行で表示	vertical-align プロパティで代用
align	embed	水平方向の表示位置	text-align プロパティで代用
align	hr	水平方向の表示位置	text-align プロパティで代用
color	hr	色を指定	color プロパティで代用
noshade	hr	平面線を指定	border, background-color, height プロパティで代用
size	hr	文字サイズを指定	font-size プロパティで代用
width	hr	幅の指定	width プロパティで代用
align	h1 ～ h6	水平方向の表示位置	text-align プロパティで代用
align	iframe	水平方向の表示位置	text-align プロパティで代用
frameborder	iframe	境界線を指定	border 系のプロパティで代用
marginheight	iframe	上下マージンを指定	margin プロパティで代用
marginwidth	iframe	左右マージンを指定	margin-width プロパティで代用
scrolling	iframe	スクロールを指定	scrolling プロパティで代用
align	input	水平方向の表示位置	text-align プロパティで代用
align	img	水平方向の表示位置	text-align プロパティで代用
border	img	境界線を指定	border 系のプロパティで代用
align	legend	水平方向の表示位置	text-align プロパティで代用
type	li	リストマークを指定	text 系のプロパティで代用
compact	menu	テキストを 1 行で表示	vertical-align プロパティで代用
align	object	水平方向の表示位置	text-align プロパティで代用
border	object	境界線を指定	border 系のプロパティで代用
compact	ol	テキストを 1 行で表示	vertical-align プロパティで代用
align	p	水平方向の表示位置	text-align プロパティで代用
width	pre	幅の指定	width プロパティで代用
align	table	水平方向の表示位置	text-align プロパティで代用
bgcolor	table	背景色を指定	background-color プロパティで代用
border	table	境界線の太さを指定	border 系のプロパティで代用

属性名	関連要素	概要	CSSでの代替手法の例
cellpadding	table	余白を指定	padding系のプロパティで代用
cellspacing	table	スペースを指定	border系、padding系のプロパティで代用
frame	table	境界線を指定	border系のプロパティで代用
rules	table	内罫線を指定	border系のプロパティで代用
width	table	幅の指定	widthプロパティで代用
align	tbody, thead, tfoot	水平方向の表示位置	text-alignプロパティで代用
valign	tbody, thead, tfoot	垂直方向の表示位置	vertical-alignプロパティで代用
align	td, th	水平方向の表示位置	text-alignプロパティで代用
bgcolor	td, th	背景色を指定	background-colorプロパティで代用
height	td, th	高さを指定	heightプロパティで代用
nowrap	td, th	セル内の改行を制限	white-spaceプロパティで代用
valign	td, th	垂直方向の表示位置	vertical-alignプロパティで代用
width	td, th	幅の指定	widthプロパティで代用
align	tr	水平方向の表示位置	text-alignプロパティで代用
bgcolor	tr	背景色を指定	background-colorプロパティで代用
valign	tr	垂直方向の表示位置	vertical-alignプロパティで代用
compact	ul	テキストを1行で表示	vertical-alignプロパティで代用
type	ul	リストマークを指定	text系のプロパティで代用
background	body, table, thead, tbody, tfoot, tr, td, th	背景に関する指定	background系プロパティで代用

廃止された属性の代替方法についてはW3Cでは公式に指定されているものではありません。実際のコーディングの際にはCSSのリファレンスを参照する等、適切な手法を確認してください。

コンテンツモデル

従来のHTML、XHTMLでは「インライン要素」「ブロック要素」という概念がありましたが、HTML5よりこれらの概念は廃止され、新しく「コンテンツモデル」という概念が導入されます。

コンテンツモデルとはHTML5の要素ごとにどんなコンテンツ（要素およびテキスト）を含めることができるのかをグループ化したもので、それぞれのグループ（カテゴリ）には名称が付けられています。

HTML5が規定するのは次の7つのカテゴリになります。HTML5の各要素は単一、または複数のカテゴリに属します。

■ メタデータコンテンツ

　ブラウザ上に直接表示されない、HTMLドキュメントのメタデータやスタイルに関するコンテンツのことです。通常はhead要素内に配置される要素です。

メタデータコンテンツの要素

base	command	link	meta	noscript
script	style	title		

■ フローコンテンツ

　HTMLドキュメントやWebアプリケーションで使われるコンテンツ全般のことです。ほとんどの要素がこのカテゴリに属します。

フローコンテンツの要素

a	abbr	address	area（map 要素の子孫だった場合）	
article	aside	audio	b	bdo
blockquote	br	button	canvas	cite
code	command	datalist	del	details
dfn	dialog	div	dl	em
embed	fieldset	figure	footer	form
h1	h2	h3	h4	h5
h6	header	hgroup	hr	i
iframe	img	input	ins	kbd
keygen	label	link（itemprop 属性が存在する場合）		map
mark	math	menu	meta（itemprop 属性が存在する場合）	
meter	nav	noscript	object	ol
output	p	pre	progress	q
ruby	samp	script	section	select
small	span	strong	style（scoped 属性が存在する場合）	
sub	sup	svg	table	textarea
time	ul	var	video	テキスト

■ セクショニングコンテンツ

　章や節の見出しや内容を表す範囲を定義するコンテンツのことです。

セクショニングコンテンツの要素

article	aside	nav	section	

■ ヘッディングコンテンツ

セクションの見出しを定義するコンテンツのことです。

ヘッディングコンテンツの要素

h1	h2	h3	h4	h5
h6	hgroup			

■ フレージングコンテンツ

HTMLドキュメント内のテキストのことです。従来のHTMLでの「インライン要素」の意味に近いカテゴリです。

フレージングコンテンツの要素

a（フレージングコンテンツのみを含む場合）			abbr	
area（map 要素の子孫の場合）		audio	b	bdo
br	button	canvas	cite	code
command	datalist	del（フレージングコンテンツのみを含む場合）		
dfn	em	embed	i	iframe
img	input	ins（フレージングコンテンツのみを含む場合）		
kbd	keygen	label	link（itemprop 属性が存在する場合）	
map（フレージングコンテンツのみを含む場合）			mark	math
meta（itemprop 属性が存在する場合）		meter	noscript	object
output	progress	q	ruby	samp
script	select	small	span	strong
sub	sup	svg	textarea	time
var	video	テキスト		

■ エンベッディッドコンテンツ

ドキュメントに他のリソースを組み込むコンテンツや、HTML以外の別の言語で表されるコンテンツのことです。画像や動画、Flashなどの外部プラグイン、canvasで描画されたものなどが該当します。

エンベッディッドコンテンツの要素

audio	canvas	embed	iframe	img
math	object	svg	video	

■ インタラクティブコンテンツ

　ユーザーが何らかの操作を行うことができるコンテンツのことです。クリックできるリンクや、各種入力フォーム、動画や音声等ブラウザ上で操作できるものが該当します。

インタラクティブコンテンツの要素

a	audio（controls 属性が存在する場合）		button	details
embed	iframe		img（usemap 属性が存在する場合）	
input（type 属性が hidden 状態でない場合）			keygen	label
menu（type 属性が tool bar 状態にある場合）			object（usemap 属性が存在する場合）	
select	textarea		video（controls 属性が存在する場合）	

　HTML5では、コンテンツを作成する際にどの要素を使うべきなのか、という規定を上記のカテゴリを使って定義しています。各カテゴリの関連図は以下の通りです。

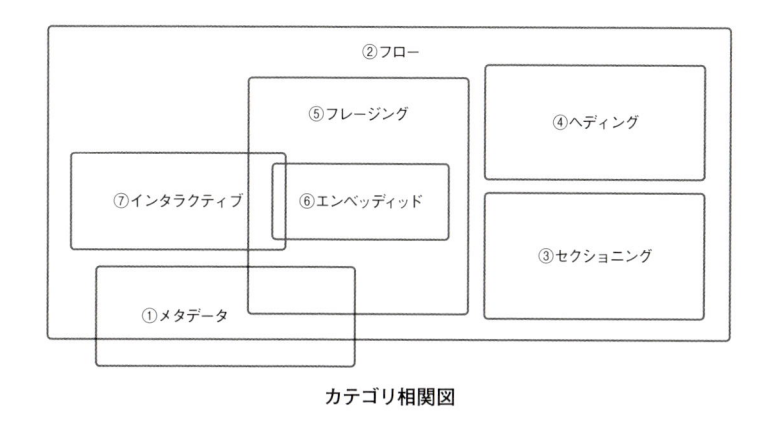

カテゴリ相関図

　上記のカテゴリ関連図に基づいてマークアップの例を簡単に見てみます。

[リスト2-11] マークアップの正しい例　markup.html（抜粋）

```
<article>
    <h1> 謹賀新年 </h1>
    <p> あけましておめでとうございます。</p>
</article>
```

article要素はフローコンテンツ、セクショニングコンテンツに属し、h1要素はヘッディングコンテンツ、p要素はフレージングコンテンツに属するため、正しいマークアップとなります。

[リスト2-12] マークアップの誤った例　markup.html（抜粋）

```
<article>
    <title>xxxx</title>
</article>
```

　article要素はフローコンテンツ、セクショニングコンテンツに属しますが、title要素はメタデータコンテンツに属します。フローコンテンツ、メタデータコンテンツの要素を比較すると、title要素は条件付きでもフローコンテンツに含まれないので、先の相関図でいえば、フローコンテンツの領域の範囲外のメタデータコンテンツの領域となります。このため、上記のようなコーディングは誤っていることになります。

　このように、HTML5ではコンテンツモデルを意識してマークアップを行う必要があります。

HTML5でのWebサイト作成支援ツール

　HTML5、CSS3でWebサイトを作成する際に、便利なツールを紹介します。

構文チェックサイト

Validator.nu (X)HTML5 Validator

http://html5.validator.nu/

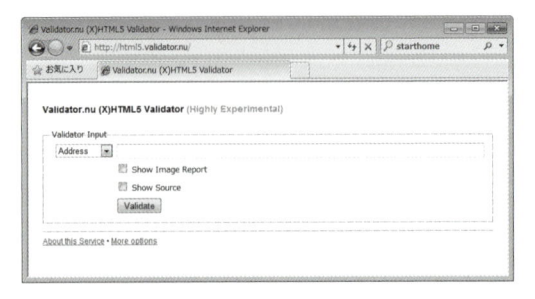

　Validator.nuは、入力されたHTML文書がHTML5として有効かどうかを検証できるサイトです。
　入力はURLを指定するか、ファイルをアップロードするか、テキストをペーストするか、いずれの方法でも可能です。

■ テンプレート配布サイト

HTML5 Boilerplate
http://html5boilerplate.com/

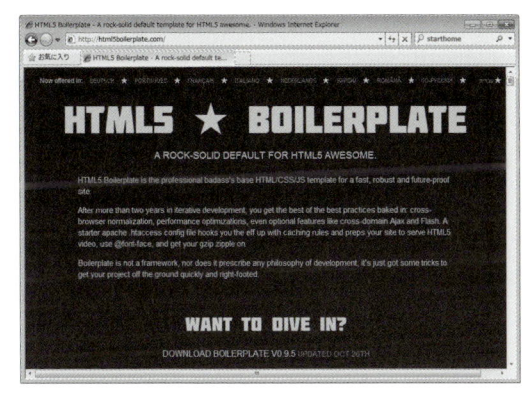

　HTML5 Boilerplateでは、HTML5、CSS3、JavaScriptなどの例をまとめてWebサイトを作成する際のテンプレートとして配布しています。
　テンプレートはクロスブラウザ対応なので、最初に作るページのお手本として利用できます。

■ IE 対応

html5.js
http://remysharp.com/2009/01/07/html5-enabling-script/

　まだシェアの多いIE6や7はHTML5で追加された新要素を理解できず、空要素として扱ってしまいます。

HTML5でのWebサイト作成支援ツール 39

html5.jsを利用すると新要素をブロックとして認識させることができ、Firefox等の他のブラウザと同じように表示することができます。

BlueGriffon

BlueGriffon

http://www.bluegriffon.org/

　WYSIWYG方式でのWebページの編集が可能なオープンソースのエディタです。HTML5のすべての要素も利用可能となっています。有志による日本語版も公開されています。

第3章

新しいセクション／アウトラインの定義でHTML5の文書構造を実装してみよう

この章で学ぶこと

HTML5からHTMLドキュメント内にある特定の意味を持つ領域を定義する構造化のための要素が追加されました。これらの要素を用いることで、HTMLドキュメント内に、ヘッダやフッタ、メインコンテンツや付加情報といった何を意味する情報なのかを明確に記載することができます。本章ではこれら新しく追加された構造化のための要素の概要と使い方の例について説明します。

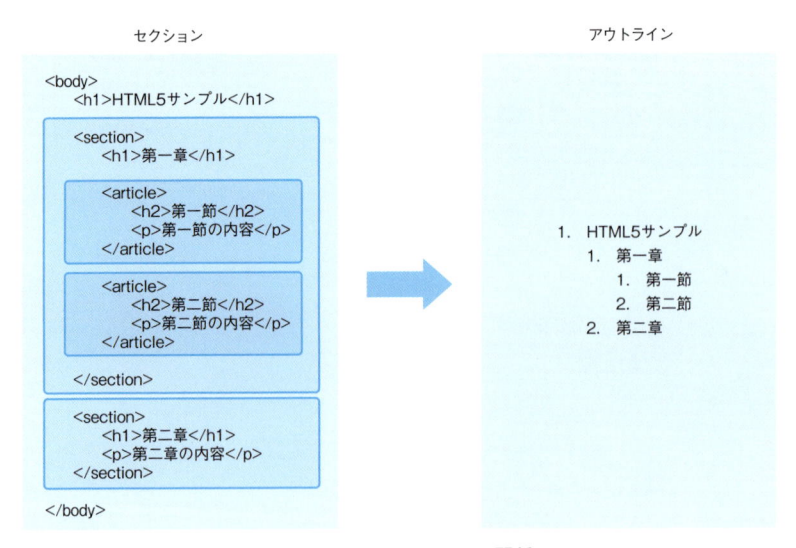

セクション／アウトライン概要

HTMLドキュメント内でいう「セクション」とは、書籍の章や節のように見出しや内容を表す範囲を定義するコンテンツのことです。「アウトライン」とはそのセクション情報から判別されるコンテンツの階層のことをいいます。

以下に簡単なセクションとアウトラインの関係を示します。

```
セクション
<body>
    <h1>HTML5サンプル</h1>
    <section>
        <h1>第一章</h1>
        <article>
            <h2>第一節</h2>
            <p>第一節の内容</p>
        </article>
        <article>
            <h2>第二節</h2>
            <p>第二節の内容</p>
        </article>
    </section>
    <section>
        <h1>第二章</h1>
        <p>第二章の内容</p>
    </section>
</body>
```

アウトライン
1. HTML5サンプル
    1. 第一章
        1. 第一節
        2. 第二節
    2. 第二章

セクションとアウトラインの関係

従来のHTMLでは、ヘッダ、フッタ、サイドバー等がdiv要素で定義され、それらで定義された領域の中のp要素の中に文章が配置されているのが一般的でした。div要素、p要素は基本的にどんな内容に対しても利用できるため、HTMLドキュメント内がどのような文書構成になっているのかがわかりにくい場合もありました。

一般的な文書構造では、大きなセクションの中にそのレベル以下での階層化されたセクションや関連情報がある構造になっています。HTML5ではこのようなセクションの概念を持つ文書的な概念が

導入され、その文書構造を示す要素が新しく追加されました。文書構造を明確にするために追加された要素は以下の通りです。

HTML5から追加された文書構造化のための要素

要素名	概要
section	HTMLドキュメント内の一般的なセクションを表す要素
header	セクションのヘッダを表す要素
footer	セクションのフッタを表す要素
nav	ナビゲーションに特化したセクションを表す要素
article	ニュース記事やブログの投稿等の独立したコンテンツのセクションを表す要素
aside	HTMLドキュメント内の主要なセクションと少し関連のあるセクションを表す要素

上記の要素を使ってブログのページをマークアップした例は以下のようになります。

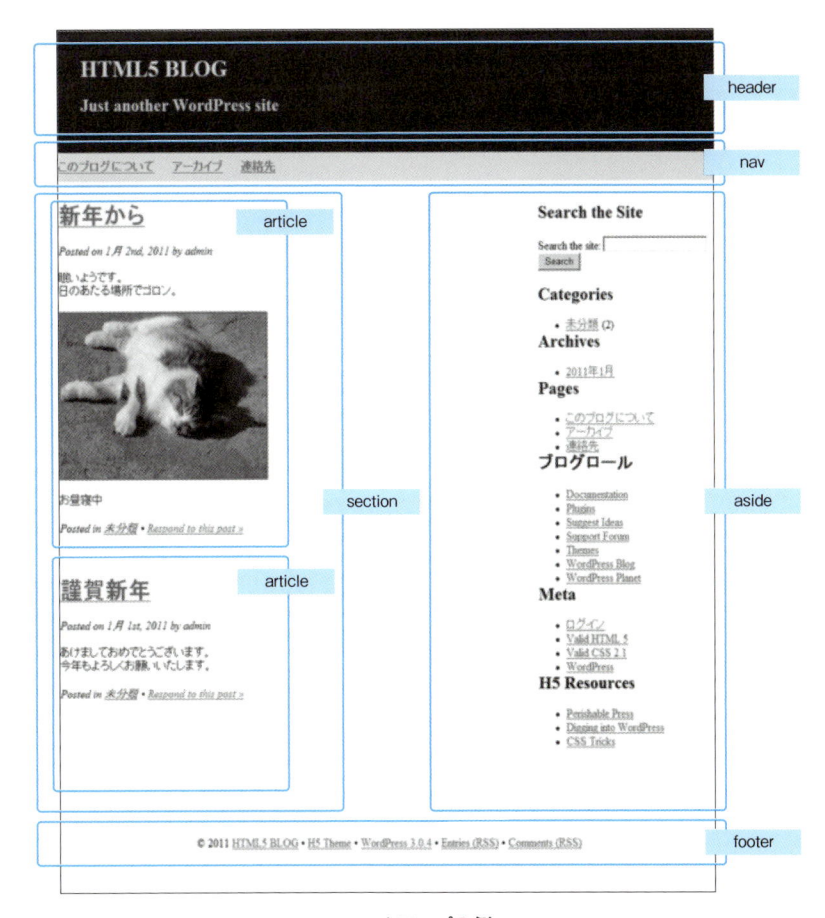

マークアップの例

表のように各要素がそれぞれの目的に合う部分をマークアップした結果、セクションのアウトラインが明確になり、Webサイト全体のアウトラインが非常にシンプルになります。

Webページ構成

WordPressやMovableType等のブログツールでデフォルトのデザインとなっているブログのサイトを例とします。

前述のブログのページを例として、ページの上下にヘッダ、フッタの領域があり、右側にはカテゴリやアーカイブへのリンクのメニュー領域、中央には複数のブログの記事が入るエントリーの領域があるカラムレイアウトを考えます。

サンプルのため若干簡略化しておりますが、多くのブログテンプレートがこのような形式であるため、イメージしやすいと思います。

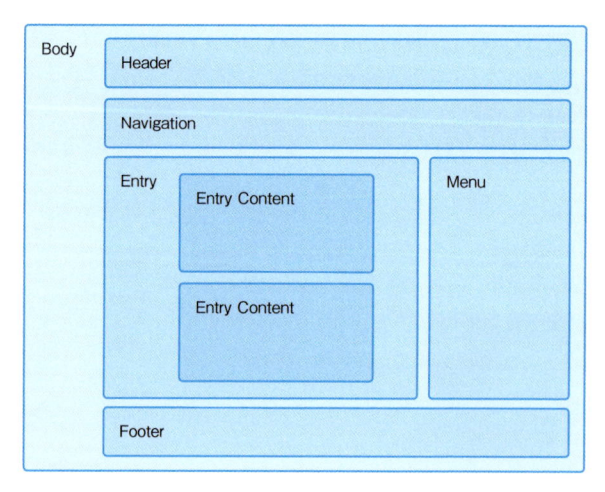

ブログサイトの例

上記のブログサイトの構造をXHTMLとCSSでレイアウトする場合、まずdiv要素で領域を分割します。さらにdiv要素の中に詳細な領域がある場合は、その領域にclass属性やid属性を付けるのが一般的なやり方だと考えられます。

下図のように、div要素を使ってHTML内に区分けを行い、ある特定の領域としてCSSでスタイリングしてレイアウトするのが普通です。

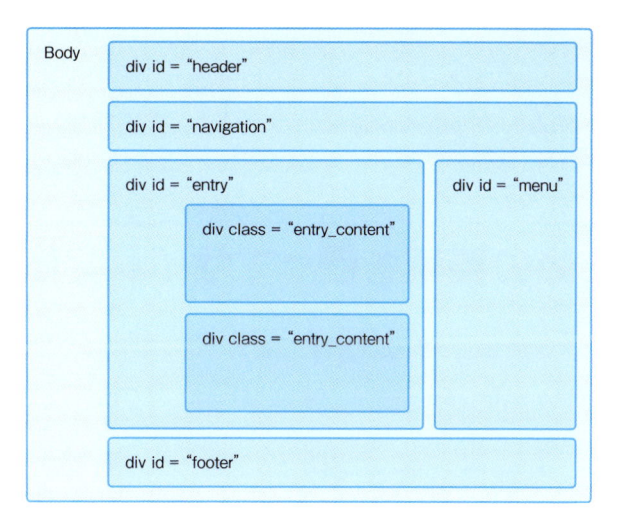

XHTMLでのレイアウトの例

　HTML 4.01やXHTMLではdiv要素はWebページ内を領域に分割するという意味がありますが、div要素自体は特別な意味を持たないという特徴があります。つまり、div要素では「ヘッダ」「フッタ」「ブログの記事」といった文書構造上の意味は持っていません。

　HTML5では、Webページ内のそれぞれの要素に意味を持たせ、文書構造を明確にするために前述の構造化のための要素が定義されています。これらの新要素を使ってレイアウトを行うと以下の図のようになります。

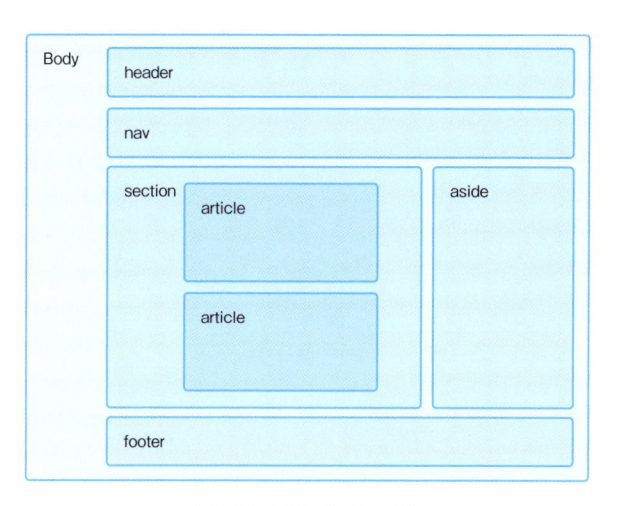

HTML5でのレイアウトの例

　HTML5では、これまでdiv要素で代用していたレイアウト上の要素を新しい要素として定義しています。これらの要素を使うことで、視覚的な機能と制御をCSSに役割分担し、より構造的な文書構

造を実現できます。

　その結果、コンテンツの内容がどのような役割を担っているのかを明確にすることができ、従来のHTML、XHTMLよりもさらに高度な構造化が図られることになります。

構造化のための要素を使ってサイトを作成する

　HTML5から新しく追加された構造化のための要素を使ってサイトを作成します。前述のブログを例として各要素を使用します。

■ ヘッダ、フッタ構造を実装する

■ header 要素

　header要素はHTMLドキュメントのヘッダ構造をマークアップします。多くのサイトではbody要素の次に配置され、ページのタイトル、サブタイトル、バックリンク、ロゴ、検索窓等を含む使われ方をします。

　header要素の使用例は以下の通りです。

[リスト3-1]　header要素の使用例

```
<header>
    <h1><a href="http://examples.com/blog/">HTML5 BLOG</a></h1>
    <h2>Just another WordPress site</h2>
</header>
```

　上記の例では、タイトル、バックリンク、サブタイトルをマークアップしています。header要素内にはh1〜h6要素、hggroup要素、nav要素（49ページ参照）を含むこともできます。この場合の使用例は以下のようになります。

[リスト3-2]　header要素の使用例　blog.html（抜粋）

```
<header>
    <a href="http://examples.com/blog/"><img src="images/logp.jpg"></a>
    <hgroup>
        <h1>HTML5 Blog</h1>
        <h2>Just another WordPress site</h2>
    </hgroup>
    <nav>
        <li>home</li>
```

```
            <li><a href="archive.html">archive</a></li>
            <li><a href="about.html">about</a></li>
            <li><a href="contact.html">contact</a></li>
        </nav>
</header>
```

上記のようにheader要素にnav要素を配置し、テンプレートとしてサイトのすべてのページで利用すると、サイトの概要と主要なページへのリンクを同時に文書構造のヘッダに定義することができます。

■ footer 要素

footer要素はHTMLドキュメントのフッタ構造をマークアップします。主にコピーライトや著作権情報といったメタ情報を含みます。

footer要素の使用例は以下の通りです。

[リスト3-3] footer要素の使用例　blog.html（抜粋）

```
<footer>
    <p>&copy; 2011 <a href="http://examples.com/blog/"
    title="HTML5 BLOG">HTML5 BLOG</a></p>
</footer>
```

footer要素は、header要素と同様にnav要素（49ページ参照）を含むこともできます。

コンテンツ部分を構成する

header要素、footer要素に比べてより具体的にコンテンツとなる部分を構成するsection、article、nav、asideの要素について説明します。これらの要素では、一般的なセクションを表すsection要素に対して、article、nav、asideの各要素はそれぞれが特定の目的のために使われるsection要素の特殊な形式と考えられています。HTML5ではこれらの要素を用いてHTMLドキュメントの文書構造をマークアップします。

■ section 要素

section要素は一般的なセクションをマークアップします。

WHATWGのページには、ページ内にセクションを構成する流れが以下のように案内されています。

① 「h1～h6要素」の見出し要素、もしくは内容の見出しを見つけたらセクションを開始する
② 次の見出しを見つけたら、現在のセクションの内容とのレベルを比べ、「高い」「同じ」「低い」と判断する
③ レベルが「高い」「同じ」と判断できれば、現在のセクションを終了し、新しくセクションを開始する

④レベルが「低い」と判断できれば、現在のセクションの中に新しくセクションを開始する

　先のブログ内でのsection要素の使用例は以下の通りです。サンプル内ではarticle要素（49ページ参照）はsection要素と同様の役割を担う要素として扱います。

[リスト3-4]　　section要素の使用例　section.html（抜粋）

```
<section>
    <article>
        <h1> 新年から </h1>
        <p>
            眠いようです。<br>
            日のあたる場所でゴロン。<br>
            <img class="alignleft size-medium wp-image-20"
            src="http://examples.com/blog/images/cat.jpg" alt="
            " width="300" height="225" />
        </p>
    </article>
    <article>
        <h1> 謹賀新年 </h1>
        <p>
            あけましておめでとうございます。<br>
            今年もよろしくお願いいたします。
        </p>
    </article>
</section>
```

　上記の例ではブログの記事の集まりを1つのセクションととらえ、section要素でセクションとして定義しています（構成する流れの①）。ブログの記事間にはレベルの違いはないものと判断し、article要素でマークアップしています（同②、③）。article要素の中に、区別できる内容がある場合には、その部分をsection要素で以下のように区切ることもできます。

[リスト3-5]　　section要素の使用例　section.html（抜粋）

```
<article>
    <h1> 猫について </h1>
    <section>
        <h1> 世界の猫 </h1>
        <p> 猫は世界中で広く飼われていおり、、、</p>
    </section>
    <section>
        <h1> 日本の猫 </h1>
        <p> 日本の猫の多くは、、、</p>
    </section>
</article>
```

上記の場合は、②から④の判断でセクションを構成しています。

　section 要素は上記のように文書構造の観点から使用します。section 要素は従来の HTML の div 要素と同じように考えられがちですが、文書の構造上の役割で使用されます。HTML5 で div 要素は、section、article、nav、aside 等の他に適切な要素がない場合にのみ利用します。

■ article 要素

　article 要素はコンテンツの独立した内容を表します。具体的には、ブログの投稿やニュースサイトの記事等で使われます。前章のブログのレイアウトを例にして示します。

[リスト3-6]　article 要素の使用例　blog.html（抜粋）

```
<article>
    <h1> 謹賀新年 </h1>
    <p>
        あけましておめでとうございます。<br>
        今年もよろしくお願いいたします。
    </p>
</article>
```

　上記のようにブログの投稿といった独立した内容をマークアップします。セクション構成の流れの観点では、自己完結した内容を持つセクションという意味になります。

　article 要素の中には header や footer、HTML5 で追加された新しい要素を含むこともあります。このことについては 51 ページで解説します。

■ nav 要素

　nav 要素は文書構造においてナビゲーションをマークアップします。「ナビゲーション」とは、サイト内を巡回する際に、優先的に見てほしいページや重要なページに関するリンクの集まりを指します。

　nav 要素の使用例は以下の通りです。

[リスト3-7]　nav 要素の使用例　blog.html（抜粋）

```
<nav>
    <ul>
        <li class="page_item page-item-4"><a href="/blog/?page_id=1"
        title=" このブログについて "> このブログについて </a></li>
        <li class="page_item page-item-2"><a href="/blog/?page_id=2"
        title=" アーカイブ "> アーカイブ </a></li>
        <li class="page_item page-item-8"><a href="/blog/?page_id=3"
        title=" 連絡先 "> 連絡先 </a></li>
    </ul>
</nav>
```

個人のブログでは上記のように、個人の紹介ページや連絡先のページ等ブログの記事よりも重要なページへのリンクの集まりをnav要素でマークアップします。会社のホームページでは「会社概要」「事業内容」等のページへのリンクをnav要素でマークアップします。

■ aside 要素

　aside 要素は文書構造において主要コンテンツと少し関連性のある内容をマークアップします。具体的にはサイドバーや広告、引用先情報等で使われます。

　前章のブログのレイアウトを例にして示します。

[リスト3-8]　aside要素の使用例　blog.html（抜粋）

```html
<aside>
    <ul>
        <li>
            <h2>Search the Site</h2>
            <form method="get" action="http://examples.com/blog/">
                <label for="s">Search the site: </label>
                <input type="text" id="s" name="s" value="">
                <input type="submit" value="Search">
            </form>
        </li>
        <li class="categories">
            <h2>Categories</h2><ul>
            <li class="cat-item cat-item-1">
            <a href="http://examples.com/blog/?cat=1"
            title=" 未分類 に含まれる投稿をすべて表示 "> 未分類 </a> (2)</li>
        </ul>
        <li>
            <h2>Archives</h2>
            <ul>
                <li><a href='http://examples.com/blog/
                ?m=201101' title='2011年1月'>2011年1月</a></li>
            </ul>
        </li>
</aside>
```

　上記の例では、検索窓、カテゴリとアーカイブのリンクをサイドバーにまとめてaside要素でマークアップしています。サイドバーの内容はページの主要コンテンツであるブログの記事の検索フォーム、カテゴリ、アーカイブであり、まったく無関係なものではなく、多少関係のあるものです。このように主要コンテンツの補足をしたり、付随する内容を掲載する場合にaside要素を使用します。

セクション内部の構造について

前章ではHTML5でサイトを作成する際に構造的な要素を使って大枠の部分を説明しました。本項では、階層化されたセクション内部の見出しや図、アドレス情報等の前章で説明した領域の内部で使われる新しく定義された要素、定義が変更された要素について前述のブログの例（43ページ参照）を基に説明します。

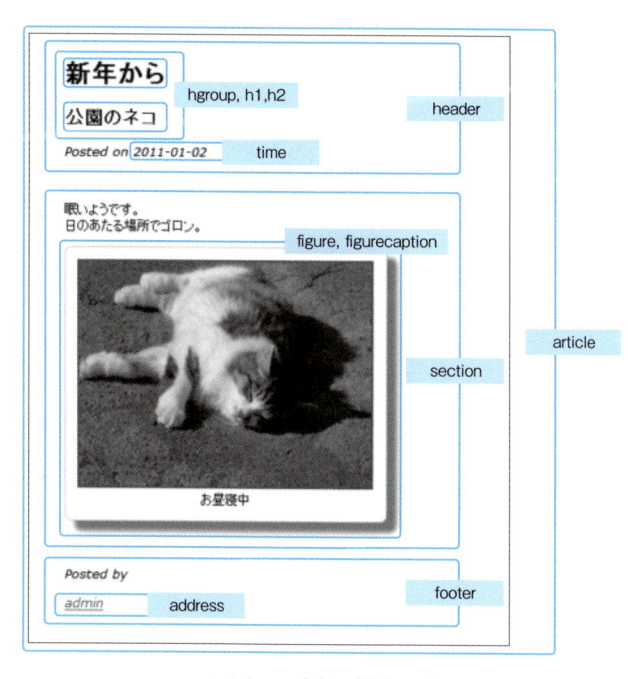

セクション内部の構造の例

[リスト3-9] セクション内部の構造の例　section.html（抜粋）

```
<article id="post-0">
    <header>
        <hgroup>
            <h1> 新年から </h1>
            <h2> 公園のネコ </h2>
        </hgroup>
        <p>Posted on <time datetime=2011-01-02 pubdate>2011-01-02</p>
    </header>
    <section>
        <p> 眠いようです。<br /> 日のあたる場所でゴロン。</p>
        <figure>
            <img class="alignleft size-medium wp-image-20"
            title="cat" src="http://examples.com/blog/images/cat.jpg"
```

```
                alt="" width="300" height="225" />
            <figcaption>
                お昼寝中 <br />
            </figcaption>
        </figure>
    </section>
    <footer>
        <p>Posted by <address><a href="profile.html">admin</a></address></p>
    </footer>
</article>
```

前ページの図はブログの記事内の構造の例です。ブログの記事はarticle要素で定義して、その中にheader、section、footerの各要素でブログの記事内の構造の大枠を作ります。さらにその中の詳細な部分を次から説明する要素でマークアップします。

h1〜h6要素、hgroup要素

h1、h2、h3、h4、h5、h6要素は見出しの要素になります。h1要素が最も重要度の高い見出しとなり、h2、h3……と数値が上がるほど重要度は低下します。hgroup要素は見出しをグループ化する要素になります。

[リスト3-10] h1〜h6要素、hgroup要素の使用例　section.html（抜粋）

```
<hgroup>
    <h1>新年から</h1>
    <h2>公園のネコ</h2>
</hgroup>
```

従来のHTMLでは、ページ内にはh1要素を1つ使用し、h2、h3……と重要度が下がるように見出しを使用する方法が推奨されていました。

HTML5からsection要素、article要素といったセクションに対してh1〜h6要素が使用できることになりました。セクション内ではh1要素を最初に配置して、h2、h3……と重要度が下がるように見出しを使用します。

h1〜h6要素に構造的な関係を表す場合には、hgroup要素を使用します。hgroup要素によって、h1〜h6要素に大見出しと中見出し、小見出し……という具合に意味付けし、1つの見出しのグループを表すことができます。

figure要素、figcaption要素

figure要素は主要なコンテンツから参照される対象を示す要素です。具体的には、図、写真、イラスト、ソースコード、動画等を指します。

figcaption要素はfigure要素のキャプションを示す要素で、figure要素内で使用します。

使用例は以下の通りです。

[リスト3-11] figure要素、figcaption要素の使用例　section.html（抜粋）

```html
<figure>
    <img class="alignleft size-medium wp-image-20"
    title="cat.jpg" src="http://examples.com/blog/images/cat.jpg"
    alt="お昼寝中" width="300" height="225" />
    <figcaption>
        お昼寝中<br />
    </figcaption>
</figure>
```

figure要素で指定される対象は、主要なコンテンツの流れに影響を与えないものとされています。参照されるもののみに対して使用されます。

また、figcaption要素はfigure要素内の最初か最後で使用します。

address要素

address要素は管理者や著者などの連絡先情報をマークアップします。

article要素内、サイト全体に関して使用できます。一般的には著者プロフィールや連絡先、問い合わせフォームへのリンク等になります。

使用例は以下の通りです。

[リスト3-12] address要素の使用例　section.html（抜粋）

```html
<footer>
    <p>Posted by <address><a href="profile.html">admin</a></address></p>
</footer>
```

上記のように、article要素内でaddress要素を利用すると、該当する記事の連絡先情報になります。またHTMLドキュメントの文書構造上のフッタに設置するとサイト全体の連絡先情報となります。

[リスト3-13] address要素の使用例　section.html（抜粋）

```html
<footer>
    <address>
        お問い合わせ先 info@xxxx.jp
```

```
        </address>
    </footer>
```

　address要素を設置する場所によって、意味が違ってくる点をご注意ください。

　また、従来のHTMLではaddress要素には単純に住所や更新日時を含めることが可能でした。HTML5では、サイト全体もしくは該当セクションに関する連絡先に限定されることになり、このような使い方はできません。

time要素

　timeはグレゴリオ暦による日付や24時間表記の時刻で示す要素です。ブラウザや検索エンジンのクローラーに日時を正確に確認させることができます。

　time要素には以下の属性があります。

time要素の属性

属性	意味
datetime	RFC3339 書式での日付や時刻を指定。
pubdate	親要素となる article 要素の記事公開日時を指定。article 要素がない場合は文書全体の公開日時を指定。

　使用例は以下の通りです。

[リスト3-14] time要素の使用例　time.html（抜粋）
```
<p>Posted on <time datetime=2011-01-02 pubdate>2011-01-02</time></p>
```

　文書全体の公開日時を示す目的でtime要素を使用する場合は、文書内のtime要素は1つでなければなりません。

mark要素

　mark要素はHTMLドキュメント内の特定のテキストをマーキング、ハイライトさせて強調表示させる要素です。対象となるテキストは、他の文章から参照されるテキスト、と定義されています。言い換えると、mark要素は他の文章と関連性の高いテキストを目立たせて表示するために利用するものと考えられます。

　具体的には、検索結果で検索キーワードが該当する部分、パンくずリストでの現在地、引用した文章での主要コンテンツと関連のある部分等で使用されます。

　ドキュメント内の「HTML5」というテキストをハイライトさせたい場合は、次のように使用します。

[リスト3-15] mark要素の使用例　mark.html（抜粋）

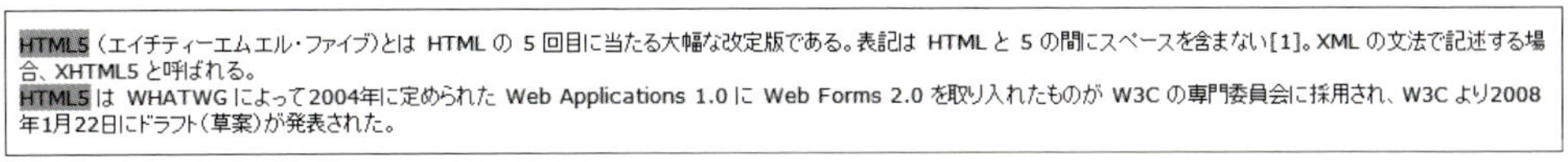

```
<mark>HTML5</mark>（エイチティーエムエル・ファイブ）とは HTML の 5 回目にあたる大幅な改定版である。
表記は HTML と 5 の間にスペースを含まない [1]。XML の文法で記述する場合、XHTML5 と呼ばれる。
<mark>HTML5</mark> は WHATWG によって 2004 年に定められた Web Applications 1.0 に Web
Forms 2.0 を取り入れたものが W3C の専門委員会に採用され、W3C より 2008 年 1 月 22 日にドラフト（草案）
が発表された。
```

mark要素の使用例

　その他の例として、Google検索結果での「キャッシュ」を参照すると、検索で使用したキーワードがハイライトされています。このように他の文章と関連があり、閲覧者に対して強調して表示させたいテキストに対して使用します。

ruby要素、rt要素

　ruby要素はルビ（ふりがな）を伴うテキストを示す要素です。rt要素はruby要素内でルビにあたるテキストを指定します。

　使用例は以下の通りです。

[リスト3-16] ruby要素の使用例　ruby.html（抜粋）

```
<ruby>基礎知識<rt>きそちしき</rt></ruby>
```

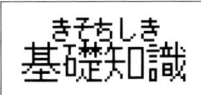

ruby要素の使用例

　上記の例は複数の感じにまとめてルビをふる例です。1文字単位でルビをふりたい場合は以下のように1文字ごとにrt要素を使ってルビを指定します。

[リスト3-17] ruby要素の使用例　ruby.html（抜粋）

```
<ruby>基<rt>き</rt>礎<rt>そ</rt>知<rt>ち</rt>識<rt>しき</rt></ruby>
です。
```

ruby 要素の使用例

ルビはひらがなでなくても使用できます。カタカナやアルファベット、数字でも使用できます。

rp 要素

rp 要素は前述の ruby 要素にまだ対応していないブラウザのための要素です。

括弧を付けて rp 要素、rt 要素でルビを指定することで、ruby 要素に対応していないブラウザでも括弧内にルビが表示されます。

使用例は以下の通りです。

[リスト3-18] rp 要素の使用例　ruby.html（抜粋）

```
<ruby>基礎知識<rp>（</rp><rt>きそちしき</rt><rp>）</rp></ruby>
```

rp 要素の使用例

上記のように rp 要素を使用することで、ruby 要素に対応しているブラウザではルビとして読み仮名が表示され、ruby 要素に対応していないブラウザでは括弧内に読み仮名が表示されます。

small 要素、strong 要素、i 要素

small 要素、strong 要素、i 要素は、HTML5から意味が変わります。これらの要素はブラウザでの表示には変更がありませんので、変更された意味を表にまとめます。

HTML5から意味が変更された要素

要素	HTML5 での意味	従来の HTML での意味
small	注釈や細目	文字のサイズを変更
		細目とは法律用語で、免責事項や警告、法的制約、著作権表記等
strong	強い重要性	強調と重要性
i	声やムード、思考、感情等を示す	イタリック体を表す
	特定の用語等	―

表の通り、要素の意味が文書内でどのような意味を持つのか、に特化されています。文字のサイズ、強調、イタリック体等はHTML5からCSSを使って表現されます。

コラム HTML5とSEO

　Webサイトを公開していると、検索エンジンから検索対象となるページの情報を収集するためのクローラーが訪れます。クローラーはHTMLの内容を収集し、検索エンジンはクローラーが収集したページ情報を検索エンジン特有のアルゴリズムに従ってインデックスを作成したり、ページランクを付けたりして検索結果に反映させます。HTML5から新しく追加された構造化要素や利用目的が明確になった要素は、その検索エンジンのWebページの解析に重要な役割を果たすものと考えられています。ページ全体の情報を表すheader要素やコピーライトを掲載するfooter要素はもちろん、nav要素によりどんな情報がサイト内にあるのか、time要素により更新時間を取得したり、figure、figurecaption要素によりどんなことが説明されているページなのか、クローラーによって明確に伝えることができます。また、canvas要素やvideo要素（115ページ参照）により、検索エンジンに認識されにくかったリッチなコンテンツに関する情報もクローラーに伝えることが可能となります。

　検索エンジンだけでなく、リスティング広告配信のためのページ解析等にも同様のことがいえます。

　このようにHTML5で作成されたWebサイトは、コンピューターによる内容の解析と非常に相性がいいと考えられています。

　ブラウザによるHTMLの解釈だけでなく、クローラーをはじめとしたWebサイトの内容を解析するソフトウェアのためにも、適切に要素を用いてWebサイトを作成していくことが現在よりも重要になると考えられます。

コラム スマートフォン向けサイトの作成

　本章で説明した通り、PC向けWebサイトをHTML5で作成する場合は、コンテンツの内容に合わせて使用する要素を意識しながらマークアップを行う必要があります。

　スマートフォン向けWebサイトをHTML5で作成する場合は、現時点では文書構造よりも以下の点が重視される傾向にあります。

・HTML5から使用可能となった各種APIを利用したリッチなインターフェイス
・CSS3を利用したネイティブアプリのようなグラデーションや丸みを帯びた外観

これらのことを考えると、スマートフォンでは、「HTML5で作成されたサイト＝Webアプリケーション」という図式が成り立っているといえます。
　また、スマートフォン向けのブラウザではWebKitをベースにしたものが大きなシェアを占めています。そのため、仕様が統一されたHTML5、CSS3で作成されたサイトは、iOS、AndroidというOSの違いを意識せずWebサイト、Webアプリケーションの作成が可能であるというメリットもあります。
　このような傾向を反映した「mobl」という新しい言語が登場しています。詳細は以下のURLで確認できます。

mobl - The new language of the mobile web
`http://www.mobl-lang.org/`

　moblはHTMLもCSSも記述することなく、HTML5、CSS3で作成されたスマートフォン向けのWebサイトやWebアプリケーションを作成することができます。簡単にいえば、moblは画面遷移や機能の設計だけで、UIを意識せずに開発を行える言語です。
　moblはEclipse用に配布されているプラグインをEclipse 3.6以上にインストールして利用します。Eclipseでプロジェクトを作成し、ファイルを編集して保存後、プロジェクトをビルドするとHTMLファイル、JavaScriptファイル、CSSファイル等が自動的に生成されます。
　チュートリアルには、機能のコーディングのみでWebアプリケーションを作成する例がいくつか紹介されています。
　このmoblに象徴されるように、スマートフォン向けのサイトを作成する際には「コンテンツを閲覧させるため」という目的よりも、「APIを利用して何かを行う」というWebアプリケーションとしての意味合いが大きいのが現状です。
　ただし、今後スマートフォン向けのサイトでも、PC向けサイトと同様にコンテンツをより的確に表現するために、構造化要素の適切な使用やセクション内部の構造を意識したマークアップが今以上に求められると考えられます。スマートフォン向けサイトを作成する際に、API以外のHTML5の機能の使い方にも注目していくことも忘れないようにしなければなりません。

第4章

便利になったフォーム画面を実装してみよう

> この章で学ぶこと

Webアプリケーションの開発において、入力を伴うフォームの実装は必須といえます。HTML5 ではフォームで入力内容を送信する際に、より的確な値を入力できるような入力欄や選択メニューを作成できる機能が追加されました。また、フォーム送信時に入力された値のチェックができる属性も追加されています。本章ではこのような強化されたフォーム機能について説明します。

新しく追加されたフォームコントロール

フォーム内の入力欄や選択メニューを**フォームコントロール**といいます。HTML5ではフォームコントロールのinput要素のtype属性に指定できる値が新しく定義されています。その結果、フォームコントロールのUIの種類が大幅に増え、フォームを有効に使うことができるようになりました。

本項では新しく追加されたtype属性の値について説明します。

使用度の高いフォームコントロール

一般的なフォームでよく使用される入力欄を作成するために追加されたtype属性について説明します。ブラウザが入力される値を期待して適切な入力欄を生成するために追加された機能になります。登録や問い合わせ用に作成するフォームで、ほぼ毎回使用するものに以下のtype属性があります。

使用度の高い入力欄を作成するtype属性

type属性の値	概要
tel	電話番号を入力するための入力欄を作成
email	メールアドレスを入力するための入力欄を作成
url	URLを入力するための入力欄を作成
search	検索したい文字列を入力するための入力欄を作成

上記type属性の使用例は以下の通りです。

[リスト4-1]　type属性の使用例　type.html（抜粋）

```html
<form id="myFrom" name="myForm" action="">
    <p>tel : <input type="tel" name="tel"></p>
    <p>email : <input type="email" name="email"></p>
    <p>url : <input type="url" name="url"></p>
    <p>search : <input type="search" name="search"></p>
    <p><input type="submit" value=" 送信 "></p>
</form>
```

type属性の表示

　type属性がtel、searchについては各ブラウザともにtype属性が「text」の場合と変わりません。type属性がemail、urlの場合は、メールアドレス、URLを正しい形式で入力する必要があります。
　Firefox 4以降、Opera 11以降では、ブラウザの機能として入力された値がメールアドレス、URLの形式に添っているかチェックする機能が備わっています。前述のtype.html（60ページ参照）のtype属性がemail、urlの入力欄にそれぞれメールアドレス、URLの形式に沿わない値を入力して送信しようとすると次のようにエラーメッセージが表示されます。

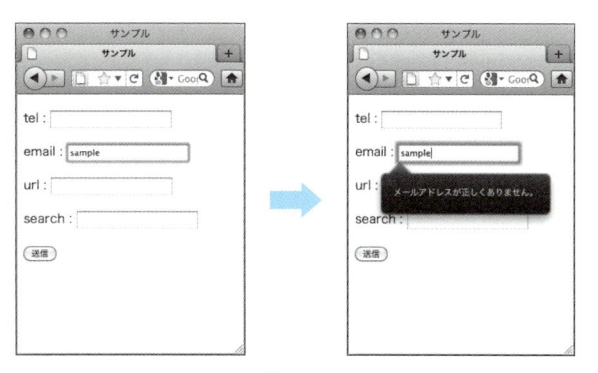

Firefox 4以降での入力チェック

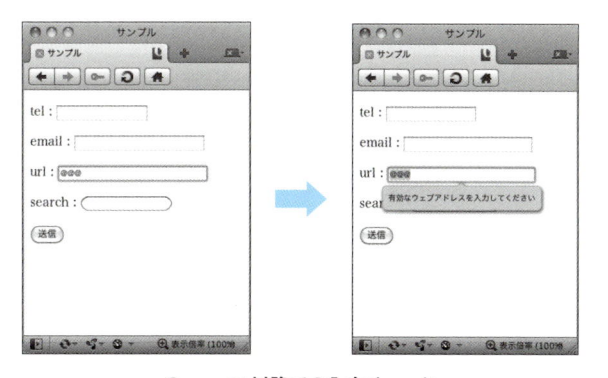

Opera 11以降での入力チェック

　type属性がemail、urlの場合には、入力値が不適切であると上記のようにエラーメッセージが表

新しく追加されたフォームコントロール　**61**

示され、フォームの送信が行われません。HTML5でのフォームコントロールの仕様では、上記のように入力された値に応じて動的に動作する機能も含みます。現時点では、type属性の入力チェックに関してはFirefox 4以降、Opera 11以降のみが対応していますが、他のブラウザでも同様のUIの実装が期待されています。

　iPhone、iPadでは、type属性がtel、email、urlの場合には入力時にそれぞれの値の入力に適したキーボードがデフォルトで表示されます。

　type属性が「tel」の場合は数字入力のキーボード、type属性が「email」の場合は「@」が使えるキーボード、属性が「url」の場合は「/」や「.com」のキーが用意されたキーボードが表示されます。ソフトウェアキーボードを使用するスマートフォンの場合は、入力する値に応じてキーボードを切り替える機種がほとんどです。これらのtype属性を利用すると、入力の種類に応じて毎回キーボードを切り替える手間を省くことができます。

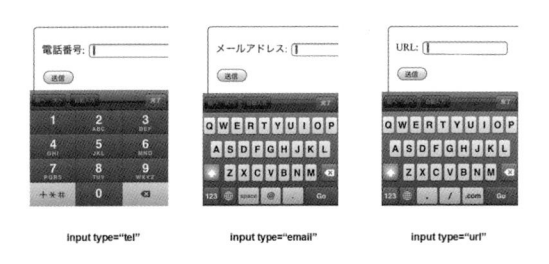

type属性のスマートフォンでの表示

　Macの場合、type属性が「search」になっていると、以下のように一目で検索用の入力欄であることがわかるように表示されます。

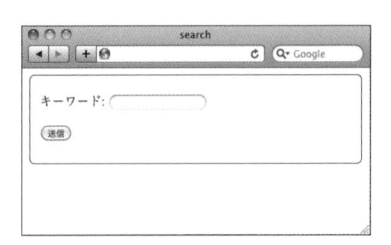

Macでの表示

　Max OS X以降では、OSの仕様としてアプリケーション内で検索に使用する入力欄は角が丸く表示されているため、Safari、Chrome上でもtype属性が「search」の場合の表示が統一されています。Macユーザーにとっては一目で検索用の入力欄とわかるようになっています。

◼️ UIを備えたフォームコントロール

数値や日付、色といったあらかじめ入力のパターンが決まっているものについては、入力しやすいUIを備えたtype属性が追加されています。入力欄には値を入力する際に、入力を補助するUIが出現します。ただし、すべてのブラウザで実装されているわけではなく、対応していないブラウザの場合は、type属性が「text」の場合の入力欄が表示されます。

■ 数値関連の入力

UIを備えた数値関連の入力を行うtype属性には以下のものがあります。

数値関連の入力欄を作成するtype属性

type属性の値	概要
number	数値を入力するための入力欄を作成
range	数値を入力するためのスライダーを作成

両方とも数値を入力するための入力欄になります。numberは入力幅を伴うUIを、rangeは入力スライダーのUIを備えています。

各ブラウザの対応状況は以下の通りです。

・number

IE	Firefox	Opera	Safari	Mobile Safari	Chrome
未実装	未実装	9.0以降	未実装	未実装	8以降

・range

IE	Firefox	Opera	Safari	Mobile Safari	Chrome
未実装	未実装	9.0以降	5以降	未実装	7以降

使用例は以下の通りです。

[リスト4-2]　type属性が「number」「range」の使用例　number_range.html（抜粋）

```
<input type="number" name="num" min="0" max="100" step="5" value="50">
<br>
<input type="range" name="num" min="0" max="100" step="5" value="50">
```

type属性が「number」「range」の使用例

このUIのため、入力を早く確実に行うことが可能となります。利用時には入力される値がより期待される値に近づくように、最小「min」、最大「max」、入力幅「step」といった属性（74，75ページ参照）を指定することもできます。

range利用時には、スライダーで指定した位置に対する値がわかるように、以下のように選択中の値を表示するJavaScriptとともに使うと便利です。

[リスト4-3] type属性が「range」の使用例　range.html（抜粋）

```
<input type="range" name="num" id="num" min="0" max="100"
value="50" onchange="rangeValue(this.value)">
<span id="val">50</span>
<script type="text/javascript">
function rangeValue(value){
    document.getElementById("val").innerHTML = value;
}
</script>
```

type属性が「range」の使用例

スライダーを動かして選択する値が変わると、スライダーの隣に選択中の値を表示します。スライダーのみの場合に比べると、利用者に親切な入力フォームになります。

■ 日付関連の入力

IE	Firefox	Opera	Safari	Mobile Safari	Chrome
未実装	未実装	9.0以降	未実装	未実装	未実装

日付関連の入力を行うtype属性には次のものがあります。

日付関連の入力欄を作成するtype属性

type属性の値	概要
datetime	タイムゾーンUTCの日時を入力するための入力欄を作成
datetime-local	ローカル日時を入力するための入力欄を作成
date	日付を入力するための入力欄を作成
week	週を入力するための入力欄を作成
month	月を入力するための入力欄を作成
time	時刻を入力するための入力欄を作成

2011年1月の時点では、バージョン9以降のOperaのみでこれらのUIが実装されています。Operaでは日付はカレンダーからの入力を補助するUI、時刻は時、分を指定できるUIが用意されています。従来のHTMLでjQueryやYUIを用いて実装していたようなUIがマークアップのみで使えます。

［リスト4-4］ type属性が「datetime」の使用例　date.html（抜粋）

```
<input type="datetime" name="datetime" min="2010-11-01" max="2010-12-01">
```

type属性が「datetime」の使用例

type属性が「datetime-local」「date」「week」「month」の場合でもカレンダーの部分の表示は上記のUIで共通しています。type属性が「datetime」「datetime-local」の場合のみに時刻入力のUIがつきます。時刻の入力のみを利用したい場合には、type属性の値を「time」にして利用します。

［リスト4-5］ type属性が「time」の使用例　date.html（抜粋）

```
<input type="time" name="time">
```

type属性が「time」の使用例

利用時には入力される値が期待される値に近づくように、最小「min」、最大「max」、入力幅「step」といった属性（74、75ページ参照）の指定もできます。他のブラウザでも同様のUIの実装が期待されています。

■ 色の入力

IE	Firefox	Opera	Safari	Mobile Safari	Chrome
未実装	未実装	11.0以降	未実装	未実装	未実装

type属性に「color」を指定すると、画像処理ソフトのようにカラーピッカーから色を指定することができます。使用例は次の通りです。

[リスト4-6] type属性が「color」の使用例　color.html（抜粋）

```
<input type="color" name="color">
```

type属性が「color」の使用例

カラーピッカーに指定したい色がない場合は、「その他」をクリックしてより詳細に色を指定することができます。

type属性が「color」の使用例「その他」選択時

現在の実装はOperaのみですが、他のブラウザでも同様のUIの実装が期待されています。

その他の入出力に関する要素

ここまで紹介したもの以外にも入出力に関する新しい要素が以下のように追加されています。

入出力に関する追加された要素

要素名	概要
keygen	フォーム送信時に秘密鍵と公開鍵を発行する要素
progress	処理の進行状況を表す要素
meter	規定範囲の測定結果を表す要素
menu	Webアプリケーションのメニューを指定する要素
command	操作メニューの各コマンドを指定する要素
details	追加で得ることのできる詳細情報を示す要素
summary	details要素の内容の要約を示す要素
output	計算結果を示す要素

ブラウザが対応していないものが多いので概要のみ説明します。

■ keygen 要素

IE	Firefox	Opera	Safari	Mobile Safari	Chrome
未実装	3.5以降	9.0以降	5以降	4以降	3以降

keygen要素は公開鍵暗号方式において公開鍵と秘密鍵を生成する要素です。フォーム送信時に公開鍵がサーバーに送信され、秘密鍵がローカルに保存されます。使用例は以下の通りです。

[リスト4-7] keygen要素の使用例 keygen.html（抜粋）

```
<keygen name="key">
```

keygen要素の使用例

上記のUIで鍵の長さを指定します。

■ progress 要素

IE	Firefox	Opera	Safari	Mobile Safari	Chrome
未実装	未実装	未実装	未実装	未実装	7以降

progress要素はアプリケーション内の処理の進捗状況を示す要素になります。UIはChromeのみ

で実装されています。使用例は以下の通りです。

[リスト4-8] progress要素の 使用例　progress.html（抜粋）
```
<progress min="0" max="100" value="90">
```

progress要素の使用例

min属性、max属性で処理状況の最小、最大を指定して、value属性で現在の処理の進捗の度合いを示します。

■ meter要素

meter要素は規定範囲内の測定結果、割合、数値等を視覚的に示す要素になります。UIは各ブラウザで未実装の要素になります。ゲージのようなUIが期待されています。現在では、JavaScriptを用いて測定結果等の状況を示す際の出力先を指定する要素として使用されています。

■ menu要素、command要素

menu要素はWebアプリケーションのメニューとなる部分を指定し、command要素はmenu要素内でWebアプリケーションのコマンドを指定する要素となります。UIはとくにありません。ここでいう「コマンド」とは一般的なアプリケーションでのツールバーで指定できる何らかの動作を行うボタン等の項目を意味します。これらの要素もまだブラウザが対応しておらず、領域の指定のみとなっています。

■ details要素、summary要素

details要素はある項目の説明や詳細を示し、summary要素はdetails要素内でその要約を示す要素です。UIはとくにありません。入力項目の脚注のように使用することが推奨されています。

■ output要素

output要素はフォーム内の入力欄の計算結果等を示す要素です。UIはとくにありません。現在では、JavaScriptを用いて入力された値の計算結果の出力先を指定する要素として使用されています。

スマートフォンでの画面表示

スマートフォン向けのWebページを作成する際にネックとなるのが画面のサイズだと思います。スマートフォンでは機種、OSのバージョン、メーカーによってブラウザの表示領域が異なるためです。

この機種依存の表示領域の問題は、meta要素でviewport（可視領域）という値を設定することで解決できます。使用例は以下の通りです。

[リスト4-9]　viewportの使用例

```
<meta name="viewport" content="width=device-width,
user-scalable=yes, initial-scale=1.0, maximum-scale=3.0" />
```

content内で指定するプロパティの名前と値は以下の表の通りです。

viewportプロパティ

プロパティ名	意味	範囲	デフォルト値
width	横幅	200〜10000px	980px
height	縦幅	223〜10000px	980px
initial-scale	初回アクセス時の拡大率	minimum-scaleとmaximum-scaleの間	1
user-scalable	ユーザーに拡大縮小の操作を許可	yes／no	yes
minimum-scale	拡大率の下限	0〜10.0	0.25
maximum-scale	拡大率の上限	0〜10.0	10

viewportを使用すると、各端末で画面の幅にフィットした状態でページが表示されています。viewportを利用して本章の最後に作成するフォームのサンプルをiPhoneやiPadで表示すると以下のようになります。

iPad　　　　　iPhone

iPhone、iPadでの表示

iPad、iPhoneの画面に合わせてフォームが表示されていることがわかります。

新しく追加された機能を持つ属性

　HTML5では前述のtype属性によるUIの拡充以外にも新しい機能を持つ属性が追加されています。大きく分けて、「入力を補助する機能」「入力のチェックに関する機能」「フォーム自体の機能」という3つの機能の拡張が行われています。これらの属性を利用すると、これまでJavaScriptで実装していた機能をHTMLのみで実装できる場合もあり、フォームの作成がより容易になることもあります。

■ 入力を補助する機能

　HTML5から追加された入力の補助を行う属性には以下のものがあります。

入力を補助する属性

属性名	概要
autocomplete	入力欄にオートコンプリートを実装
autofocus	入力欄に自動でフォーカス
list	入力欄とdatalist要素で指定した入力候補の紐付けを実装
multiple	1つの入力欄に複数の入力を実装
min	日付、数値の入力の最小を指定
max	日付、数値の入力の最大を指定
step	日付、数値の入力の入力幅を指定
placeholder	入力欄に簡単な案内を表示

　各属性に共通しているのは、フォームの入力欄に期待される値が入力されるように誘導する、という点になります。各属性の詳細を説明します。

■ autocomplete 属性

IE	Firefox	Opera	Safari	Mobile Safari	Chrome
未実装	未実装	9.0以降	未実装	未実装	未実装

　入力の際に、ブラウザの入力の履歴から入力内容を予想して提示する機能をオートコンプリート機能といいます。このオートコンプリート機能を指定できる属性がautocomplete属性です。on／offでオートコンプリートの有効／無効を指定します。デフォルトは「off」です。使用例は以下の通りです。

[リスト4-10] autocomplete属性の使用例

```
<input type="text" name="text" autocomplete="on">
```

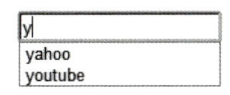

autocomplete 属性が有効な場合

　この例では「y」を入力した際に入力履歴より「yahoo」「youtube」を入力候補として提示しています。入力の手間を省く非常に便利な機能ですが、入力履歴が他の人にもわかってしまうというセキュリティ上のリスクもあります。

■ autofocus 属性

IE	Firefox	Opera	Safari	Mobile Safari	Chrome
未実装	4ベータ版以降	9.0以降	4以降	3以降	3以降

　autofocus 属性はフォームが表示された際に、指定した入力欄にフォーカスを当てるという属性です。書式は「autofocus」「autofocus="autofocus"」「autofocus=""」のいずれかで指定します。使用例は以下の通りです。

[リスト4-11] autofocus 属性の使用例　autofocus.html（抜粋）

```
<input type="text" name="text" autofocus>
```

autofocus 属性が有効な場合

　従来のHTMLではJavaScriptのfocus()メソッドで実装していた機能が、マークアップで実装できることになりました。また、ブラウザがautofocus属性に対応していなくても、JavaScriptのfocus()メソッドを組み合わせて利用することで、autofocus属性に対応しているブラウザと同様の動作をさせることができます。

[リスト4-12] autofocus 属性とfocus()メソッドの使用例　autofocus.html（抜粋）

```
<input type="text" name="text" autofocus>
<script type="text/javascript">
if(!("autofocus" in document.createElement("input"))){
    document.getElementById("text").focus();
}
</script>
```

autofocus属性に対応しているかどうかは、JavaScript内でinput要素をcreateElementメソッドで呼び出して、autofocus属性を持っているか否かで判断しています。input要素がautofocus属性を持っていない場合に、オートフォーカスさせたい入力欄をgetElementByIdメソッドで指定してfocus()メソッドでフォーカスします。

■ list 属性、datalist 要素

IE	Firefox	Opera	Safari	Mobile Safari	Chrome
未実装	未実装	9.0以降	未実装	未実装	未実装

datalist要素は、中にoption要素を含めて入力時の候補を設定する要素です。list属性はdatalist要素のidを指定してinput要素と関連付けを行う属性です。使用例は以下の通りです。

[リスト4-13] list属性、datalist要素の使用例　list_datalist.html（抜粋）

```html
<input type="text" name="job" list="jobs">
<datalist id="jobs">
    <option value=" 会社員 ">
    <option value=" 公務員 ">
    <option value=" 自営業 ">
    <option value=" その他 ">
</datalist>
```

list属性の使用例

list属性で入力時の候補を指定することで、上記のselect要素のように選択肢として入力候補を表示させるとともに、フリーワード入力機能も同時に実装できます。ユーザーの入力補助と期待される値に誘導することで入力欄をより効率的に利用できます。

■ multiple 属性

IE	Firefox	Opera	Safari	Mobile Safari	Chrome
未実装	3.5以降	未実装	4以降	未実装	3以降

multiple属性は指定した入力欄に複数の入力を可能にします。書式は「multiple」

「multiple="multiple"」「multiple=""」のいずれかで指定します。

通常のテキストの入力欄での使用例は以下の通りです。

[リスト4-14] multiple属性の使用例　multiple.html（抜粋）

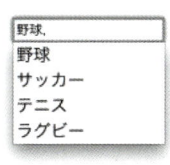

```
<input type="text" name="sports" list="sports" multiple>
<datalist id="sports">
<option value=" 野球 ">
<option value=" サッカー ">
<option value=" テニス ">
<option value=" ラグビー ">
</datalist>
```

multiple属性の使用例

最初に入力候補を選択した後、カンマを入れると次の入力候補が選択できます。通常のテキスト入力欄では、このようにカンマで区切って1つの入力欄に複数の値を入力します。ファイル選択の入力欄では以下のように使用します。

[リスト4-15] multiple属性の使用例　multiple.html（抜粋）

```
<input type="file" name="files[]" id="file" multiple>
```

「input type="file"」でmultiple属性を使用する場合は、ファイル選択時に［Shift］キーを押しながら複数のファイルを選択します。

HTML5より「files」プロパティが導入され、JavaScriptからも選択されたファイルにアクセスできるようになりました。multiple属性で複数のファイルを選択する際の簡単なデバッグの例を示します。

[リスト4-16] ファイル選択でのmultiple属性の使用例　multiple.html（抜粋）

```
<p><input type="file" name="files[]" id="file" multiple ↵
onchange="checkFiles()"></p>
<script type="text/javascript">
function checkFiles(){
 // 選択されたファイルにアクセス
 var fs = document.getElementById("file").files;
 var disp = document.getElementById("disp");
 disp.innerHTML = "";
 for(var i=0; i< fs.length; i++){
```

```
    var f = fs[i];
    // ファイル名とサイズを表示
    disp.innerHTML += f.name + " : " + f.size/1000 + " KB<br>";
  }
}
</script>
<span id="disp"></span>
```

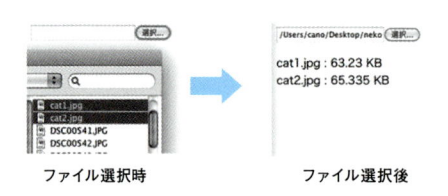

ファイル選択時　　　　　　　ファイル選択後

ファイル選択でのmultiple属性の使用例

選択されたファイルの名前、サイズを表示しています。multiple属性が指定されている場合は複数のファイルが選択されていることが確認できます。

■ min 属性、max 属性

IE	Firefox	Opera	Safari	Mobile Safari	Chrome
未実装	未実装	9.0以降	4以降	未実装	3以降

min属性、max属性はそれぞれ入力可能な最小値、最大値を設定する属性です。入力欄が数値または日付の場合に使用できる属性ですので、type属性が「datetime」「datetime-local」「date」「week」「month」「time」「number」「range」の場合に使用できます。範囲を指定して入力を促す場合等に使用します。使用例は以下の通りです。

[リスト4-17] min、max属性の使用例　mix_max.html（抜粋）
```
<input type="number" name="num" min="0" max="100">
```

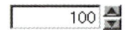

min、max属性の使用例

最小値を下回る値、最大値を上回る値は入力できなくなります。

■ step 属性

IE	Firefox	Opera	Safari	Mobile Safari	Chrome
未実装	未実装	9.0以降	4以降	未実装	3以降

　step属性は入力値のステップを指定して、いくつずつ入力値を変化させるかを指定する属性です。入力欄が数値または日付の場合に使用できる属性なので、type属性が「datetime」「datetime-local」「date」「week」「month」「time」「number」「range」の場合に使用できます。サイズや単位でのあらかじめ決められた幅を指定して入力を促す場合に使用します。使用例は以下の通りです。

[リスト4-18] step属性の使用例　step.html（抜粋）

```
<input type="number" name="num" min="0" max="100" step="5">
```

step属性の使用例

　上記の例の場合は、入力値が「▲」「▼」で5単位で増減します。日時関連で使用する場合は以下のように表示されます。

[リスト4-19] step属性の使用例　step.html（抜粋）

```
<input type="dtae" name="date" step="2">
```

step属性の使用例

　上記の例では2日おきにしか選択できないUIが表示されます。

新しく追加された機能を持つ属性

■ placeholder 属性

IE	Firefox	Opera	Safari	Mobile Safari	Chrome
未実装	未実装	未実装	3以降	3以降	3以降

　placeholder属性は入力欄に簡単な説明や入力に期待する値を表示するための属性です。type属性が「email」「password」「search」「tel」「text」「url」の場合に使用できます。入力欄にどのような値を入力すればいいのかを示したい場合に使用します。使用例は以下の通りです。

[リスト4-20] placeholder属性の使用例　placeholder.html（抜粋）

```html
<input type="tel" name="tel" pattern="¥d{2,4}-¥d{2,4}-¥d{4}"
required placeholder="03-1234-5678">
```

電話番号: [03-1234-5678]

placeholder属性の使用例

　上記の例では、電話番号を「03-1234-5678」のように半角数字とハイフンで入力するように求められていることがわかります。入力欄への入力時、入力中にはplaceholder属性で指定した文字列は表示されなくなり、入力の妨げになることはありません。

電話番号: [   ]

入力時

電話番号: [03-]

入力中、入力後

　placeholder属性を利用すると、HTML内に入力欄の説明や例を記載することなく、適切な入力を導くことができます。

入力のチェックに関する機能

入力欄へ入力された値のチェックを行うための属性も新規に追加されました。入力された値に応じて動的に動作する属性となります。入力のチェックに関する属性には以下のものがあります。

入力のチェックに関する属性

属性名	概要
novalidate	入力欄の形式を無視
pattern	入力値を指定したパターンで検証
required	必須入力を指定

上記の属性を利用することで、入力欄単位での簡単な入力値のチェックを行うことができます。各属性について説明します。

■ novalidate 属性

IE	Firefox	Opera	Safari	Mobile Safari	Chrome
未実装	未実装	未実装	未実装	未実装	未実装

type属性の指定で、入力欄に電子メールアドレス、URL、電話番号といった入力値の形式を指定できます（60ページ参照）。novalidate属性とは、この入力の形式チェックを行わないことを指定する属性です。各ブラウザでまだ未実装の属性なので、概念のみの説明とします。使用例は以下の通りです。

[リスト4-21] novalidate属性の使用例　novalidate.html（抜粋）

```
<form method="post" action="xxx.cgi" novalidate>
    <input type="email" name="mailaddress" >
    <input type="submit" value=" 送信 ">
</form>
```

上記の例では入力欄「mailaddress」に入力された値の形式をチェックせずにフォームを送信します。

■ pattern 属性

IE	Firefox	Opera	Safari	Mobile Safari	Chrome
未実装	未実装	9.0以降	4以降	3以降	3以降

pattern属性は入力値のチェックを行うための正規表現を設定する属性です。正規表現で入力された値のチェックを行いたい場合に使用します。type属性が「email」「password」「search」「tel」「text」 「url」の場合に使用できます。使用例は以下の通りです。

[リスト4-22] pattern属性の使用例　pattern.html（抜粋）
```
<input type="tel" name="tel" pattern="¥d{2,4}-¥d{2,4}-¥d{4}">
```

正規表現では「¥d」は半角数字の0～9を表します。「¥d{2,4}」は「¥d」が2～4個続くことを表し、「¥d{4}」は「¥d」が4個続くことを表します。上記の例では「03-1234-5678」の形式で入力チェックを行うという意味になります。

pattern属性での入力チェックでエラーとなった場合には以下のように表示されます。

pattern属性使用時の入力エラー

上記のように入力値をpattern属性で指定した正規表現でチェックすることができます。
　また、pattern属性とtitle属性を同時に利用する場合は、title属性では入力内容の説明を入れることが推奨されています。

[リスト4-23] pattern属性、title属性の使用例　pattern.html（抜粋）
```
<input type="text" name="cardnumber" pattern="[0-9]{16}"
title=" カード番号を16ケタの数字で入力してください ">
```

上記の例では、16ケタの数字入力のパターンと入力の内容がカード番号であることの説明文をtitle属性で指定しています。

■ required属性

IE	Firefox	Opera	Safari	Mobile Safari	Chrome
未実装	未実装	9.0以降	4以降	3以降	3以降

required属性は入力欄が必須入力であることを示す属性です。入力欄への入力を必須にしたい場合に使用します。
　使用例は次の通りです。

[リスト4-24] required属性の使用例　required.html（抜粋）

```
<input type="tel" name="tel" pattern="¥d{2,4}-¥d{2,4}-¥d{4}" required>
```

required属性を設定すると、値が未入力の場合は以下のようにエラーメッセージが表示されてフォームの送信ができなくなります。

required属性の使用例

上記のように入力値の必須入力のチェックをすることができます。

フォーム自体に関するもの

フォーム自体に関する機能の拡充に関する要素も追加されています。これらの属性には以下のものがあります。

フォーム自体に関する属性

属性名	概要
button要素関連	フォーム送信時のプロパティを指定
form属性	fieldset要素とform要素の関連付けを指定

上記の属性を利用することで、フォームの詳細やレイアウトに関する設定を行うことができます。各属性について説明します。

■ button要素関連属性

IE	Firefox	Opera	Safari	Mobile Safari	Chrome
未実装	未実装	10.0以降	未実装	未実装	未実装

button要素に送信時のプロパティを指定する「formaction」「formenctype」「formmethod」「formnovalidate」「formtarget」という属性が追加されました。それぞれform要素の属性に対応するものがありますので、次の表にまとめます。

button 要素関連属性

属性	form 要素での該当する属性	意味
formaction	form	フォーム送信先のアドレスを指定
formenctype	enctype	フォーム送信時の MIME タイプを指定
formmethod	method	フォーム送信時の HTTP メソッドを指定
formnovalidate	novalidate	フォーム送信時の入力値の形式チェックを無視
formtarget	target	フォームのターゲットを指定

[リスト4-25] button関連属性の使用例　button.html（抜粋）

```
<button type="submit" formaction="xxx.cgi" formmethod="post">送信</button>
```

　button要素に設定された属性は、form要素に設定された同じ意味を持つ属性より優先されます。button要素が押下された際に、条件によってフォームの送信先や入力のチェックを変更したい際等に、JavaScript内で上記のプロパティを変更してフォームを送信させることも可能です。

■ form 属性

IE	Firefox	Opera	Safari	Mobile Safari	Chrome
未実装	未実装	9.5以降	未実装	未実装	未実装

　form属性はfieldset要素にidを設定することで、form要素を関連付けることができる属性です。例えば、fieldset要素がform要素内に配置されていなくても、form属性を指定することでform内の要素として機能させることができます。使用例は以下の通りです。

[リスト4-26] form属性の使用例　form_attr.html（抜粋）

```
<fieldset form="regist">
お名前：<input type="text" name="name" size="20">
メール：<input type="email" name="mail" size="40">
</fieldset>
```
略
```
<form action="xxx.php" method="post" id="regist">
    <input type="submit" value=" 送信 ">
</form>
```

　上記の例では、フォームの送信ボタンがレイアウト上どこにあろうとも、fieldset要素内の入力を送信できることになります。

フォームのバリデーション機能を利用する

　HTML5でのフォームの機能強化の一環として、フォーム内の要素のバリデーション結果にアクセスできるプロパティが用意されています。前項までで説明した入力欄に指定した属性による入力値のバリデーションにJavaScriptでアクセスし、バリデーションの結果に応じた処理を行うことが可能となります。ここでいうバリデーションとは、入力欄単位で設定した属性に関してのバリデーションとなります。例えば、入力値がtype属性で指定した入力の形式に合っているか、pattern属性で指定した正規表現にマッチしているか、min属性とmax属性で指定した範囲内であるか、といったバリデーションです。入力値が特定のキーワードを含む、複数の入力値の組み合わせがある条件に合っているか等のバリデーションに関しては、今までのWebアプリケーションのようにJavaScriptやサーバーサイドでのバリデーションが必要となります。

　本項では、HTML5から可能となった属性単位でのバリデーションについて説明します。

■ フォームのバリデーションの状態を取得する

　「myForm」という名前のフォーム内の要素のバリデーションの状態は「validity」プロパティで取得できます。取得の記述例は以下の通りです。

[リスト4-27] ValidityStateの取得例

```
document.myForm.element.validity
```

　返却されるオブジェクトは「ValidityState」というオブジェクトです。その他にフォーム内の要素（element）から取得できるバリデーションに関するオブジェクト／メソッドには次ページの表のようなものがあります。

　これらの一連の機能は「The constraint validation API」と呼ばれています。表のオブジェクト、メソッドを利用して、JavaScript上でバリデーションを確認するサンプルを作成してみます。

[リスト4-28] JavaScript上でバリデーションを確認するサンプル　zip1.html（抜粋）

```
<script language="JavaScript" type="text/javascript">
function checkInputs(){
    var valCheck = document.myForm.zip.validity;
    window.alert(valCheck.valid);
}
</script>
<form id="settings" name="myForm" action="check2.html">
    <fieldset id="inputs" style="border: 1px solid #000;border-radius: 6px;">
    <p>郵便番号：<input type="text" name="zip" required pattern="¥d{3}¥-¥d{4}"
    placeholder="123-4567"></p>
```

```
        <p><button type="button" onclick="checkInputs()">Check</button></p>
      </fieldset>
 </form>
```

バリデーションに関するオブジェクト／メソッド

名前	意味
element.willValidate	element に対して入力チェックが行われる場合に true を返却
element.setCustomValidity(エラーメッセージ)	任意のエラーメッセージをセット
element.validity.valueMissing	element が require 属性が指定されているにもかかわらず、値が入力されていない場合に true を返却
element.validity.typeMismatch	element の値が正しい構文でないなら true を返却
element.validity.patternMismatch	element の値が pattern 属性で指定されているパターンに一致しない場合に true を返却
element.validity.tooLong	element の値が maxlength 属性で指定されている最大値より長い場合に true を返却
element.validity.rangeUnderflow	element の値が min 属性で指定されている最小値より小さい場合に true を返却
element.validity.rangeOverflow	element の値が max 属性で指定されている最大値より大きい場合に true を返却
element.validity.stepMismatch	element の値が step 属性で指定されたステップに一致しない場合に true を返却
element.validity.customError	element に独自エラー設定されている場合に true 返却
element.validity.valid	element の値が入力チェックをすべて通る場合に true を返却
element.checkValidity()	element の値が入力チェックをすべて通る場合に true を返却。true でない場合には nvalid イベントを生成
element.validationMessage	element の値に入力チェックが行われた際のエラーメッセージを返却

　サンプルでは入力欄「zip」に入力された値の「validity.valid」を参照して、値のバリデーションをチェックしています。入力欄には必須入力の「required」と入力パターンを郵便番号7ケタに指定する「pattern="¥d{3}¥-¥d{4}"」の属性が設定されています。この2つの妥当性に合致する場合に「validity.valid」が「true」を返します。

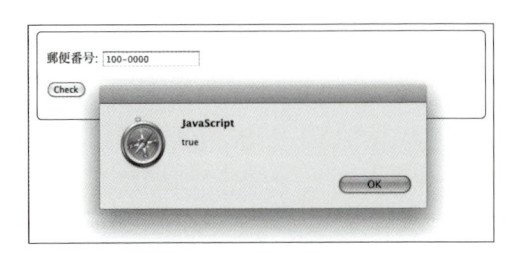

zip1.htmlの実行画面

さらにrequired属性、pattern属性のチェックを個別に参照したい場合はそれぞれ「validity.valueMissing」「validity.patternMismatch」で参照できます。

[リスト4-29] required属性とpattern属性のチェックを個別に参照する例　zip2.html（抜粋）

```
function checkInputs(){
    var valCheck = document.myForm.zip.validity;
    window.alert(valCheck.valid);
    window.alert("valueMissing : " + valCheck.valueMissing + "
    patternMismatch : " + valCheck.patternMismatch);
}
```

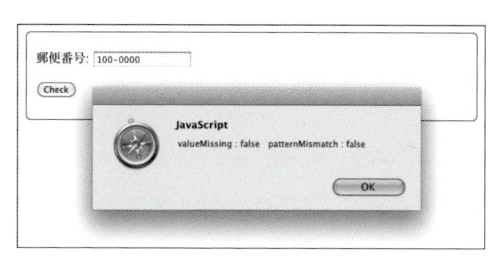

zip2.htmlの実行画面

「valid」で要素全体のバリデーションのチェックを確認できますが、上記のようにバリデーションの個別のステータスをチェックすることも可能です。

■ バリデーションを課したフォーム作成

前項で説明したバリデーションの機能を利用して、汎用的に利用できるメソッドを作成し、フォームのサンプルを作成してみます。入力にエラーがあった際には、入力欄の右にエラー内容を表示します。作成するフォームの機能の全体像は以下のようになります。

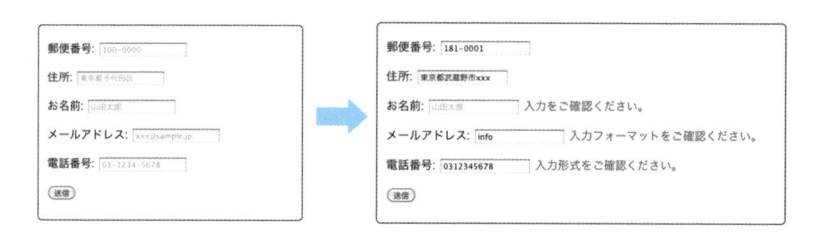

作成するお問い合わせフォーム

「郵便番号」は前項のサンプルの通りです。「住所」と「お名前」はrequired属性で必須入力を指定し、「メールアドレス」はtypeを「email」としてメールアドレスの構文で入力欄を作成しています。

[リスト4-30] バリデーションを課したフォーム作成のサンプル　form.html（抜粋）

```
<p>郵便番号： <input type="text" name="zip" required pattern="¥d{3}¥-¥d{4}"
placeholder="100-0000">
            <span id="zip_error" style="color: #FF0000;"></span></p>
<p>住所： <input type="text" name="address" required placeholder="東京都千代田区 ">
            <span id="address_error" style="color: #FF0000;"></span></p>
<p>お名前： <input type="text" name="name" maxlength="5"
required placeholder=" 山田太郎 ">
            <span id="name_error" style="color: #FF0000;"></span></p>
<p>メールアドレス： <input type="email" name="email" required placeholder=
"xxx@sample.jp">
            <span id="email_error" style="color: #FF0000;"></span></p>
<p>電話番号： <input type="tel" name="tel" required pattern=
"¥d{2,4}-¥d{2,4}-¥d{4}" placeholder="03-1234-5678">
            <span id="tel_error" style="color: #FF0000;"></span></p>
```

各入力欄にはplaceholder属性で入力の例を示し、入力の形式がわかるようにし、span要素でバリデーションの際にエラーがあった場合にエラーメッセージを表示する領域を作成しています。

入力チェックはbutton押下時にonclickで呼び出されるcheckInputsメソッド内で行います。checkInputsメソッドではフォーム内の各要素を取得した後、各要素のバリデーションの状態をチェックします。

[リスト4-31] バリデーションを課したフォーム作成のサンプル　form.html（抜粋）

```
function checkInputs(){
    var f = document.myForm;          ←----------❶
    var elems = f.elements;
    var len = elems.length;
    for(var i=0;i<len;i++){           ←----------❷
        var elm = elems.item(i);
        if (elm.nodeName == "INPUT" && elm.validity){  ←----------❸
            var elm_error = f.querySelector("#" + elm.name + "_error");  ←------❹
            if(elm_error) elm_error.innerHTML = "";
            if(elm.validity.valid == false) {   ←----------❺
                if(elm.validity.valueMissing) {  ←----------❻
                    err_msg = " 入力をご確認ください。";
                }
                else if(elm.validity.typeMismatch) {  ←----------❻
                    err_msg = " 入力フォーマットをご確認ください。";
                }
                else if(elm.validity.patternMismatch) {  ←----------❻
                    err_msg = " 入力形式をご確認ください。";
                }
                else if(elm.validity.tooLong) {  ←----------❻
                    err_msg = " 入力内容が長すぎます。";
```

```
            }
            else {          ←------ ❻
                err_msg = "入力内容をご確認ください。";
            }
            if(elm_error) elm_error.innerHTML = err_msg;  ←------ ❼
        }
    }
  }
}
```

❶ フォーム名が「myForm」なのでdocumentオブジェクトからフォーム全体のオブジェクトを取得して、その中の各要素を取得します。

❷ ❶で取得した要素の数だけループします。

❸ フォーム内の要素のノード名を参照して、input要素であり、「validity」オブジェクトを参照してバリデーションが設定されている場合のみ、バリデーションの精査の処理に入ります。

❹ querySelectorメソッド（86ページ参照）を利用してエラーメッセージを表示する要素を特定しています。入力チェックに入る前は、取得した要素のinnerHTMLを空白にしています。

❺ 入力チェックを行う対象の要素の「validity」オブジェクト内の「valid」を参照してバリデーションのチェックを通過しているかどうか判定します。通過していない場合は、「validity」オブジェクト内の他のプロパティを参照します。

❻ 必須（valueMissing）、入力タイプ（typeMismatch）、入力パターン（patternMismatch）、長さ（validity.tooLong）、それ以外の場合をそれぞれチェックし、それぞれエラー内容に応じたエラーメッセージを設定します。

❼ ❻で設定したエラーメッセージを、フォーム内の該当する要素のエラーメッセージを表示する領域に表示します。

実行結果は以下の通りです。

サンプルの実行結果

エラーがある場合は、入力欄の右にエラーメッセージを表示します。エラーメッセージの表示については、エラーメッセージを表示する領域を「querySelector」メソッド（86ページ参照）で取得しています。このメソッドは、現在策定中の「Selectors API」というAPIのメソッドです。Selectors API

とはCSSのセレクタを指定してドキュメント内、もしくは指定した要素内の要素を取得するためのAPIです。ドキュメント内であれば、idを指定して要素を取得するgetElementByIdメソッドと同様の使い方ができます。

このquerySelectorメソッドを用いて、エラーを起こした入力要素のエラーメッセージ表示領域を動的に取得して、エラーメッセージをinnerHTMLに表示します。

コラム Selectors API

Selectors APIは本項のサンプルの通り、CSSセレクタを用いて要素にアクセスできるため非常に便利です。主なメソッドとして以下のものが用意されています。

Selectors APIの主なメソッド

名前	意味
querySelector（CSSセレクタ）	CSSセレクタにマッチした最初の要素を返却する
querySelectorAll（CSSセレクタ）	CSSセレクタにマッチしたすべての要素のコレクション（nodeList）を返却する

querySelector、querySelectorAllの両方ともドキュメントに対しても要素に対しても使用できます。ドキュメントに対して使用した場合は、ドキュメント全体から、要素に対して使用した場合はその子要素からCSSセレクタにマッチした要素を取得します。

現在、上記よりも多機能なメソッドを「Selectors API Level2」として開発が進められています。外部のJavaScriptライブラリを使わずに簡単に要素にアクセスし、処理を行えるAPIとして非常に期待されています。

注意点としては、querySelectorAllで取得できるnodeListは静的であるという点です。同様にnodeListを取得するメソッドgetElementsByClassName、getElementsByTagNameで取得できるnodeListは動的であると定義されています。

つまり、nodeListを取得した後に、そのnodeListに対してDOM操作が行われたとしてもquerySelectorAllで取得したnodeListへDOM操作は反映されません。

それに対して、getElementsByClassName、getElementsByTagNameで取得できるnodeListにはその都度、DOM操作が反映されます。

第5章

新しくなったCSSの機能を使ってみよう

> **この章で学ぶこと**
>
> 現在のCSSの仕様の次期バージョンにはCSS3という新しい仕様が策定されています。CSS3では、現在のCSSでは表現が難しかったデザインや画像を使わなければできなかったデザインをCSSのみで実装できるほど表現力が高いものになっています。CSS3の機能は膨大ですので、本章ではその代表的なものについて基本的な事柄について学びます。

CSS3の概要

現在正式に勧告されているCSSの仕様はCSS2です。実際にはCSS2からマイナーチェンジされまだ勧告候補の状態にあるCSS2.1に多くのブラウザが対応し、事実上の標準仕様となっています。CSS3はCSS2.1の仕様を基に、機能をモジュール化し、既存の機能を強化したり、新しい機能を追加している策定中の仕様です。CSS3の主なモジュールには以下のものがあります。

CSS3の主なモジュール

モジュール名	概要
Selectors	セレクタの詳細な指定
Color	半透明の色指定等
Media Queries	環境に応じたスタイルシートを適応
Backgrounds & Borders	背景画像の複数の指定、角丸、画像のボーダー等
CSS Transitions	プロパティの値の時間的な変化
CSS Transforms (2D & 3D)	プロパティの値の変化
CSS Animations	フレームを定義して要素を移動
Fonts	Webフォント等
Flexible Box Layout	カラムレイアウトの指定関連

CSS3のモジュールにつきましてはW3Cのページで確認できます。現在のところ、CSS3のどのモジュールも勧告には至っていません。ただし、ブラウザによっては機能を実装している場合もあります。このあたりの事情はHTML5と同様です。

W3CのCSS3のモジュールに関するページ

http://www.w3.org/Style/CSS/current-work

各ブラウザ間での実装状況

W3Cではまだ草案の機能やプロパティを実装する際には、名前の前にブラウザ固有の接頭辞を付けることを推奨しています。これを**ベンダープレフィックス**といいます。ベンダープレフィックスには以下のものがあります。

ベンダープレフィックスの一覧

ベンダープレフィックス	ブラウザ
-ms-	IE
-moz-	Firefox
-webkit-	Safari
-webkit-	Chrome
-o-	Opera

ベンダープレフィックスを付けているプロパティは、草案段階の仕様を先行実装していたり、ブラウザベンダー独自の拡張機能を実装しているものと判断できます。ベンダープレフィックスは、具体的には以下のように使用します。

[リスト5-1] ベンダープレフィックスの使用例 sample-radius.html（抜粋）

```
input{
    border-radius: 10px;
    -moz-border-radius: 10px;
    -webkit-border-radius: 10px;
    border: 1px solid #000000;
}
```

「border-radius」というプロパティに対して、「-moz-」のベンダープレフィックスを付けてFirefox、「-webkit-」のベンダープレフィックスを付けてSafari、Chrome向けの記述を行っています。上記のようにスタイルシートの定義部分にベンダープレフィックスを付けたプロパティを指定します。また、border-radiusはOperaでは有効なのでOpera向けのベンダープレフィックス「-o-」は記述していません。

W3Cによると、ベンダープレフィックスは草案が勧告候補になった際には、外すことが推奨されています。前述のborder-radiusのように一部の機能がベンダープレフィックスなしで動作するように実装されているブラウザもあります。新しいバージョンのブラウザを利用すると、ベンダープレフィックスの付いたプロパティが動作しなくなっていることも考えられます。そのため、上記の例のように、ベンダープレフィックスを付けたプロパティとともに、ベンダープレフィックスを付けていないプロパティも併記しておくべきです。

CSS3の新しい機能

CSS3の新しい機能について、具体的なサンプルとモジュール名を挙げて説明します。前述の通り、CSS3自体の機能が非常に多いのでここでは新しいもの、重要なもののみを説明します。

■ セレクタ

CSS3からCSS側で対象を指定してCSSの機能を適応させるセレクタの機能が強化されました。強化された部分は、要素を対象とした要素セレクタ、属性を対象とした属性セレクタに分けられます。それぞれについて説明します。

■ 要素セレクタ

モジュール名：Selectors

IE	Firefox	Opera	Safari	Mobile Safari	Chrome
未対応	3.6以降	9.5以降	3以降	3以降	4以降

CSS3では同じ親を持つ子要素の「○番目のもの」「最後に出てくるもの」といった条件による指定が可能となります。要素の細かい部分の指定をCSSのみで行うことができます。テーブルの奇数、偶数の行で背景色を変える例は以下のようになります。

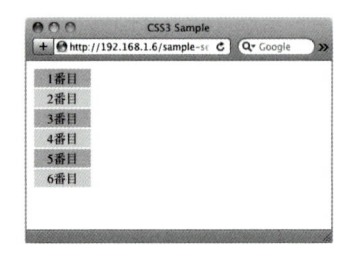

テーブルの奇数、偶数の行の色を指定する例

[リスト5-2]　テーブルの奇数、偶数の行の色を指定する例　sample-selectors1.html（抜粋）

```
<style type="text/css">
tr:nth-child(odd){
    background-color: #CDCDC1;
}
tr:nth-child(even){
    background-color: #E8E8E8;
}
</style>
```

略

```
<table>
<tr><td> 1番目 </td></tr>
<tr><td> 2番目 </td></tr>
<tr><td> 3番目 </td></tr>
<tr><td> 4番目 </td></tr>
<tr><td> 5番目 </td></tr>
<tr><td> 6番目 </td></tr>
</table>
</body>
</html>
```

nth-childプロパティで子要素の前から○番目、という指定を行っています。nth-childの書式は以下のようになります。

nth-child プロパティ

| 書式 | 親要素:nth-child(条件) |

サンプルでは親要素に「tr」、条件に「odd」で奇数、「even」で偶数を指定しています。odd、evenの他に奇数、偶数をnを0以上の整数として「2n+1」「2n+0」のように数式で指定することもできます。nth-childと同様の使い方ができる主な要素セレクタを以下の表にまとめます。

代表的な要素セレクタ

セレクタ	概要
nth-child(条件)	前から「条件」付きの要素の指定
nth-last-child(条件)	後ろから「条件」付きの要素の指定
nth-of-type(条件)	同一の要素を対象として前から「条件」付きの要素の指定
nth-last-of-type(条件)	同一の要素を対象として後ろから「条件」付きの要素の指定
first-child	最初の要素の指定
last-child	最後の要素の指定

もちろん、従来のHTMLの書き方のように奇数番目、偶数番目にスタイルシートで指定したclassを記述していく方法でも、同様のデザインの実装は可能です。ただし、この方法では、テーブルの中に新しくデータを追記したり、削除したりする場合にtd要素に対するすべてのclassの指定を記述し直す作業が必要になります。そのような手間を考えると、要素セレクタを用いたほうがよいでしょう。

■ 属性セレクタ

モジュール名：Selectors

IE	Firefox	Opera	Safari	Mobile Safari	Chrome
未対応	3.6以降	9.5以降	3以降	3以降	4以降

　CSS3ではidやclass以外にも属性名、属性値で装飾対象となる要素を指定できます。input要素の属性を指定して装飾する例は以下のようになります。

属性を指定して装飾する例

[リスト5-3]　属性を指定して装飾する例　sample-selectors2.html（抜粋）

```
<style type="text/css">
input[type="text"]{    ←----------- ❶
    border-radius: 8px;
    -moz-border-radius: 8px;
    -webkit-border-radius: 8px;
    border: 1px solid #000000;
}
input[type="email"]{    ←----------- ❷
    border-radius: 8px;
    -moz-border-radius: 8px;
    -webkit-border-radius: 8px;
    border: 1px solid #FF8C00;
}
input[type="tel"]{    ←----------- ❸
    border-radius: 8px;
    -moz-border-radius: 8px;
    -webkit-border-radius: 8px;
    border: 1px solid #0000CD;
}
</style>
```
略
```
<form id="settings" name="myForm" action="">
    <p>お名前： <input type="text" name="name" maxlength="5"></p>
    <p>メールアドレス： <input type="email" name="email"></p>
```

```
        <p>電話番号： <input type="tel" name="tel"></p>
        <p><button type="button">送信 </button></p>
</form>
```

❶～❸ input要素の属性名と属性値を指定してそれぞれのborder-radiusを指定しています。指定された属性を持つinput要素の入力欄の枠が指定された角丸と色になっていることがわかります。

input属性を指定して装飾するための記述は以下のようになります。

属性セレクタ	
意味	属性を指定して要素を指定する
書式	要素名 [属性名] { プロパティ : 値 ; } 要素名 [属性名 =" 属性値 "] { プロパティ : 値 ; }

属性値を省略する場合は、属性名があるものすべてに指定した装飾が適応されます。上記以外にも、以下のように属性名で指定される属性の値が一定の条件に合う要素を装飾の対象に指定することが可能です。

属性の条件指定して要素を指定

セレクタ	概要
要素 [attr^="val"]	属性名 attr の値が val で開始する要素
要素 [attr $="val"]	属性名 attr の値が val で終了する要素
要素 [attr*="val"]	属性名 attr の値が val を含む要素

マークアップを行う際にidやclassを指定することなく、属性の条件で装飾を適応させることが可能となります。

文字装飾に関する新しい機能

CSS3から可能になった文字に関しての新しい機能を紹介します。これまでは画像を作ったり、複雑なCSSを指定していたことが比較的容易に実装できます。

サーバー上のフォントを指定する

モジュール名：Fonts

IE	Firefox	Opera	Safari	Mobile Safari	Chrome
6以降	3.6以降	10.6以降	4以降	未実装	3以降

CSS3の「@font-face」でサーバー上のフォントを指定することができます。この機能はWebフォントとも呼ばれます。このことにより、従来のHTMLでは指定できなかったフォントでコンテンツを作成することができます。テキストなのでコピー＆ペーストができ、SEOにも問題はありません。使用例は以下の通りです。フォントはフリーで配布されている「ふい字フォント」（http://hp.vector.co.jp/authors/VA039499/）を利用しています。

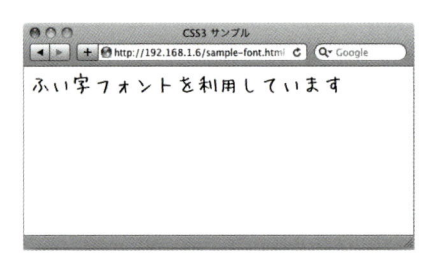

Webフォント使用例

[リスト5-4]　Webフォント使用例　sample-test-font.html（抜粋）

```
<style type="text/css">
@font-face {           ❶
    font-family: HuiFont;
    src: url('HuiFont29.eot')
}
@font-face {           ❷
    font-family: HuiFont;
    src: url('HuiFont29.ttf') format('truetype');
}
body{
    font-size: 27px;
    font-family:HuiFont;    ❸
}
</style>
</head>
<body>
ふい字フォントを利用しています
</body>
```

❶❷　使用するフォントの指定は「@font-face」で行います。@font-face内で「font-family」で使用するフォントの名前を指定し、「src」で使用するフォントのURLを指定します。「format」については後述します。

❸　フォントを使用する要素の「font-family」に❶❷で決めた使用するフォントの名前を指定します。

　サンプルではbody要素内のフォントがふい字フォントになります。

サーバー上のフォントを指定する@font-faceの書式は以下のようになります。

@font-face	
意味	サーバー上のフォントを指定する

書式	@font-face {
	　　font-family: " フォントの名前 ";
	　　src: url(フォントのURL) format(フォーマット);
	}

「フォントの名前」は任意のものが指定できます。「フォントのURL」はサーバー上のフォントのURLになります。「フォーマット」で指定する値はフォントのフォーマットごとに異なり、以下のものがあります。

フォントの種類とformatの値

フォントのフォーマット	拡張子	formatの値
TrueType	.ttf	truetype
OpenType	.ttf .otf .ttc	opentype
Embedded OpenType	.eot	embedded-opentype

　IEは「Embedded OpenType」のフォントにしか対応しておらず、@font-faceの書式のformatに対応していません。そのためサンプル内の❶のようにformatを記述せずにフォントを指定します。他のブラウザでは後の記述で先の@font-faceの指定が上書きされるため、最初にIE向けの@font-faceの指定を記述しています。

　また、IE向けのEmbedded OpenTypeのフォントはTrueTypeのフォントを変換するサービスttf2eot（http://ttf2eot.sebastiankippe.com/）を利用して作成しました。

■ テキストに影を付ける

モジュール名：Text

IE	Firefox	Opera	Safari	Mobile Safari	Chrome
未実装	3.5以降	10.6以降	4以降	未実装	3以降

　テキストモジュールにはテキストに影を付ける「text-shadow」というプロパティが追加されました。これまでは主に画像を使うことの多かった文字の装飾が、CSSのプロパティの指定のみで表現できます。

テキストに影を付ける例

[リスト5-5] テキストに影を付ける例　sample-test-shadow.html（抜粋）

```
<style type="text/css">
.shadow1{         ←----------❶
    font-family:"Segoe UI";
    font-size: 2pc;
    color: white;
    text-shadow: 0em 0em 1em #483D8B;
}
.shadow2{         ←----------❷
    font-family:"Segoe UI";
    font-size: 30px;
    color: rgba(255,0,0,1);
    text-shadow: 5px 5px 5px rgba(0,0,0,0.5);
}
.shadow3{         ←----------❸
    font-family:"Segoe UI";
    font-size: 30px;
    text-shadow: 3px 6px 5px #0000FF, -3px -6px 5px #FF0000;
}
</style>
```
　　　　　　　　　　　　略
```
<p class="shadow1">text shadow</p>
<p class="shadow2">text shadow</p>
<p class="shadow3">text shadow</p>
```

❶ 影の部分を大きめに指定したエフェクト的な表現の例です。

❷ よく使われる文字の影を落とした例です。文字と同じ形を元の文字から若干ずらして配置し、若干ぼかしています。

❸ 1つの文字に対して複数の影を指定する例です。影の色と位置は任意に指定できますので、複数の影を付けることができます。

　フォントと影をうまく使うことでロゴのような文字をCSSのみで作成することも可能です。text-shadowの書式は次の通りです。

text-shadow プロパティ	
意味	テキストに影を付ける
書式	text-shadow: [X軸オフセット] [Y軸オフセット] [ぼかしの範囲] [色]

X軸オフセット、Y軸オフセットのイメージは以下のようになります。

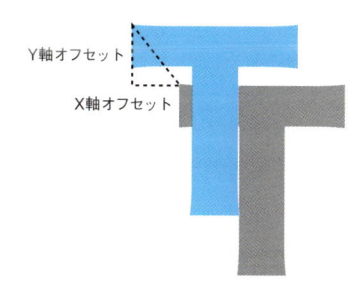

X軸オフセット、Y軸オフセットのイメージ

ぼかしの範囲は値が大きくなるほど、ぼかしの具合が大きくなります。X軸オフセット、Y軸オフセット、ぼかしの範囲ともにpx、emでの指定が可能です。色については色名、RGB、RGBに透明度を加えたRGBAでの指定が可能です。

レイアウトに関する新しい機能

CSS3から可能になったレイアウトに関しての新しい機能を紹介します。これまではできなかったことや、複雑なCSSを指定していたことが比較的容易に実装できます。

■ 背景に複数の画像を指定する

モジュール名：Backgrounds & Borders

IE	Firefox	Opera	Safari	Mobile Safari	Chrome
未実装	3.5以降	10.6以降	4以降	未実装	3以降

従来のHTMLでは、1つの要素に対して1つしか背景画像が指定できませんでした。CSS3では1つの要素に対して複数の背景画像を指定することができます。body要素に対して複数の背景画像を指定する例は次のようになります。

複数の画像を背景に指定する例

[リスト5-6] 複数の画像を背景に指定する例　sample-multibackground.html（抜粋）

```
<style type="text/css">
body {
    background-image:url(images/cat1.jpg), url(images/cat2.jpg);
    background-repeat:no-repeat;
    background-attachment: fixed;
    background-position: top left, bottom right;
}
.text {
    font-family:"Segoe UI";
    font-size: 16px;
    color: white;
    text-shadow: 0em 0em 1em #483D8B;
}
</style>
</head>
<body>
<span class="text">
    左上に1枚、右下に1枚 <br>
    2枚の画像を背景にしています
</span>
</body>
```

background-imageプロパティの中で背景に指定する画像のURLをカンマ区切りで指定します。background-positionプロパティでそれらの表示する位置を指定しています。記述の例は次のようになります。

background-image プロパティ、background-position プロパティ	
意味	複数の画像を背景に指定する
書式	background-image:url(画像 1 の URL), url(画像 2 の URL),,,,,; background-position: 画像 1 の位置 , 画像 2 の位置 ,,,,,;

background-imageプロパティで背景に指定する画像を、background-positionプロパティでその画像を表示する位置を指定します。

■ 角丸のレイアウト

モジュール名：Backgrounds & Borders

IE	Firefox	Opera	Safari	Mobile Safari	Chrome
未実装	3.5以降	10.6以降	4以降	未実装	3以降

従来のHTMLでは角丸のレイアウトを利用する場合は、div要素で角丸の画像を指定したり、JavaScriptのライブラリを使用して実装するのが一般的でした。HTML5ではborder-radiusプロパティで角丸のレイアウトを実装することができます。

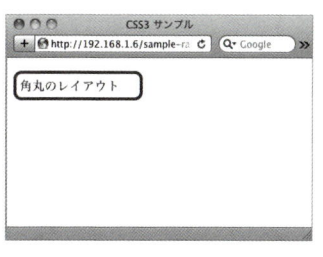

角丸のレイアウトの例

［リスト5-7］　角丸のレイアウトの例　sample-radius.html（抜粋）

```
<style type="text/css">
.round {
    border-radius: 10px;
    -moz-border-radius: 10px;
    -webkit-border-radius: 10px;
    border: 4px solid #0000EE;
    padding: 4px;
    width: 150px;
}
</style>
```

略

```
<p class="round">角丸のレイアウト </p>
```

border-radiusで角丸を指定します。FirefoxとSafari、Chromeではベンダープレフィックスを付けた「-moz-border-radius」「-webkit-border-radius」で角丸を指定します。

border-radiusの書式は以下の通りです。

border-radius プロパティ

意味	角丸をレイアウトする
書式	border-radius: [水平方向の半径] [垂直方向の半径];

水平方向と垂直方向の半径を指定できます。イメージは以下の通りです。

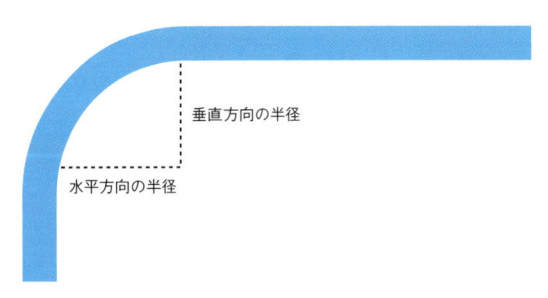

水平方向と垂直方向の半径のイメージ

垂直方向の半径の値を省略した場合は、水平方向の半径が両方に適応されます。

また、角丸のレイアウトを適応する領域の4つの角の半径を別々に指定することもできます。その際には以下のプロパティを使用します。

角丸を指定するプロパティの種類

位置	CSS3 標準	Firefox	Safari,Chrome
全体	border-radius	-moz-border-radius	-webkit-border-radius
右上	border-top-right-radius	-moz-border-radius-topright	-webkit-border-top-right-radius
右下	border-bottom-right-radius	-moz-border-radius-bottomright	-webkit-border-bottom-right-radius
左下	border-bottom-left-radius	-moz-border-radius-bottomleft	-webkit-border-bottom-left-radius
左上	border-top-left-radius	-moz-border-radius-topleft	-webkit-border-top-left-radius

上記の左上と右上のプロパティを利用すると、次のようなタブの機能をCSSのみで実装できます。

border-radiusでタブ機能を実装する例　　　　　　　　　　　　　「shop」タブを選択

[リスト5-8]　border-radiusでタブ機能を実装する例　sample-tab.html（抜粋）

```
<style type="text/css">
.tab {
    font-size: 20px;
    font-family:Arial;
    background-color: #CFCFCF;
    border-top-left-radius: 15px;
    border-top-right-radius: 15px;
    -moz-border-radius-topleft: 15px;
    -moz-border-radius-topright: 15px;
    -webkit-border-top-left-radius: 15px;
    -webkit-border-top-right-radius: 15px;
    border: 4px solid #B5B5B5;
    padding: 10px;
    color: #363636;
    font-weight: bold;
    text-decoration: none;
}
.tab:hover {
    background-color: #696969;
    border: 4px solid #CFCFCF;
}
</style>
```

　　　　　　　　　　　　　　　　　略

```
<a class="tab" href="#">Home</a><a class="tab" href="#">News</a><a class=
"tab" href="#">Shop</a>
```

　border-radiusを利用してタブ用の装飾を作成し、hover時の色を用意することで、画像やJavaScriptを使わずにタブを作成することができます。

■ **カラムレイアウト**

モジュール名：Flexible Box Layout

IE	Firefox	Opera	Safari	Mobile Safari	Chrome
未実装	3以降	未実装	3以降	未実装	4以降

　CSS3からdisplayプロパティに「box」という値が追加されました。displayプロパティにboxが指定されている場合には、その要素の子要素のレイアウトを指定できるプロパティも新規に追加されており、カラムを使ったレイアウトに関してレイアウトの指定がより容易になりました。カラムを横並びにしたい場合、ウィンドウの幅に合わせたい場合、カラムの並びの順番を指定したい場合等、プロパティの指定で容易にレイアウトを行うことが可能になります。具体的な使用例は以下の通りです。

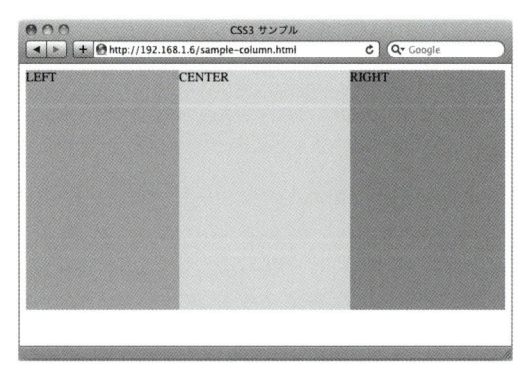

カラムレイアウトの例

[リスト5-9]　カラムレイアウトの例　sample-column.html（抜粋）

```
<style type="text/css">
#wrapper    {
    width: 100%;
    display: -webkit-box;    ←――――❶
    display: -moz-box;
    display: box;
}
#centerColumn    {
    height: 500px;
    background: #e6e6fa;
    -webkit-box-ordinal-group: 2;    ←――――❷
    -moz-box-ordinal-group: 2;
    box-ordinal-group: 2;
    -webkit-box-flex: 1;    ←――――❸
    -moz-box-flex: 1;
    box-flex: 1;
}
```

```
#leftColumn     {
    width: 200px;
    height: 500px;
    background: #b0c4de;
    -webkit-box-ordinal-group: 1;
    -moz-box-ordinal-group: 1;
    box-ordinal-group: 1;
}
#rightColumn    {
    width: 200px;
    height: 500px;
    background: #a9a9a9;
    -webkit-box-ordinal-group: 3;
    -moz-box-ordinal-group: 3;
    box-ordinal-group: 3;
}
</style>
```
略
```
<div id="wrapper">  ◀---------- ❹
    <div id="centerColumn">CENTER</div>
    <div id="leftColumn">LEFT</div>
    <div id="rightColumn">RIGHT</div>
</div>
```

❶ カラムレイアウトを適応する領域を指定し、displayプロパティの値にboxを指定します。Firefox、Safari、Chromeのみの実装ですのでベンダープレフィックスを付けて指定します。

❷ box-ordinal-groupプロパティで子要素の並び順を指定します。デフォルトの並び順は左から右なので、その順番を数字で指定します。

❸ box-flexプロパティで子要素が並ぶ場合の幅の比率を指定します。子要素の幅は、box-flexプロパティで指定された数値の合計値に対しての割合で割り当てられます。サンプルではidがcenterColumnの子要素に1と指定されていますので、この子要素に割り当てられる幅は使える領域の100％となります。他の子要素はwidthプロパティで幅を指定していますので、親要素の幅からその分を引いた幅がidがcenterColumnの子要素が使える幅となります。ウィンドウに応じて幅を変化させたい場合等にこのように指定します。

❹ スタイルシートで指定した親要素、子要素です。幅、並び順を❷、❸のプロパティで指定していますのでHTMLドキュメント内には親要素内に子要素を任意に配置できます。

ウィンドウ幅を変化させた際は次のようになります。

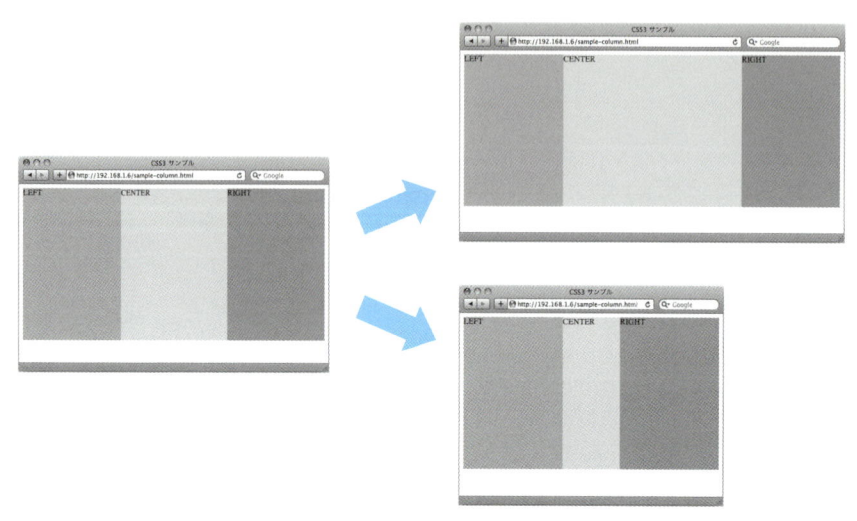

カラムレイアウトの例

　広くしたときも、狭くしたときも、左右のカラムの幅は変わりませんが、真ん中のbox-flex:1に指定したカラムは幅が変化します。
　サンプル以外にも、display:boxを指定した親要素と、その子要素に対してレイアウトに関するプロパティが以下のように追加されています。

親要素に関するもの

プロパティ名	概要	指定する値
box-orient	子要素の並べ方を指定	horizontal（右から左）、vertical（上から下）、inline-axis（水平方向の設定に従う）、block-axis（垂直方向の設定に従う）
box-direction	子要素の並べ方を指定	normal（左から右へ、上から下へ）、reverse（右から左へ、下から上へ）
box-align	子要素を揃える縦位置を指定	start（親要素の上辺に）、end（親要素の下辺に）、center（親要素の中央に）、stretch（子要素の高さを親要素に合わせる）
box-pack	子要素を揃える横位置を指定	start（左寄せ）、end（右よせ）、center（中央）、justify（余白を分割して子要素の間に割り当てる）

子要素に関するもの

プロパティ名	概要	指定する値
box-ordinal-group	子要素の並び順を指定	数値で指定

　これまではカラムの順番の変更、ウィンドウ幅に合わせる場合等には複雑なCSSの指定が必要でした。CSS3からはカラムレイアウトの基本的な部分についてはプロパティの指定でシンプルに行うことができます。

動的な装飾

CSS3から動きのある装飾を行うことができるモジュールが追加されました。これまではFlashやJavaScriptで行っていた動きのある表現と同様のことがCSSでも可能となります。

プロパティの値の変化による動的なコンテンツ

モジュール名：Transitions

IE	Firefox	Opera	Safari	Mobile Safari	Chrome
未実装	未実装	10.5以降	4以降	未実装	3以降

CSS3からプロパティの値をスムーズに変化させることが可能になりました。具体的には「transition」というプロパティを使って指定します。transitionプロパティの具体的な使用例は以下のようになります。

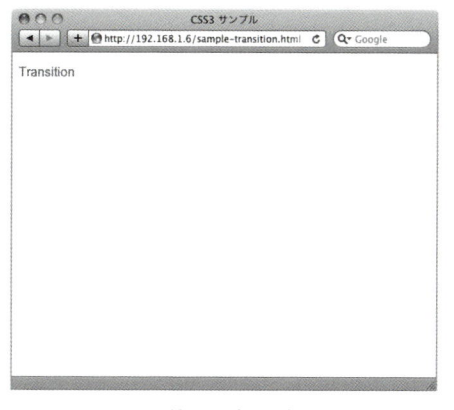

transitionの使用例（値の変化開始時）

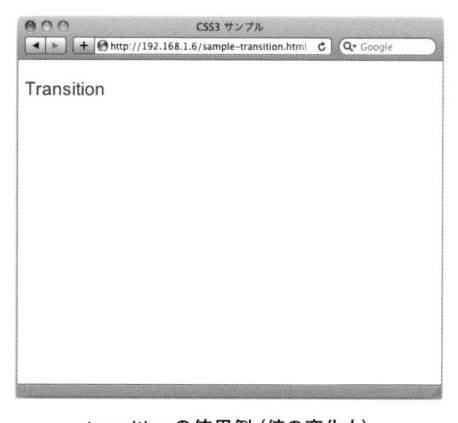

transitionの使用例（値の変化中）

CSS3の新しい機能

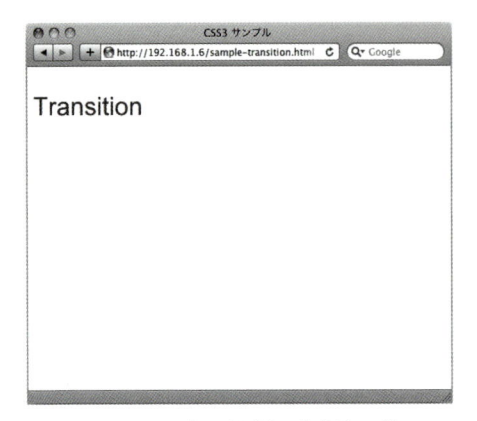

transitionの使用例（値の変化終了時）

[リスト5-10] transitionの使用例

```
<style type="text/css">
p{
    -webkit-transition: all 2s linear;
    -o-transition: all 2s linear;
    transition: all 2s linear;
    font-size: medium;
    font-family: Arial;
    color: #FF0000;
}
p:hover{
    font-size: x-large;
    color: #0000FF;
}
</style>
```

略

```
<p>
Transition
</p>
```

　transitionプロパティはまだ策定中なので、ベンダープレフィックスを付けて使用します。マウスをあてると文字の色が赤から青へ、大きさがmediumからx-largeへ変わるのがわかります。
　transitionの書式は以下のようになります。

transitionプロパティの書式

意味	プロパティの値をスムーズに変化させる
書式	transition: [スムーズに変化させるプロパティ] [変化にかける時間] [速度のパターン] [遅らせる時間]

スムーズに変化させるプロパティはプロパティ名の指定、もしくは「all」の指定で適応可能なプロパティすべてを指定します。時間は秒（s）、ミリ秒（ms）で指定します。速度のパターンには以下のものがあります。「遅らせる時間」はプロパティの値の変化が開始されてから、値が実際に変化が開始されるまでの時差の時間を指定します。

速度のパターン

プロパティ名	概要
linear	一定の速度で変化
ease	少し減速して開始、少し減速して終了
ease-in	減速して開始
ease-out	減速して終了
ease-in-out	減速して開始、減速して終了

transitionは一括で指定するプロパティで、個別に指定する場合は以下のプロパティを利用します。

個別に指定するtransition関連プロパティ

プロパティ名	概要
transition-property	変化させるプロパティを指定
transition-duration	変化にかける時間を指定
transition-timing-function	速度の変化パターンを指定
transition-delay	遅れて開始する時間を指定
transition	上記の一括指定

これらの指定をうまく利用することで、より視覚に訴える表現が可能となります。

アニメーション

モジュール名：Animations

IE	Firefox	Opera	Safari	Mobile Safari	Chrome
未実装	未実装	未実装	4以降	4以降	3以降

前項のtransitionが始点と終点の指定であったのに対し、その過程を指定できる@keyframesというプロパティがあります。@keyframeで指定した過程をanimation-nameプロパティで指定して実行することでCSSでアニメーションを実装することができます。具体的には以下のようにして利用します。現在はSafari、Chromeのみ実装されており、ベンダープレフィックス「-webkit-」を付けて利用します。

アニメーションの使用例

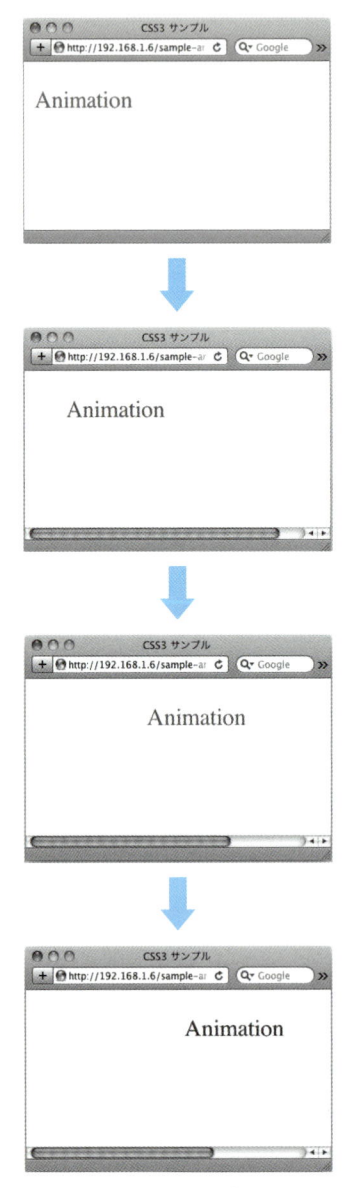

[リスト5-11] アニメーションの使用例

```
<style type="text/css">
@-webkit-keyframes bounce{    ←------------❶
    0%{
        left: 0px;
        color:#FF0000;
    }
    25%{
```

```
        color:#B23AEE;
    }
    50%{
        color:#9F79EE;
    }
    75%{
        color:#8968CD;
    }
    100%{
        left: 300px;
        color:#0000FF;
    }
}
.animation{
    -webkit-animation-name: bounce;   ◄----------- ❷
    -webkit-animation-duration: 4s;
    -webkit-animation-iteration-count: 10;
    -webkit-animation-direction: alternate;
    position: relative;
    left: 0px;
    font-family:"Segoe UI";
    font-size: 30px;
}
</style>
```

略

```
<p class="animation">
Animation
</p>
```

❶ キーフレームでアニメーションの過程を指定します。過程を%で指定して、そのときの状態を指定します。サンプルでは名前を「bounce」として、0%（始点）のときに左の位置を0px、文字の色を赤、100%（終点）で左の位置が300px、文字の色が青になるような過程を指定しています。

❷ animation-nameで実行するキーフレームを指定します。

前項のtransitionと同様にアニメーションで指定できるプロパティには次のものがあります。

アニメーション関連プロパティ

プロパティ名	概要
animation-name	実行するキーフレームを指定
animation-duration	時間を指定
animation-timing-function	速度の変化パターンを指定
animation-iteration-count	繰り返す回数を指定
animation-direction	繰り返しを指定
alternate	奇数回目は通常、偶数回目は逆再生
animation-delay	遅れて開始する時間を指定
animation	上記の一括指定

　速度の変化パターンはtransitionと同様に指定できます。時間は秒（s）、ミリ秒（ms）で指定します。これらのプロパティをうまく組み合わせることでCSSのみで高度なアニメーションの作成も可能となります。

その他の機能

　その他、本章で紹介しきれなかったものをまとめます。

CSS3のその他の主なモジュール

モジュール名	概要
Text	テキストの詳細な指定
Ruby	ふりがなに関する詳細な指定
Grid Positioning	グリッドレイアウト
Basic Box Mode	ブロックレベルでの装飾を指定
line	行に関する指定
Marquee	マーキー、スクールに関する指定
Basic User Interface	ユーザーインターフェイス関連
Image Values	グラデーション
Media Queries	環境に応じたスタイルシートを適応

　グリッドレイアウトやグラデーションといった高度な装飾を行うためのモジュールも存在し、これまでのCSSよりも表現力がかなり上がることになります。

第6章

プラグインを使わずに video／audio を 埋め込んでみよう

この章で学ぶこと

HTML5よりブラウザから動画ファイル、音声ファイルを扱うための要素としてvideo要素、audio要素が追加されています。本章ではこの2つの要素の基本的な使い方と、JavaScriptから動画ファイル、音声ファイルへアクセスし、再生状況を操作する基本的な方法について学びます。

ブラウザで扱えるファイルと圧縮形式

　本書執筆時において各ブラウザで再生できる動画・音声ファイルはまだ統一した規格がなく、それぞれのブラウザの対応次第となっています。この理由は、動画／音声ファイルといったメディアファイルがファイルの内部に圧縮形式でデータを持てる構造であることと、ブラウザベンダーの意向により対応していない圧縮形式があるためです。

　ファイル形式、圧縮形式はvideo要素、audio要素で再生するファイルを指定する際にも考慮に入れる必要がありますので、本章ではまずファイル構造と圧縮形式について簡単に説明します。

■ メディアファイルの構造

　メディアファイルの構造は簡単にいうと、ZIPファイルのように内部にいくつものファイルを格納しているコンテナファイルの構造をしています。コンテナファイルとは、複数の種類のデータや標準的なデータ圧縮方法を使って圧縮したデータを保持できるファイルフォーマットです。以下に動画ファイルの構造の例を簡単に示します。

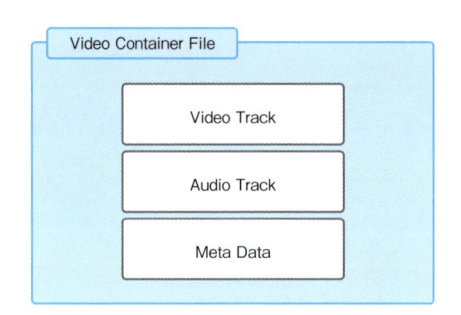

```
┌─ Video Container File ──────────┐
│   ┌─────────────────────────┐   │
│   │      Video Track        │   │
│   └─────────────────────────┘   │
│   ┌─────────────────────────┐   │
│   │      Audio Track        │   │
│   └─────────────────────────┘   │
│   ┌─────────────────────────┐   │
│   │       Meta Data         │   │
│   └─────────────────────────┘   │
└─────────────────────────────────┘
```

動画ファイル構造の例

　上図のように、動画ファイルは内部にビデオトラック、オーディオトラック、メタデータを持っています。ビデオトラック、オーディオトラックは動画を再生する際に必要となるデータ本体で、メタデータはタイトルやキャプションなどの動画についてのデータです。

　主な動画ファイルのフォーマットには次のものがあります。

動画ファイルのフォーマット

名前	拡張子	概要
Audio Video Interleave	.avi	Microsoft 社が開発した Windows OS 上で音声付きの動画を扱うためのフォーマット
Flash Video	.flv	Adobe Flash が標準で対応しているインターネット上で動画を配信するために利用される動画ファイルのフォーマット
MPEG-4	.mp4	画像の中の動く部分だけを検出し保存するなどしてデータを圧縮している MPEG 規格の一部である動画ファイルのフォーマット
Matroska	.mkv	オープンソースで開発されている、DVD のような多重音声・多重字幕を実現できるファイルフォーマット
Ogg	.ogg	非営利団体「Xiph.org Foundation」が開発した、ライセンスフリーなファイルフォーマット

　ビデオトラック、オーディオトラックはそれぞれコーデックが定義されており、以下のものがあります。コーデックとは、データを圧縮／伸張するソフトウェアやプラグイン、ハードウェア、アルゴリズムのことです。本章内では、コーデックはデータを圧縮／伸張するアルゴリズムのことを指します。

ビデオコーデック

名前	概要
H.264	携帯電話などの低ビットレート用途から、HDTV クラスの高ビットレート用途に至るまで幅広く利用されている規格
Ogg Theora	非営利団体「Xiph.org Foundation」が開発しているオープンソースのビデオコーデック
VP8	On2 テクノロジー社が開発したビデオコーデックの 1 つ。Google が On2 社を買収して以降、オープンソース化されている

音声コーデック

名前	概要
MPEG-3	音声データを極端な音質の劣化を伴わずに圧縮できる方式
AAC	MPEG-3 等の圧縮技術を超える高音質・高圧縮を目的に標準化された圧縮方式
Ogg Vorbis	他の圧縮方式と違って、特許の制限を受けずに誰でも自由に使えるようにする目的で作られた圧縮方式。Google が開発しているオープンな動画規格 WebM の音声コーデックとして採用されている
WAV	Microsoft と IBM により開発されたフォーマット。主に Windows で利用される

　現在のブラウザの主なコンテナ、圧縮形式の対応状況は以下の通りです。

各ブラウザの圧縮形式の対応状況

コンテナ（コーデック）	Chrome	FireFox	Opera	Safari	iPhone/iPad	IE（正式版）
Ogg（Theora、Vorbis）	○	○	○	×	×	×

ブラウザで扱えるファイルと圧縮形式　**113**

MP4（H.264、ACC）	×	×	×	○	○	×
MP4（H.264、MP3）	×	×	×	○	○	×

　AppleはQuickTimeをはじめH.264に多大なリソースを投入しているため、H.264を推進しています。MozilaとOperaはOgg Theoraのようなオープンなコーデックが望ましいと考えており、H.264には対応しない方針です。GoogleのChromeもH.264をサポートしないことを公式ブログで告知しています。MicrosoftのInternet Explorerは今のところIE9でH.264に対応することを発表しています。

　このようにブラウザによって再生できるファイルが異なりますので、HTML5ではメディアを再生する要素1つに対して複数の形式のファイルを指定する方式がとられています。要素内であらかじめ複数の動画ファイルを指定しておき、ブラウザごとに対応しているファイルを再生できるようにするという機能が備えられています（117ページ参照）。

コラム　Googleが発表した「WebM」

　Googleは2010年の年次開発者会議「Google I/O」において、オープンソースでロイヤルティフリーのビデオフォーマットを策定する「WebM」プロジェクトを発表しました。プロジェクトサイトには「The WebM project is dedicated to developing a high-quality, open video format for the web that is freely available to everyone.（誰もが利用できる無料で高品質なWeb向けビデオフォーマットの開発を目的とします）」と宣言しており、HTML5のvideo要素の標準フォーマットの地位を目指していると思われます。

　HTML5で利用できるビデオコーデックのOgg Theoraはパフォーマンスで劣るとされ、H.264はライセンス料が高いため、各ブラウザの対応状況は前項のようにまちまちでどれを統一規格にするかにはまだ問題がありそうです。Googleは自社ブラウザのChromeでOgg Theoraをサポートしています。WebMはビデオコーデックにVP8、音声コーデックにVorbis、メディアコンテナとしてMatroskaを採用しています。ファイルの拡張子は「.webm」です。

　Googleは自社動画共有サイトYouTubeのすべての動画をWebMに変換することを発表しています。

　Microsoftも公式ブログでVP8のサポートを発表し、IE9ではビデオコーデックはH.264とVP8の両方に対応する予定です。

　他のブラウザではOpera 10.6以降、Chrome 6以降、Firefox 4ベータ版が対応しています。その一方で、H.264側も2010年8月にH.264がインターネット上の無料動画にライセンス料を課さないことを発表したり、AppleのSafariはWebMをサポートしない方針を取っている等、WebMが今後標準的なフォーマットになるかどうかは、今のところまだ判断できない状態です。

ブラウザで動画を再生する

IE	Firefox	Opera	Safari	Mobile Safari	Chrome
9以降	3.5以降	10.5以降	3以降	3以降	3以降

　HTML5では動画をWebページに埋め込むためにvideo要素が新しく定義されています。video要素のため、ブラウザはプラグインを利用せずに直接動画を再生できます。video要素の基本的な使い方は以下の通りです。

[リスト6-1]　video要素の基本的な使い方　sample_video1.html（抜粋）

```
<video src="sample.mp4" controls preload="auto" width="400" hight="300"
poster="images/sample.jpg"></video>
```

video要素の使用例

　上記のように要素のみでブラウザで動画を再生することが可能です。video要素のみでは動画の再生、停止等の操作ができないので、controls属性を付加して動画再生のためのUIが表示されるようにします。UIはブラウザに内蔵されているものが表示されます。

video要素の属性

属性名	意味
src	動画ファイルを指定
poster	動画が再生可能になるまで表示するサムネイル画像を指定
autoplay	自動での再生を指定。書式は「autoplay」「autobuffer="autobuffer"」「autobuffer=""」のいずれか
preload	自動読込を指定。書式は「auto（自動）」、「metadata（メタデータのみ）」、「none（無効）」で指定
loop	繰り返しの再生を指定。書式は「loop」「loop="loop"」「loop=""」のいずれか
controls	再生・停止・音量等の調整を行うコントローラーを表示。書式は「controls」「controls="controls"」「controls=""」のいずれか
width	横幅をピクセル数で指定
height	縦幅をピクセル数で指定

preload 属性は、以前は autobuffer という属性名でした。仕様の策定過程で属性名が autobuffer か
ら preload へと変更されています。サンプルでは preload 属性に「auto」を指定してブラウザが Web
ページを読み込んだ時点で、自動的に動画ファイルの読み込みを始めて UI の再生ボタンが押された
ときに動画の再生がスムーズに行われるようにしています。preload 属性に「metadata」を指定した
場合には動画全体ではなく、動画の再生時間、動画のサイズ、動画の最初のフレーム等のメタデータ
のみを取得します。

poster 属性で指定した画像ファイルは、動画のバッファリングが終わり再生可能となるまでに以下の
ように表示されます。

video 要素の使用例

ユーザーにとっては今動画の読み込み中であることがわかります。動画の内容がわかるファイルを
指定しておくのが一般的です。動画ファイルにブラウザが対応していない場合には、poster 属性で指
定した画像ファイルが表示され続けます。

また、video 要素に対応していないブラウザ向けに video 要素には未対応の場合のメッセージを含
めることもできます。

[リスト6-2] video 要素の使用例 sample_video2.html（抜粋）

```
<video src="sample.ogv" controls autoplay width="400" hight="300">
    ご利用のブラウザでは再生できません。
</video>
```

上記の他にも従来の object 要素でブラウザに動画を表示することも可能です。

[リスト6-3] video要素が利用できない場合の例　sample_video2.html（抜粋）

```
<video src="sample.ogv" controls autoplay width="400" hight="300">
    <object data="player.swf" type="application/x-shockwave-flash">
        <param name="movie" value="sample.swf">
    </object>
</video>
```

　IE 6/7/8ではvideo要素に未対応なこととブラウザのシェアではIEが多いのを配慮して、video要素を使う場合には未対応ブラウザへの対応の記述を入れておくのが親切です。

ブラウザ対応

　前項の通り、ブラウザによってはサポートしていない動画の圧縮形式もあります。そのため、video要素のsrc属性で指定した動画ファイルがブラウザによっては再生できないことも考えられます。このような事態を回避するためにsource要素が定義されています。使用例は以下の通りです。

[リスト6-4] source要素の使用例　sample_video3.html（抜粋）

```
<video controls>
    <source src="sample.ogv">
    <source src="sample.mp4">
</video>
```

　複数のフォーマットのファイルをsource要素で指定することで、ブラウザは上から順にsource要素で指定されたファイルを読み込み、再生可能なファイルを再生します。上記の場合では、Firefoxではogv、Safariではmp4の動画ファイルが再生されます。
　source要素には以下の属性があり、より詳細にファイル情報を指定できます。

source要素の属性

属性名	意味
src	ファイルを指定
type	ファイルのMIMEタイプを指定
media	ファイルの対象としているメディアを指定

[リスト6-5] source要素の使用例

```
<source src="sample.ogv" type="video/ogg">
```

　ただし、上記の記述のみではファイルの情報が不足する場合もあります。「type="動画ファイルのMIMEタイプ"」のみではコンテナファイルの種類のみの指定となり、動画と音声のコーデックの種類まではわかりません。動画と音声の圧縮形式も指定する場合には、type属性内にパラメータ

「codecs」を指定します。

[リスト6-6] type属性でコーデックを指定する例

```
<source src="sample.ogv" type='video/ogg; codecs="theora, vorbis"'>
```

上記の例ではコンテナファイル「Ogg」内にビデオコーデック「theora」、音声コーデック「vorbis」が設定されているファイルを指定している意味になります。typeの設定値の例を以下に示します。

type属性の設定例

属性の指定	意味
type='video/mp4; codecs"=avc1.42E01E, mp4a.40.2"'	MP4 コンテナ：シンプルベースライン H.264 動画と AAC 音声
type='video/mp4; codecs"=mp4v.20.8 mp4a.40.2"'	MP4 コンテナ：MPEG-4 シンプルプロファイルレベル 0 動画と AAC 音声
type='audio/ogg; codecs"=vorbis"'	OGG コンテナ：vorbis 音声コーデック

動画変換ソフトを使用した場合、1つのコンテナファイルに対して複数の圧縮形式を指定することができます。そのため、まれにブラウザが判断できないコンテナファイルと圧縮形式のペアで動画を変換してしまう場合があります。そのような場合にtype属性内に動画と音声のコーデックを指定することで、ブラウザに正確にファイルの情報を指示することが可能になり、きちんと再生させることができます。

■ JavaScript からの操作

video要素で埋め込んだ動画ファイルにJavaScript上のオブジェクトとして、getElementByIdメソッドを使ってアクセスできます。JavaScriptで取得した動画オブジェクトのステータスを参照したり、再生状態を調整するためのプロパティやメソッドが用意されています。これらは大きく分けて、「video要素とaudio要素で共通したメソッド」「メディアの情報を参照するプロパティ」「JavaScriptから操作可能なプロパティ」の3つに分けられます。

■ video 要素と audio 要素で共通したもの

メディアファイル間で共通して利用できるメソッドです。

video要素とaudio要素で共通したもの

メソッド名	意味
load()	ファイルの読み込みを行う
play()	ファイルの再生を行う
pause()	ファイルの再生の一時停止を行う
canPlayType(MIMEタイプ)	MIMEタイプが再生できる環境かどうかを判定　再生可能な場合は「maybe」を返却

canPlayTypeメソッドを使ってMIMEタイプが「video/ogg」のファイルが再生できるかを参照する例は以下の通りです。

[リスト6-7]　canPlayTypeの仕様例　sample_media1.html（抜粋）
```
window.alert(document.createElement('video').canPlayType('video/ogg'));
```

createElementメソッドで利用しているブラウザのvideo要素で「video/ogg」のMIMEタイプが再生できるかを確認しています。利用しているブラウザ、ブラウザのバージョンによって最適なコンテンツを表示させたい場合や利用を制限する場合等に利用します。

■ メディアの情報を参照するプロパティ

再生しているメディアファイルの情報を参照する場合に以下のプロパティを参照します。

メディアの情報を参照するプロパティ

プロパティ名	意味
currentSrc	現在再生中を行っているファイルのURL
duration	再生時間の長さを表す秒数
ended	再生が終了していればtrueを返却
error	エラーが発生した場合にエラーコードを返却
played	再生済みの時間範囲（TimeRanges型）
seekable	シーク可能な時間範囲（TimeRanges型）
seeking	指定された再生位置に移動中にtrueを返却
startTime	再生が可能な位置を表す秒数

これらのプロパティは参照のみ可能で、JavaScriptの中からプロパティの値を書き換えることはできません。

■ JavaScriptから操作可能なプロパティ

次のプロパティはJavaScriptから操作可能なものとなります。

JavaScriptから操作可能なプロパティ

プロパティ名	意味
src	指定された動画ファイルのURL
readyState	メディアデータのダウンロード状態
currentTime	現在の再生位置を表す秒数
defaultPlaybackRate	デフォルトの再生速度。デフォルトは1.0
playbackRate	再生速度。デフォルトは1.0。マイナスは巻き戻し
preload	preload属性の値
loop	loop属性の値
controls	controls属性の値
volume	音声のボリューム。0.0～1.0の間
muted	音声がミュートされている場合にtrueを返却

　JavaScriptからメディアの再生状態をコントロールしたい場合等にプロパティの値を変更します。

　上記のメソッド、プロパティを利用してvideo要素で埋め込んだ動画の再生・停止機能ボタンを実装してみます。

動画の再生・停止機能ボタンを実装した例

[リスト6-8]　動画の再生：停止機能ボタンを実装した例　sample_movie1.html（抜粋）

```
<video id="video" autobuffer width="400" hight="300">
    <source src="sample.ogv">
    <source src="sample.mp4">
</video>
<br>
<input type="button" onclick="playVideo()" value=" 再生 ">
<input type="button" onclick="stopVideo()" value=" 停止 ">
<span id="time"></span>
<script type="text/javascript">
var video = document.getElementById("video");
// 再生
function playVideo(){
```

```
    video.play();
}
// 停止
function stopVideo(){
    video.pause();
}
</script>
```

　最初にgetElementByIdメソッドで取得した動画オブジェクトを取得します。次に取得した動画オブジェクトに対してstartメソッドで再生、stopメソッドで停止を行うメソッドを作成しています。

　また、後述のaudio要素とともにメディアファイルの再生を行う際には、発生するイベントが次のように定義されています。

メディアファイルの再生に関するイベント一覧

イベント名	イベント発生時のタイミング
loadstart	データの読み込みを開始した
progress	データの読み込み中
suspend	サスペンドした
abort	中断された
error	エラーが発生した
emptied	読み込むデータが空だった
stalled	中断した
play	再生が開始された
pause	再生が停止された
load	データのダウンロードが完了した
loadedmetadata	メタデータの読み込みが完了した
loadeddata	データの読み込みが完了した
waiting	待機中
playing	再生中
canplay	再生を開始可能
canplaythrough	最後まで再生可能と判断した
seeking	シーク中
seeked	シークが終わった
timeupdate	再生中
ended	再生が終了した
ratechange	レートが変更された
durationchange	再生の長さが変更された
volumechange	音量が変更された

　再生中に発生するイベント「timeupdate」を利用して、前項のサンプルに再生経過時間を表示し、再生終了時に発生するイベント「ended」を利用して再生終了後にメッセージを表示してみます。

再生経過時間、メッセージを表示する例

[リスト6-9] 再生時間、メッセージを表示する例　sample_movie2.html（抜粋）

```html
<input type="button" onclick="playVideo()" value=" 再生 ">
<input type="button" onclick="stopVideo()" value=" 停止 ">
<span id="time"></span>
<span id="end"></span>
<script type="text/javascript">
var video = document.getElementById("video");
// 再生
function playVideo(){
    video.play();
    video.addEventListener("timeupdate", function(){
        document.getElementById("time").innerHTML =
        Math.floor(video.currentTime) + " / " +Math.floor(video.duration);
    }, false);
    video.addEventListener("ended", function(){
        document.getElementById("end").innerHTML = " 再生が終わりました ";
    }, false);
}
```

　動画再生を行った後に、addEventListenerメソッドを使って、timeupdateイベント発生時に、span要素で指定した領域に「現在の再生位置／再生時間」を表示するメソッドを登録しています。

　動画が再生されるタイミングでtimeupdateイベントが発生しますので、動画の再生ともに経過時間が過ぎていく様子がわかります。

　timeupdateイベントと同様に、endedイベント発生時にもメッセージを表示するメソッドを登録します。

動画再生が終了した際のメッセージの表示

　動画再生が終了した時点で、上の画面のように「再生が終わりました」というメッセージが表示されます。

> ### コラム video要素に今後期待される機能
>
> 　HTML5のvideo要素の持つ機能と現在のHTML＋Flashで作成されているWebアプリケーションの機能を比較すると、以下の点でHTML5のvideo要素の機能が不足しています。
>
> - ストリーミング再生する機能
> - FlashのRTMPに相当するような著作権保護に関する機能
> - 動画をフルスクリーン表示させる機能
> - video要素で公開された動画をブログやSNS等の他サイトへ埋め込むための機能
> - パソコンにつないだカメラやマイク、iPhone等の端末に搭載されたカメラを認識する機能
>
> 　HTML5での統一した動画ファイルのフォーマットの策定に加えて、上記のような機能が実装されない限り、HTML5のvideo要素による動画の埋め込みは普及するのが難しいと考えられます。ストリーミングについては、Appleが開発した「HTTP Live Streaming」というプロトコルでSafariのみHTTPの枠組みでストリーミングでの動画再生を行うことができます。詳しくはAppleの解説ページ（http://developer.apple.com/resources/http-streaming/）をご確認ください。HTTP Live Streamingのようにブラウザベンダーによる実装か、HTML5自体の機能の強化が非常に期待されています。

ブラウザで音声を再生する

IE	Firefox	Opera	Safari	Mobile Safari	Chrome
9以降	3.5以降	10.5以降	3以降	3以降	3以降

ブラウザで音声を再生するためのaudio要素について説明します。

video要素と同様にIEは9以降で対応すると公表されています。基本的な使い方はvideo要素と同じで、以下のように属性も用意されています。

audio属性

属性名	意味
src	動画ファイルを指定する
autoplay	自動で再生する
preload	自動読込を指定。「auto（自動）」「metadata（メタデータのみ）」「none（無効）」で指定
loop	繰り返しの再生を指定
controls	再生・停止・音量等の調整を行うコントローラーを表示

audio要素の属性の意味はvideo要素の属性の意味と対応しています。ただし、現時点でiPhoneではautoplay属性は無効となっています。使用例は以下の通りです。

［リスト6-10］ audio要素の使用例　sample_audio1.html（抜粋）

```
<audio src="sample.mp3" controls>
ご利用のブラウザでは再生できません。<a href="sample.mp3">こちら</a>からダウンロードしてください。
</audio>
```

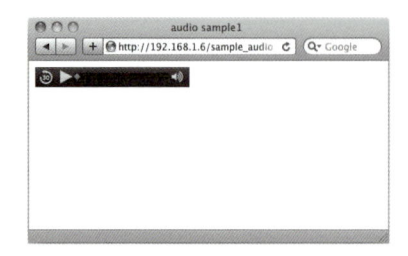

audio要素の使用例

audio要素ではcontrols属性を指定していないと、ブラウザ上には何も表示されず、音量や一時停止ができないままなので注意してください。

video要素と同様に、アクセスしたブラウザがaudio要素に対応していない場合に表示するメッセー

ジを含むことができます。その場合にファイルへのリンクを設けておくことで、端末に音声ファイルをダウンロードさせることができます。

ブラウザ対応

ブラウザの対応もvideo要素と同様に行えます。アクセスされたブラウザで再生できるファイルが指定されるように、source要素でファイルをしています。

[リスト6-11] source要素の使用例　sample_audio1_1.html（抜粋）

```
<audio controls>
    <source src="sample.ogg" type="audio/ogg">
    <source src="sample.mp3" type="audio/mp3">
</audio>
```

上記のように、複数のファイルを指定することができます。

JavaScriptからの操作

audio要素で埋め込んだ音声ファイルには、JavaScriptで以下の2通りのアクセスができます。

audio要素のアクセスの例

書式　　　var audio = new Audio(" ファイル名 ");
　　　　　var audio = document.getElementById("id名 ");

「Audio」というオブジェクトが用意されている以外は、プロパティ、メソッド、イベントはvideo要素と同様に扱うことができます。

video要素の項でのサンプルをカスタマイズして、JavaScriptを使って以下のような「再生」「停止」「音量」を操作し、再生時間を表示するサンプルを作成します。

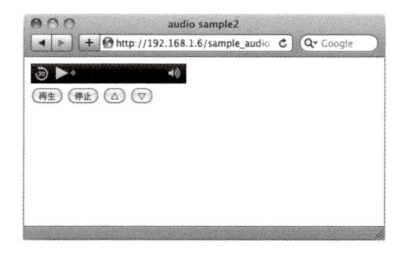

再生、停止、音量ボタン、再生時間を表示するサンプル

audio要素で音声ファイルを指定し、各メソッドを呼び出すボタンを配置します。

[リスト6-12] 再生、停止、音量ボタン、再生時間を表示するサンプル　audio_sample2.html (抜粋)

```html
<audio controls id="audio">
    <source src="sample.ogg">
    <source src="sample.mp3">
</audio><br>
<input type="button" onclick="playAudio()" value=" 再生 ">
<input type="button" onclick="stopAudio()" value=" 停止 ">
<input type="button" onclick="upVol()" value=" △ ">
<input type="button" onclick="downVol()" value=" ▽ ">
<span id="time"></span>
<script type="text/javascript">
var audio = document.getElementById("audio");
audio.addEventListener("play", function(){   ←----------- ❶
    audio.volume = 0.5;
    document.getElementById("vol").innerHTML = audio.volume;
}, false);
// 音量増
function upVol(){   ←----------- ❷
    var vol = audio.volume + 0.1;
    if(vol<=1.0){
        audio.volume = vol;
    }
}
// 音量減
function downVol(){   ←----------- ❸
    var vol = audio.volume - 0.1;
    if(0<vol){
        audio.volume = vol;
    }
}
// 再生
function playAudio(){   ←----------- ❹
    audio.play();
    audio.addEventListener("timeupdate", function(){
        document.getElementById("time").innerHTML = ↵
        Math.floor(audio.currentTime) + " / " +Math.floor(audio.duration);
    }, false);
}
// 停止
function stopAudio(){   ←----------- ❺
    audio.pause();
}
</script>
```

❶　audioオブジェクトを定義して、再生後に音量を増減できるように、再生時に音量を最大値の半分の0.5にしておきます。

❷❸ ファイル再生後の音量調整は、audioオブジェクトのvolumeを増減させることで実装しています。
❹ ファイルの再生はplay()メソッドで行います。再生後にtimeupdateイベントに現在の再生時間とファイルの再生時間を取得してブラウザに表示するようにしています。
❺ 再生の停止はpause()メソッドで行います。

音量プロパティvolumeの範囲は0.0から1.0の間なので、この範囲内で音量の調整ができるようにしています。サンプルでは0.1単位で増減していますが、もっと細かい単位での増減も可能です。

コラム Flash非対応端末でのHTML5

2010年夏に動画共有サイトのYouTubeとニコニコ動画がFlash非対応端末のiPad向けにHTML5で動画を視聴できるプレイヤーを開発しました。ニコニコ動画ではFlashプレイヤーでのコメント投稿と同じ機能がHTML5プレイヤーでも実装されています。

ブラウザのコーデック対応のためか、HTML5プレイヤーを利用できるブラウザはChromeとSafariに限られています。

また、Flashで作成されたコンテンツをHTML5に変換する「Smokescreen」というサービスもあります。

Smokescreen
http://smokescreen.us/

Flashを利用したインターネット上での動画配信の方法がここまで広まったのは、Flashプラグインがインストールされていれば、どのような環境でも動画が見られるからだといわれています。

この状況は、HTML5対応のブラウザがあれば環境に依存せずにWebアプリケーションが利用

できるというHTML5の理念に近かったと考えられます。
　現時点でHTML5での動画視聴とFlashでの動画視聴にユーザーが体感的に感じるコンテンツの重さに差はあまりありません。ただ、HTML5で動画を視聴すると、端末のCPU稼働率がやや上がる傾向にあります。
　今後、FlashからHTML5での動画配信に移行していくと思われる過程でコーデックの件とともに動画再生までの待機時間や重さ、視聴の安定性等の再生する際の状態についても注目していく必要があります。

第7章

インタラクティブな画面を作成してみよう

この章で学ぶこと

HTML5からブラウザ上に描画を行うCanvas APIという機能が追加されました。Canvas APIを利用するとブラウザ上に、図形やチャート、グラフやアニメーション等の描画を行うことができます。本章ではこのCanvas APIの基本的な使い方について説明します。

ブラウザ上で描画を行う

IE	Firefox	Opera	Safari	Mobile Safari	Chrome
9以降	1.5以降	9.0以降	1.3以降	3以降	1.0以降

　Canvas APIで描画を行う機能をCanvasといいます。Canvasで描画を行う領域は新しく追加されたcanvas要素で定義します。描画の方法はJavaScriptからビットマップを描く方式で、線や図形の他、グラデーションで色彩の表現、画像を読み込んでの表示、文字の描画、それらを組み合わせた複雑な描画やアニメーション、ゲーム等の使い方ができます。

　Canvasで描画を行うプロセスは以下のような手順になります。具体的な手法については次章以降で説明します。

① canvas要素で定義したノードを取得する
② ①で取得したノードから実際に描画を行う2Dコンテキストを取得する
③ ②で取得した2Dコンテキスト内のメソッドやプロパティを利用して描画を行う

コラム　Internet ExplorerでのCanvas利用

　Canvasに対応していないInternet Explorer上でCanvasの機能を実行するには、「excanvas.js」というJavaScriptのライブラリを利用します。以下のサイトで配布されています。

Google Code - ExplorerCanvas
http://excanvas.sourceforge.net/

　「excanvas.js」はGoogleが提供しているライブラリで、HTML内に以下の記述をすることで疑似的にCanvasの機能を利用できるようになります。

[リスト7-1] excanvas.jsを呼び出す記述

```
<!--[if IE]><script type="text/javascript" src="excanvas.js">
</script><![endif]-->
```

上記のコードの意味は、Internet Explorerでアクセスされた際にexcanvas.jsが読み込まれるという意味になります。ただし、strokeTextやfillTextといったメソッドが利用できない、円形グラデーションの表示ができないといった制限があり、完全にCanvasの機能が利用できるというわけではありません。詳しくは配布元サイトのドキュメントで確認してください。なお、excanvas.jsを利用してのCanvasの機能の実行はInternet Explorerのネイティブな機能ではありませんので、本章でのサンプルではInternet Explorerは動作対象外とします。

描画を行う基本的な動作

Canvasで描画を行う際によく利用されるメソッド、プロパティについて説明します。

canvas 要素

描画する領域はcanvas要素を使って定義します。canvas要素には領域のサイズを指定するために以下の属性があります。

Canvas要素の属性

名前	概要
width	横幅を指定
heigh	縦幅を指定

canvas要素の基本的な使い方は以下の通りです。

[リスト7-2] canvas要素の基本的な使い方

```
<canvas id="sample" width="300" heigh="400">ご利用のブラウザではご覧いただけません。
</canvas>
```

video、audio要素と同様にブラウザがcanvas要素に対応していない場合のメッセージを含むことができます。JavaScriptからノードを指定できるようにidを付けておきます。

2D コンテキスト

前項で定義したcanvas要素からJavaScriptで描画を行う**2Dコンテキスト**という描画のためのオブジェクトを取得します。getElementByIdメソッドでcanvas要素にアクセスし、getContextというメソッドを使って2Dコンテキストを取得します。

［リスト7-3］ 2Dコンテキストの取得 sample_canvas1.html（抜粋）

```
var canvas = document.getElementById("sample");
var context = canvas.getContext("2d");
```

2DコンテキストはgetContextメソッドに「2d」という引数を指定して取得します。「2d」とあるように、2次元空間上の領域を示すオブジェクトです。将来的には3d等のコンテキストが追加されると予想されますが、現在では2dのみです。取得した2Dコンテキストに、2Dコンテキストの持つプロパティやメソッドを使って描画を行う手順になります。

2Dコンテキストではcanvas要素で指定された領域の左上を始点（0,0）とし、始点から横、縦をピクセルで指定した点（x,y）を指定して描画を行います。この位置関係は以下の図の通りです。

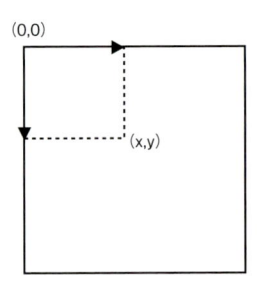

始点との位置関係

Canvasではこの左上の始点を基準にして描画を行います。次項よりCanvasによる描画を行う具体的な方法を紹介します。

四角形の描画

Canvasには四角形の領域を描画するメソッドがあり、単純な四角形のみを描画する場合はこれらのメソッドで行います。描画する四角形の左上の頂点がどこに位置するかを指定して、横幅、縦幅を指定して四角形を描画します。

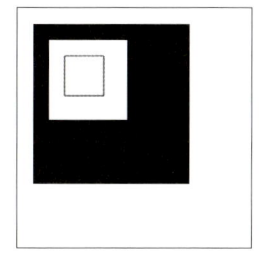

四角形の描画の実行結果

[リスト7-4] 四角形の描画　sample_canvas1.html（抜粋）

```
<body onload="load();">
<canvas id="sample" style="border: 1px solid;" width="300" height="300"> </canvas>
<script language="javascript" type="text/javascript">
function load(){
    var canvas = document.getElementById("sample");
    var context = canvas.getContext("2d");
    context.fillRect(20,20,200,200);    ←──────────❶
    context.clearRect(40,40,100,100);   ←──────────❷
    context.strokeRect(60,60,50,50);    ←──────────❸
}
</script>
```

サンプルではわかりやすいようにcanvas要素で定義した領域に1pxのborderを付けています。

❶ (20,20)を左上の頂点として、幅200、高さ200の領域をfillRectメソッドで塗りつぶします。

❷ (40,40)を左上の頂点として、幅100、高さ100の領域をclearRectメソッドでクリアします。

❸ (60,60)を左上の頂点として、幅50、高さ50の領域をstrokeRectメソッドで枠を描画します。

❶〜❸で四角形を描画する領域を重ねていますので、それぞれのメソッドの違いが確認できます。四角形を描画するメソッドをまとめると以下のようになります。

四角形の描画メソッド

名前	概要
fillRect(x,y,width,height)	四角形を塗りつぶす
clearRect(x,y,width,height)	四角形をクリアする
strokeRect(x,y,width,height)	四角形の枠を描画する

各メソッドとも(x,y)を四角形の左上の頂点としてwidthで横幅、heightで縦幅を指定します。fill（塗りつぶす）、clear（クリアにする）、stroke（輪郭を描く）という概念は図形描画のメソッドで共通して見られる表現です。

線を描く

Canvasで図を描く際には、「**パス**」という概念を使います。パスは鉛筆である点からある点に線を引くイメージで利用します。このパスに関するメソッドを使って線を引きます。線を引く例は以下の通りです。

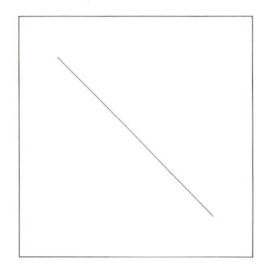

線を引く例

[リスト7-5] 線を引く例 sample_canvas2.html（抜粋）

```
var canvas = document.getElementById("sample");
var context = canvas.getContext("2d");
context.beginPath();      ←---------- ❶
context.moveTo(50,50);    ←---------- ❷
context.lineTo(250,250);  ←---------- ❸
context.stroke();         ←---------- ❹
```

❶ beginPathメソッドでパスを開始します。
❷ moveToメソッドで始点を(50,50)に指定します。
❸ lineToメソッドで終点を(250,250)に指定して線を引きます。
❹ strokeメソッドで線を表示します。

上記❶〜❹のような手順でパスを使って線を引きます。パスに関するメソッドには以下のものがあります。

パスに関するメソッド

名前	概要
biginPath()	パスを開始
moveTo(x,y)	始点を(x,y)に移動
lineTo(x,y)	(x,y)に向けて線を引く
closePath()	パスを終了。最後の位置から始点へ線を引く
stroke()	パスを線として表示

線から図形へ

多角形を作成する場合には、線を結んで作成します。作成したい多角形の角を（x,y）で指定してパスを移動させて作成します。線から多角形を描画する例は以下の通りです。

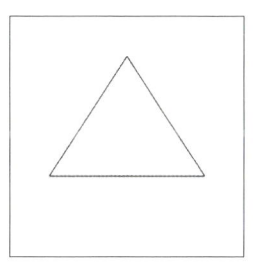

線から図形を描画する例

［リスト7-6］　線から図形を描画する例　sample_canvas3.html（抜粋）

```
var canvas = document.getElementById("sample");
var context = canvas.getContext("2d");
context.beginPath();
context.moveTo(150,50);
context.lineTo(250,200);
context.lineTo(50,200);
context.closePath();
context.stroke();
```

前項で説明したパスに関するメソッドのみで描画しています。closePath()メソッドで最後にパスが移動した点から始点まで線を引いています。closePath()メソッドを使うと、自動的に最後の点から始点に線が引かれるので、多角形を形成する最後の線を引く際に始点の位置を指定して線を引く必要がありません。

色を付ける

前項で作成した三角形に色を付けます。色は線で囲んだ部分に付けることができます。使用例は以下の通りです。

三角形に色を付ける例

[リスト7-7] 三角形に色を付ける例 sample_canvas4.html（抜粋）

```
var canvas = document.getElementById("sample");
var context = canvas.getContext("2d");
context.beginPath();
context.moveTo(150,50);
context.lineTo(250,200);
context.lineTo(50,200);
context.closePath();
context.strokeStyle = "#1874CD";     ←……… ❶
context.lineWidth = 7;     ←……… ❷
context.fillStyle = "#C6E2FF";     ←……… ❸
context.fill();     ←……… ❹
context.stroke();
```

❶ strokeStyleプロパティで線の色を#1874CDに指定します。
❷ lineWidthプロパティで線の幅を7に指定します。
❸ fillStyleプロパティで塗りつぶす色を#C6E2FFに指定します。
❹ fillメソッドで塗りつぶします。

　上記❶〜❹のような手順でパスを使って描画した多角形に色を付けます。色の指定に関しては以下のプロパティやメソッドがあります。

色に関するメソッド

名前	概要
strokeStyle	線の色を指定
lineWidth	線の幅を指定
fillStyle	塗りつぶしの色を指定
fill()	塗りつぶしを行う

　色の指定に関しては、サンプルのように16進数表記だけでなく、「blue」という色名での表記や、rgb(r,g,b)というRGB形式、rgba(r,g,b,a)というRGBに半透明を加えた形式でも指定できます。

■ グラデーション

　Canvasで定義されているグラデーションは2種類あります。直線的に色彩の表示が変化する「線形グラデーション」と円を描くように色彩の表示が変化する「円形グラデーション」です。グラデーションに関するメソッドは次の通りです。

グラデーションに関するメソッド

名前	概要
createLinearGradient(x1,y1,x2,y2)	始点（x1,y1）から終点（x2,y2）に向けて直線的にグラデーションを生成
createRadialGradient(x1,y1,r1,x2,y2,r2)	中心（x1,y1）半径 r1 の円と中心（x2, y2）半径 r2 の円の間にグラデーションを生成
addColorStop(オフセット , 色)	グラデーションの境界を指定。オフセットには 0 〜 1 までの数値、色は CSS の形式で指定

　ここでは直線グラデーションの範囲の指定を行い、次にどこからどこまでを何色にする、という指定を行います。

[リスト7-8]　直線グラデーションの例　sample_canvas5.html（抜粋）

```
var canvas = document.getElementById("sample");
var context = canvas.getContext("2d");
var verticalGradient = context.createLinearGradient(0,0,0,300);   ←――――❶
verticalGradient.addColorStop(0, 'red');   ←――――❷
verticalGradient.addColorStop(0.5, 'yellow');   ←――――❸
context.fillStyle = verticalGradient;   ←――――❹
context.fillRect(0,0,300,300);
```

❶ グラデーションの範囲を x=0・y=0 から x=0・y=300 までとします。
❷ グラデーションの開始（0）を赤に指定します。
❸ 範囲の半分（0.5）からを黄色に指定します。
❹ 指定した直線グラデーションを塗りつぶしの色として指定します。

　これで上から下にかけて、赤→黄色へと徐々に色彩が変化するグラデーションが表示されます。

直線グラデーションの例

　次に、円形グラデーションの例を示します。最初に円形グラデーションの範囲の指定を行い、次にどこからどこまでを何色にするかという指定を行います。

[リスト7-9]　円形グラデーションの例　sample_canvas6.html（抜粋）

```
var canvas = document.getElementById("sample");
var context = canvas.getContext("2d");
var radialGradient = context.createRadialGradient(0,150,50,0,150,150); ←----------❶
radialGradient.addColorStop(0, 'red'); ←-----------❷
radialGradient.addColorStop(0.5, 'yellow'); ←-----------❸
radialGradient.addColorStop(1, 'blue'); ←-----------❹
context.fillStyle = radialGradient; ←-----------❺
context.fillRect(0,0,300,300);
```

❶ 中心の座標（0,150）・半径50の円から、中心の座標（0,150）・半径150の円の間で円形グラデーションの定義を行います。
❷ グラデーションの開始（0）を赤に指定します。
❸ 範囲の半分（0.5）からを黄色に指定します。
❹ 残りの範囲を青に指定します。
❺ 指定した円形グラデーションを塗りつぶしの色として指定する。

円形グラデーションの例

円の中心から赤から黄色、黄色から青というグラデーションが表示されます。

■ 円、円弧を描く

　Canvasには前項までの直線的な概念で描画するメソッドの他にも、円を描くメソッドが用意されています。線、円の内部に色を付けることも線で多角形を描画する際と同様の方法で可能です。
　使用例は以下の通りです。

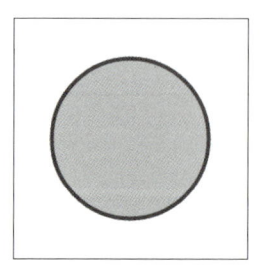

円を描く例

[リスト7-10] 円を描く例　sample_canvas7.html（抜粋）

```
var canvas = document.getElementById("sample");
var context = canvas.getContext("2d");
context.beginPath();
context.arc(150,150,100,0,2 * Math.PI ,true);   ◄----------❶
context.strokeStyle = "#1874CD";
context.lineWidth = 5;
context.fillStyle = "#C6E2FF";
context.fill();
context.stroke();
```

❶ 中心（150,150）半径100の円を描画開始の角度0度、終了の角度360度で反時計回りに描いています。角度はJavaScriptの予約語であるπ（Math.PI）に対する割合で指定するとわかりやすいです。

この後の処理は、以前に紹介した色を付けるやり方と同じです（135ページ参照）。

円を描くメソッドについては以下の通りです。

円を描くメソッド

名前	概要
arc(x,y,r,startAngle,endAngle,bool)	中心（x,y）・半径rの円をx軸から見て開始する角度（startAngle）、終了する角度（endAngle）、反時計周りで描くか（bool）をtrue、falseで指定して円を描く

円を描くarcメソッドでは、パスを開始する角度、終了する角度を指定できます。この角度の指定を利用して扇形の図形を描画することも可能です。

具体的な使用例は以下の通りです。円を描くサンプルの角度の指定のみを変更して扇形の図形を描画してみます。

扇型の図形を描く例

［リスト7-11］ 扇型の図形を描く例　sample_canvas7_2.html（抜粋）

```
context.beginPath();
context.moveTo(150,150);          ◄---------- ❷
context.arc(150,150,100,0, Math.PI/2 ,true);   ◄---------- ❶
context.closePath();              ◄---------- ❷
```

❶ 描画の終了角度をMath.PI/2にして、反時計回りに描画しています。

❷ その前にパスの始点を中心に移動して、描画の終了時にパスが始点に戻るようにclosePath()メソッドを呼び出して縁取りとしています。

円の他に、円弧を描くメソッドに以下のものがあります。

円弧を描くメソッド

名前	概要
quadraticCurveTo(x1,y1,x2,y2)	現在の位置から終点（x2,y2）まで線を引く際に、点（x1,y1）を制御点とした2次ベジェ曲線を描く
bezierCurveTo(x1,y1,x2,y2,x3,y3)	現在の位置から終点（x3,y3）まで線を引く際に、点（x1,y1）, 点（x2,y2）を制御点とした3次ベジェ曲線を描く

円弧を描くメソッドの使用例は以下の通りです。

［リスト7-12］ 円弧を描く例　sample_canvas7_3.html（抜粋）

```
context.beginPath();
context.moveTo(20,100);
context.quadraticCurveTo(150,10,280,100);
context.strokeStyle = "#1874CD";
context.lineWidth = 5;
context.stroke();
context.beginPath();
context.moveTo(20,200);
context.bezierCurveTo(70,120,140,280,180,200);
context.strokeStyle = "#1874CD";
context.lineWidth = 5;
context.stroke();;
```

(150,10)

(20,100)　　　　　　　　　(280,100)

(70,120)

(180,200)

(20,100)

(140,280)

円弧を描く例

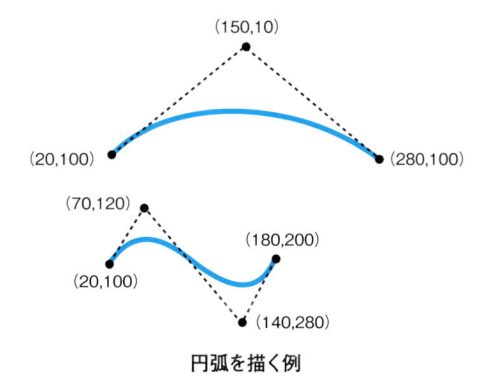

　上図では、始点、終点、制御点を実際の描画画面の中に入れています。複雑な曲線を描く際にこれらのメソッドを利用します。

■ 画像の表示

　2Dコンテキストでは画像を表示させることができます。JavaScriptのImageオブジェクトに画像を読み込ませて、そのImageオブジェクトを2Dコンテキストから参照するという方法になります。

　使用例は以下の通りです。

画像を表示する例

[リスト7-13] 画像を表示する例　sample_canvas8.html（抜粋）

```
var canvas = document.getElementById("sample");
var context = canvas.getContext("2d");
context.fillStyle = "#696969";
context.fillRect(0,0,260,450);
```

```
var image = new Image();            ←----------- ❶
image.src = "neko.jpg";
image.onload = function(){
    context.drawImage(image, 10,10,240,430);   ←----------- ❷
}
```

❶ 画像オブジェクトを生成し、そのsrcに画像を設定します。

❷ その後、onload時に画像を描画するdrawImage()メソッドを呼び出し、座標(10,10)から横幅240、縦幅430に描画しています。

画像の描画はdrawImage()メソッドで行います。drawImage()メソッドの使い方は以下の通りです。

drawImage()メソッドの使い方

使い方	概要
drawImage(image,x,y)	imageオブジェクトを座標(x,y)から描画する
drawImage(image,x,y,w,h)	imageオブジェクトを座標(x,y)から横幅w、縦幅hで描画する
drawImage(image,x1,y1,w1,h2,x2,y2,w2,h2)	imageオブジェクトの座標(x1,y1)から横幅w1、縦幅h1で切り取った後、座標(x2,y2)より横幅w2、縦幅h2で描画する

drawImage()メソッドは上記の通り、引数によって動作が違ってきます。

■ 文字の描画

Canvasではフォントを指定して文字を描くことも可能です。使用例は以下の通りです。

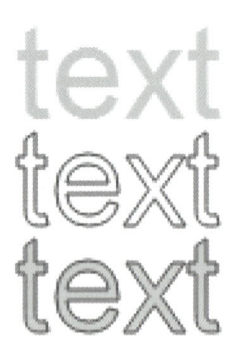

文字の描画の例

[リスト7-14] 文字の描画の例　sample_canvas9.html（抜粋）
```
var canvas = document.getElementById("sample");
var context = canvas.getContext("2d");
var text = "text";
```

```
context.font = "50px 'Arial'";
context.textAlign="center";
context.lineWidth = 1;
context.fillStyle = "#C6E2FF";
context.fillText(text,60,40);       ←---------- ❶
context.strokeStyle = "#1874CD";
context.strokeText(text,60,80);     ←---------- ❷
context.fillText(text,60,120);      ←---------- ❸
context.strokeText(text,60,120);    ←---------- ❸
```

❶ fillTextメソッドで内部塗りつぶされた文字を描画しています。

❷ strokeTextメソッドで輪郭が描かれた文字を描画しています。

❸ ❶、❷の両方を重ねた文字を描画しています。文字の描画に関するプロパティとメソッドには以下のものがあります。

文字の描画に関するプロパティ、メソッド

名前	概要
font	フォントを指定する。CSSのfont指定の方法と同様
textAlign	横方向の表示位置を「left」「center」「right」で指定
textBaseline	横方向の表示位置のベースラインを指定（144ページ参照）
fillText(text,x,y)	始点（x,y）から文字列textを描画し、テキスト内を塗りつぶす
fillText(text,x,y,w)	始点（x,y）から文字列textを文字の幅がwになるように描画し、テキスト内を塗りつぶす
strokeText(text,x,y)	始点（x,y）から文字列textを描画し、テキストの輪郭を描画する
strokeText(text,x,y,w)	始点（x,y）から文字列textを文字の幅がwになるように描画し、テキストの輪郭を描画する

textBaselineについては、「top」「hanging」「middle」「alphabetic」「ideographic」「bottom」の5種類で指定します。デフォルトはalphabeticです。それぞれの位置は以下の通りです。

abcdefg 日本語 [Á]
top
hanging
middle
alphabetic
ideographic
bottom

textBaselineの例

前述のサンプルにtextBaselineのプロパティを加えて、その位置に水平方向の線を引くサンプルを作成して確認してみます。

[リスト7-15] textBaselineの確認　sample_canvas10.html（抜粋）

```
var canvas = document.getElementById("sample");
var context = canvas.getContext("2d");
var text = "abcdefg 日本語 [A]";
context.font = "2em 'Georgia'";
context.textBaseline = "middle";     ←---------- ❶
context.lineWidth = 1;
context.fillStyle = "#c0c0c0";
context.fillText(text,50,50);
context.strokeStyle = "red";     ←---------- ❷
context.beginPath();
context.moveTo(30, 50);
context.lineTo(350, 50);
context.stroke();
```

❶ textBaselineの指定します。
❷ 水平方向に赤の線を引くコードを書き加えます。

textBaselineプロパティをalphabetic、middle、topの値で確認した結果は以下のようになります。

| alphabetic | middle | top |

文字の描画の例

　線の位置が同じなので、textBaselineプロパティの値で文字がどのように表示されるかを確認できます。フォントや文字の大きさでブラウザごとに若干位置が変わることもありますので、上記のようなサンプルで表示される結果を確認した後で、どのプロパティを使うのかを判断するのが適切です。
　Canvasにはここで紹介しきれなかった位置関係や画像の加工等のメソッドやプロパティが用意されています。詳しくは以下のW3C内のページを参照してください。

W3C - HTML Canvas 2D Context
http://www.w3.org/TR/2dcontext/

グラフの作成

前項までのメソッドを利用して以下のような棒グラフを作成します。

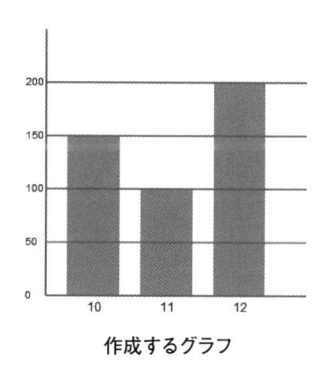

作成するグラフ

グラフに表示するデータは以下の月あたりの売上のデータとします。

グラフに表示するデータ

月	10	11	12
売上	150	100	200

最初にグラフを描く領域をcanvas要素で指定してJavsScriptから2Dコンテキストを取得します。その中でグラフの始点をどこにするか、表の間隔、棒グラフの幅等の位置関係を指定します。

[リスト7-16] 表やグラフの位置関係を指定　graph.html（抜粋）

```
    var canvas = document.getElementById("sample");
    var context = canvas.getContext("2d");

    var month = [10,11,12];      // 表示する月のデータ
    var sales = [150,100,200];   // 表示する値のデータ

    var spaceBuffer = 50;  // canvasとグラフの間隔   ←────── ❶
    var valueBuffer = 50;  // 縦軸の値の間隔         ←────── ❷
    var barWidth = 50;     // 棒グラフの幅           ←────── ❸
    var barBuffer = 20;    // 棒グラフの間隔         ←────── ❹
    var i = 0;

    var graphHeight = canvas.height-spaceBuffer;    ←────── ❺
</script>
```

上記のソース内で定義した値を図に示すと以下のようになります。

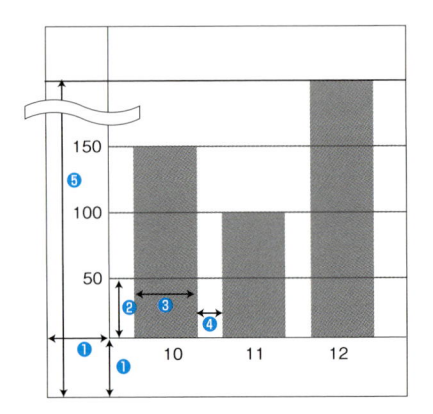

表の間隔、棒グラフの幅等の位置関係

グラフの始点はcanvasからどのくらい離れているかで決まり、この点からグラフ上でのX軸、Y軸を引きます。

[リスト7-17] グラフのX軸、y軸を指定　graph.html（抜粋）

```
    // X軸
    context.moveTo(spaceBuffer, graphHeight);    ◀---------- ❻
    context.lineTo(graphWidth, graphHeight);     ◀---------- ❼
    context.strokeStyle = "#000000";
    context.stroke();
    // Y軸
    context.moveTo(spaceBuffer, graphHeight);    ◀---------- ❻
    context.lineTo(spaceBuffer, 0);              ◀---------- ❽
    context.strokeStyle = "#000000";
    context.stroke();
</script>
```

上記のソース内で定義した値を図に示すと次のようになります。

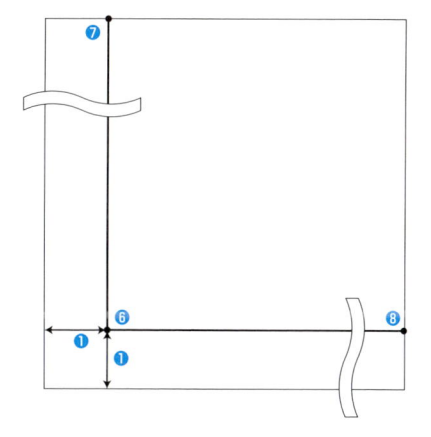

X軸、Y軸の位置関係

❻ 図の通りグラフの原点が(spaceBuffer, graphHeight)となりますので、ここにパスを移動させます。
❼ X軸はグラフの原点から水平方向にcanvas要素で定義した横幅の範囲まで伸ばします。
❽ Y軸は始点から垂直方向へ縦幅の範囲（❽）まで伸ばします。

その後にstrokeStyleメソッドで線の色を指定して、stroke()メソッドでパスを描きます。
X軸、Y軸の描画が終わったら次に棒グラフの描画を行います。

[リスト7-18] 棒グラフの描画　graph.html（抜粋）

```
    var x = barBuffer + spaceBuffer;  ←----------❾
    context.font = "12px Arial";
    for (i=0;i<month.length;i++){
        context.fillStyle = "#ff7f50";
        context.fillRect(x, graphHeight - sales[i], barWidth, sales[i]);  ←------❿
        context.fillStyle = "#000000";
        context.fillText(month[i], x + (barWidth - 12) /2, ↵
        graphHeight + 15);  ←----------⓫
        x += barWidth + barBuffer;
    };
</script>
```

グラフの作成

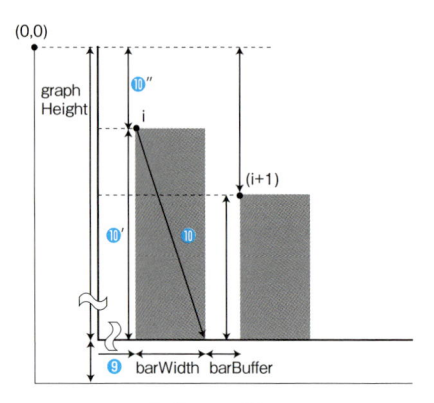

棒グラフの描画

最初に棒グラフの始点（図i）のx上の位置を指定します。

❾ iのx上の位置は、グラフの始点からspaceBufferだけ離れた点になります。
❿ iのy上の位置は、canvas要素の始点(0,0)からの絶対値で考えると、グラフのY軸の長さ（graphHeight）から描く棒グラフの長さ（図❿'）を引いた長さ（図❿''）になります。

次に棒グラフの下に月を配置します。

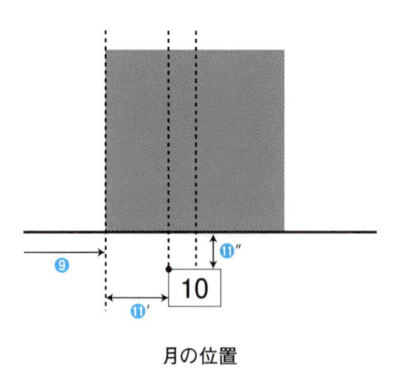

月の位置

⓫ 月を表示する始点のx上の位置は、グラフの真ん中より文字サイズ12ピクセルの半分を引いた位置（図⓫'）、y上の位置はグラフのX軸よりも15ピクセル下げた位置（図⓫''）となります。

最後に縦軸の目盛りを付けます。

[リスト7-19] 縦軸の目盛りの描画　graph.html（抜粋）

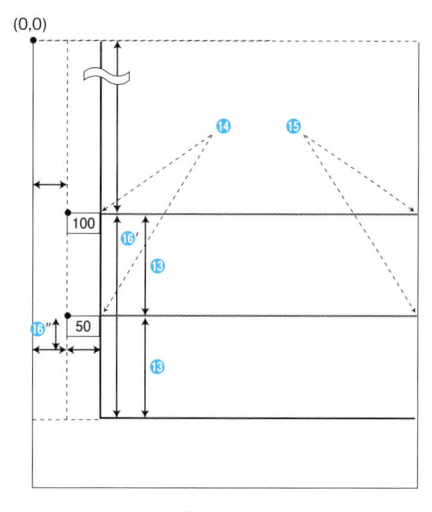

```
    var num = graphHeight/valueBuffer;   ←----------⓬
    var y = valueBuffer;   ←----------⓭
    context.font = "10px Arial";
    context.textBaseline = "middle";   ←----------⓱
    for (i=0;i<num;i++){
        context.strokeStyle = "#808080";
        context.moveTo(spaceBuffer, y);   ←----------⓮
        context.lineTo(graphWidth,y);   ←----------⓯
        context.stroke();
        context.fillStyle = "#000000";
        context.fillText(graphHeight -y, 30, y, 30);   ←----------⓰
        y += valueBuffer;
    }
```

目盛りの位置

⓬ 縦軸の長さを目盛りの値で割って、いくつ目盛りを付けるかを算出します。

⓭ 目盛りの最初のy上の位置はcanvasの始点からvalueBufferだけ離れた点になります。

⓮ ⓭のy上の位置のとグラフの始点のx上の位置を始点とします。

⓯ ⓮からcanvasの範囲まで（図⓯）パスを指定してstroke()メソッドで線を引きます。

⓰ 目盛りとして表示する値とその位置です。Y軸の長さからy上の位置を減算した値（図⓰'）となります。表示する位置はy上の位置にx上は25ピクセルを始点（図⓰"）として、幅25ピクセルで配置しています。

⓱ その際にtextBaselineをmiddleとしています。以下の図のようにy上の位置が文字の中間になるように配置されます。

目盛りの表示

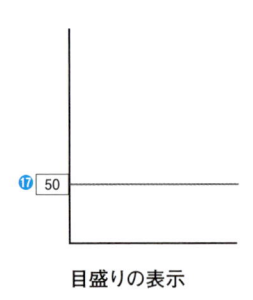

　Canvasでグラフを作成する場合は、サンプルのように軸や目盛りの位置を算出してパスで結んでいく必要があります。

ライブラリの紹介

　Canvasを利用すると、サンプルのように任意のデータでグラフを描けます。しかしグラフの作成は、毎回データの数値に合わせた軸や表の作成を行う必要がある等、非常に手間のかかる作業になります。そこでCanvasを使ってグラフを描画するための便利なJavaScriptのライブラリを紹介します。

RGraph
http://www.rgraph.net/

html5.jp Javascript ライブラリー
http://www.html5.jp/library/index.html

　上記のライブラリは両方ともライブラリ内の関数を呼び出して、グラフで表示したい値を引数に渡すことで棒グラフ、円グラフ、折線グラフ等を比較的簡単に表示することができます。前項のサンプルのデータをRGraphを利用して棒グラフとして表示してみます。

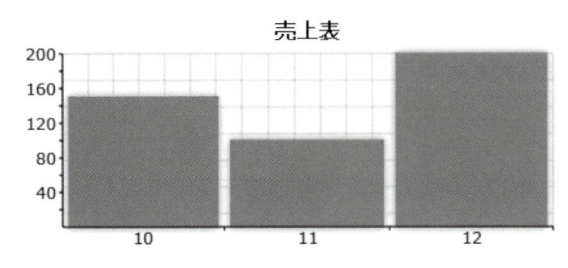

RGraphを利用した棒グラフ

150　第7章　インタラクティブな画面を作成してみよう

[リスト7-20] 棒グラフとして表示　sample_rgraph.html（抜粋）

```
<script type="text/javascript">
    window.onload = function ()
    {
        var barGraph = new RGraph.Bar('barGraph', [150,100,200]);  ←----------❶
        barGraph.Set('chart.background.barcolor1', 'white');
        barGraph.Set('chart.background.barcolor2', 'white');
        barGraph.Set('chart.title', '売上表');
        barGraph.Set('chart.labels', ['10','11','12']);  ←----------❷
        barGraph.Set('chart.gutter', 35);
        barGraph.Set('chart.shadow', true);
        barGraph.Set('chart.shadow.blur', 10);
        barGraph.Set('chart.shadow.color', '#ffa0a0');
        barGraph.Set('chart.shadow.offsetx', 0);
        barGraph.Set('chart.shadow.offsety', 0);
        barGraph.Set('chart.colors', ['#FF6060']);
        barGraph.Set('chart.text.size', 10);
        if (!RGraph.isIE8()) {
            barGraph.Set('chart.tooltips', ['10','11','12']);
        }
        barGraph.Draw();

    }
</script>
```
略
```
<canvas id="barGraph" width="450" height="200"></canvas>
```

❶ RGraph.Barオブジェクトを生成し、グラフを表示するcanvas要素のid、縦軸に表示するデータを指定します。

❷ 横軸に表示するデータを指定します。

後はRGraph.Barオブジェクトのプロパティで表示するグラフのデザインを指定します。簡単なグラフならデータの指定のみで作成することができます。

アニメーション

　Canvasを使って簡単なアニメーションを作成してみます。JavaScriptでのアニメーションになりますので適度なインターバルを置いて描画を繰り返していく仕組みになります。Canvasでは一度描画した図形は、描画後には操作できませんので、その上から書き直すことになります。サンプルでは円周上を小さな円が時計周りに回っていくアニメーションを作成します。

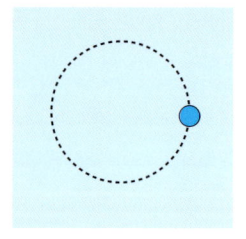

作成するアニメーション

　最初にcanvas要素で描画する領域を指定して、2Dコンテキストを取得します。次にアニメーション内で使用するパラメータを定義します。

[リスト7-21] アニメーション内で使用するパラメータの定義　animation.html（抜粋）

```
var canvas = document.getElementById('sample');
var context = canvas.getContext("2d");
var width  = canvas.width;      // 背景の横幅
var height = canvas.height;     // 背景の縦幅
var cx = 150;                   // 円の中心 x座標
var cy = 150;                   // 円の中心 y座標
var R = 100;                    // 円周の半径
var d = 0;                      // 円周の角度
var i = 0.07;                   // 1コマで増加する角度
var r = 10;                     // 小さな円の半径
var time = 50;                  // インターバル
setInterval(animate,time);      ◄----------- ❶
```

　描画する背景の大きさはcanvas要素の横幅、縦幅を使います。小さな円が回る円周の中心をcanvasの縦幅、横幅の中央（150,150）にします。大きな円の半径、円周の中心から見て円周上の小さな円の中心が今どの角度にあるのか、1コマの角度が増加する値、小さな円の半径を格納する変数を定義します。

❶ アニメーションはJavaScriptのsetInterval関数で50ミリ秒おきにanimateという名前の関数を呼び出すことで描画します。

　一般的に円周上の点は、円の中心と線を結んだときに水平軸から角度がわかれば三角関数で次の図のように座標を指定できます。

円周上の点

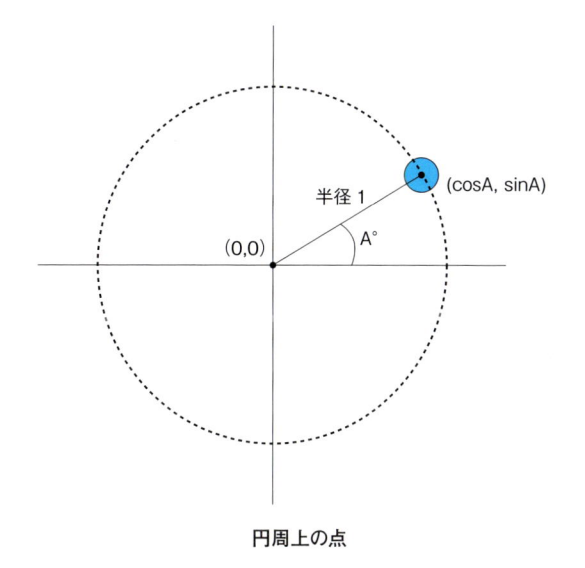

　この円周上の点をanimateで定義する関数で円周上を移動する度数を50ミリ秒ごとに加算することによって円周上の位置を変えていくことができます。以上のことを考えると、小さな円を動かす関数は以下のように書けます。

[リスト7-22]　小さな円を動かす　animation.html（抜粋）

```
function animate(){
    context.clearRect(0,0,width, height);
    context.fillStyle = "#e6e6fa";
    context.fillRect(0, 0, width, height);
    // パスを開始
    context.beginPath();
    // 円周を回る円の中心
    var x = Math.cos(d * 360) * r + cx;
    var y = Math.sin(d * 360) * r + cy;
    // 円を描画
    context.fillStyle = "#ff7f50";
    context.arc(x, y, 10, 0, Math.PI*2, true);
    context.closePath();
    context.fill();
    d += i;
}
```

❷ 最初に背景を塗りつぶします。これは前回描画した小さな円が残っているためです。
❸ 塗りつぶしが終わったらパスを開始して、現在の小さな円の中心の座標を算出します。円周上の点は三角関数で表せますので、そこに半径を乗算し、中心の座標を加算して座標を取得します。
❹ 円の描画はarcメソッドで行い、パスを閉じてfillメソッドでパス内部を塗りつぶします。

❺ 次に小さな円を描く際の角度を加算します。小さな円が円周上を移動するアニメーションはこれで完成です。

小さな円の動きの軌道を確認したい場合は❷の部分をコメントにします。

小さい円の軌跡

Canvasで描くアニメーションは二次元平面上の動きになりますが、遠近感を出して立体的な見せ方も可能です。サンプルの小さな円の動きの軌道を楕円形にして、楕円の上下で円の半径が変わるようにします。サンプルコードの❸の部分を以下のように変更します。

[リスト7-23] 遠近感を出す　animation_2.html（抜粋）

```
var x = Math.cos(d * 360) * r + cx;
var y = Math.sin(d * 360) * r/2 + cy;          ←------❻
context.fillStyle = "#ff7f50";
context.arc(x, y, (y-cy*0.5)*0.2, 0, Math.PI*2, true);  ←------❼
```

❻ 小さな円の中心の座標のyの値が今までの半分になるようにして楕円上を移動するようにします。

❼ さらにsinの値が楕円の上下で＋－になることを利用して、小さな円の中心が楕円の上下にあるときに半径が一方は大きく、他方は小さくなるように調整します。❷の部分をコメントすると、小さな円が以下の軌跡を描いています。

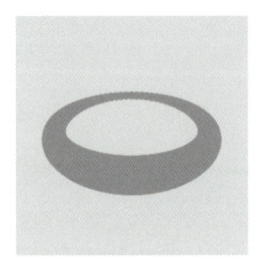

楕円の軌跡

小さな円が楕円の下半分のときは徐々に半径が大きくなり、上に移動するにつれて小さくなっていく

のがわかります。ブラウザで確認すると遠近感が実感できます。

SVG

IE	Firefox	Opera	Safari	Mobile Safari	Chrome
9以降	1.5以降	9.0以降	3以降	3以降	3以降

SVG (Scalable Vector Graphics) とはXMLに基づいた画像を記述するための言語で、現在はSVG 1.1という仕様がW3Cで勧告されています。SVGではXML内で線の始点の座標、終点の座標、太さ、色、線に囲まれた面の色、線の曲がり具合、色の変化の度合いなどを、すべて数値で表すベクターグラフィックの形式で描画を行います。描画した画像の中にリンクを埋め込んだり、JavaScriptと連携して描画を行うことも可能です。

SVGで描画される画像はベクターグラフィックの形式のため、拡大や縮小を行っても、その都度画像が描かれ描画の劣化が起きません。Canvasがピクセルの集まりで描画をしているため、拡大すると画像の質が落ちるのと対比されます。

また、SVGのデータを作成する際には、何からのツールを使って描画を行った後に、SVGの形式でXMLデータを出力するのが一般的です。

SVG の描画形式

SVGではXML内に描画する内容を定義して描画を行います。Canvasと同様に描画するメソッドを備えており、そのうちの主なものの使用例を挙げます。rect、fill、stroke、clear等のようにCanvasと同じような意味で使われている名前も多くあります。

四角形を描画する

四角形の描画はrect要素を利用します。始点を指定して、幅と高さを指定します。

[リスト7-24]　四角形の描画　sample_svg1.svg

```
<?xml version="1.0" encoding="UTF-8" ?>
<!DOCTYPE svg PUBLIC "-//W3C//DTD SVG 20010904//EN"
    "http://www.w3.org/TR/2001/REC-SVG-20010904/DTD/svg10.dtd">
<svg width="100" height="100" xmlns="http://www.w3.org/2000/svg">
    <rect style="fill:orange;" x="30" y="30" width="100" height="100"/>
</svg>
```

この例では、Canvasの際と同様に（30,30）を始点として、幅100、高さ100の領域をオレンジで塗りつぶします。SVGのXMLをHTML内で呼び出す場合は以下のように記述します。

[リスト7-25] sample_svg1.html（抜粋）

```
<object data="svg.svg" type="image/svg+xml" width="400" height="400"></object>
```

SVGのMIMEタイプはimage/svg+xmlで、拡張子は.svgです。ブラウザで表示すると以下のようになります。

四角形の描画の例

指定した位置と大きさで四角形が表示されています。

■ 三角形を描画する

三角形を描画する際には、多角形を描画する要素のpolygonを使用します。polygon要素内で頂点の座標を指定します。

[リスト7-26] 三角形の描画　sample_svg2.svg（抜粋）

```
<svg width="400" height="400" xmlns="http://www.w3.org/2000/svg">
    <polygon points="150,50 250,200 50,200" style="fill:#C6E2FF;
    stroke:#1874CD; stroke-width:7" />
</svg>
```

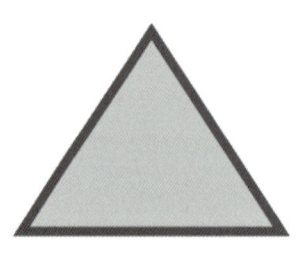

三角形の描画の例

第7章　インタラクティブな画面を作成してみよう

指定した頂点と色で三角形が描画されているのがわかります。

■ 円を描画する

円の描画にはcircle要素を使用します。中心となる座標、半径を指定を指定して利用します。

[リスト7-27] 円の描画　sample_svg3.svg（抜粋）

```
<svg width="400" height="400" xmlns="http://www.w3.org/2000/svg">
    <circle cx="150" cy="150" r="100"  style="fill:#C6E2FF;
    stroke:#1874CD; stroke-width:7" />
</svg>
```

円の描画の例

指定した中心と半径で円が描画されているのがわかります。

■ 文字を描画する

文字の描画はtext要素で行います。style属性でスタイルシートで指定するようにフォントや文字のサイズを指定できます。

[リスト7-28] 文字の描画　sample_svg4.svg（抜粋）

```
<svg width="400" height="400" xmlns="http://www.w3.org/2000/svg">
    <text x="20" y="60"
          style="font-family: Arial;
                 font-size: 50px;
                 stroke: #1874CD;
                 fill: #C6E2FF;">
        text
    </text>
</svg>
```

文字の描画の例

指定した書式で文字が描画されているのがわかります。SVGで単純な描画を行う主な要素には以下のものがあります。

SVGで描画を行う主な要素

名前	概要
rect	四角形を描画
polygon	多角形を描画
circle	円を描画
ellipse	楕円を描画
text	文字を描画
linerGradient	線形グラデーションで描画する色彩を定義
radialGradient	円形グラデーションで描画する色彩を定義
path	複雑な描画を行う

さらに複雑な画像を描くときは、svg要素の中に枠を描くpathという要素を配置して、path要素内で以下の属性を使ってどのような線を描くかを定義します。

path要素の代表的な属性

名前	概要
M	パスを移動
L	線を引く
H	水平方向へ線を引く
V	鉛直方向へ線を引く
C	カーブさせる
S	緩やかにカーブさせる
A	楕円を描く
Z	パスを閉じる

SVGで利用される描画の方法は非常に多いので、ここでは代表的なもののみを紹介しています。詳しくはW3C内のページで確認できます。

W3C - Scalable Vector Graphics (SVG)
http://www.w3.org/Graphics/SVG/

SVGで複雑な画像を描画する場合は、path属性の中でどこからパスを始めてどこまで線を引いて、どこで曲がって……というパスの軌跡を上記の属性と座標を使って定義していく形式になります。この作業を手入力で行うのは非常に手間がかかりますので、通常はデータ出力用のツールを使ってXMLデータを作成します。ここではGoogle Docsを用いてSVGのデータ形式で描画した画像をダウンロードする方法を説明します。

　まず、Google Docsを用いて任意の図形を描画します。

Google Docsで図形を描画

　次に［ファイル］メニュー→［形式を指定してダウンロード］→［SVG］を選択すると、ローカルにSVGのデータ形式でXMLがダウンロードできます。

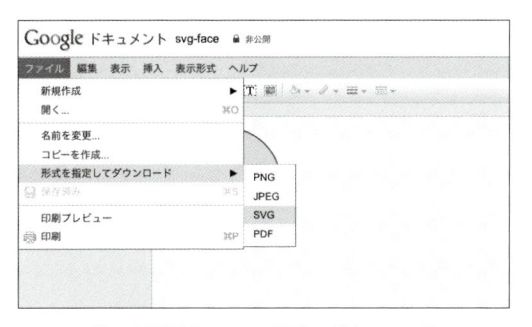

描いた図形をSVGの形式でダウンロード

　ダウンロードしたデータをブラウザで表示すると、Google Docsで作成した画像が表示されます。

ダウンロードしたSVGデータをブラウザで表示

このように複雑な描画を行う際には、別のアプリケーションで描画を行った後に、SVGの形式でXMLを出力してWebアプリケーションから利用するのが一般的です。今のところ、Webアプリケーションからデータを受け取って、動的に描画を行うという作業にはあまり適していません。SVGの使用は静的な描画に適しています。

■ SVGの今後の展望

　SVGにはChrome、Firefox、Opera、Safariが対応しています。IEもバージョン9で対応する予定です。IEが正式に対応していなかったこともあり、ブラウザ上でのSVGによる描画はこれまであまり見られませんでした。ブラウザのシェアの多いIEがSVGに対応することによって、SVGはCanvasとともにブラウザ上での主要な描画の手法になると考えられます。両者の使い方の基準としては、SVGはXMLベースのデータを元に描画を行い、拡大縮小の際にも画質が劣化しないことから、規模の大きなデータを図や表で表現したり、拡大を前提とした地図や路線のデータの表示が向いています。一方、Canvasはピクセルの編集で描画を行い、編集後の表示も速いことからゲームやアニメーションのように描画内容が動的に変わるコンテンツの表示に向いています。

第8章

ドラッグ&ドロップ機能を
実装してみよう

> この章で学ぶこと

HTML5からドラッグ&ドロップAPI、ローカルのファイルの内容を取得するFile APIという仕組みが追加されました。本章ではこれら2つのAPIに関する基本的な説明と、2つのAPIを組み合わせてローカルファイルをブラウザにドロップしてJavaScriptでファイルの内容を取得する方法について説明します。

ドラッグ&ドロップAPI

ドラッグ&ドロップAPIとは、その名の通りマウスでのドラッグ、ドロップの動作をブラウザ上でサポートするための仕組みのことです。ブラウザ上でドラッグ、ドロップの動作を行う際には、「ドラッグ元」と「ドロップ先」となる要素が関連していることを意識して行うことが重要です。

ドラッグ&ドロップを実装する

ドラッグ&ドロップを利用する際には、まず最初に「ドラッグ元」と「ドロップ先」となる要素を指定します。その後、ドラッグ、ドロップという動作が行われた際に、どのような処理を行うのかをJavaScriptで指定します。「ドラッグした」「ドロップした」という動作はJavaScriptのイベントを通して検出します。ドラッグ、ドロップの動作が行われた際のイベントを確認するサンプルを作成してみます。

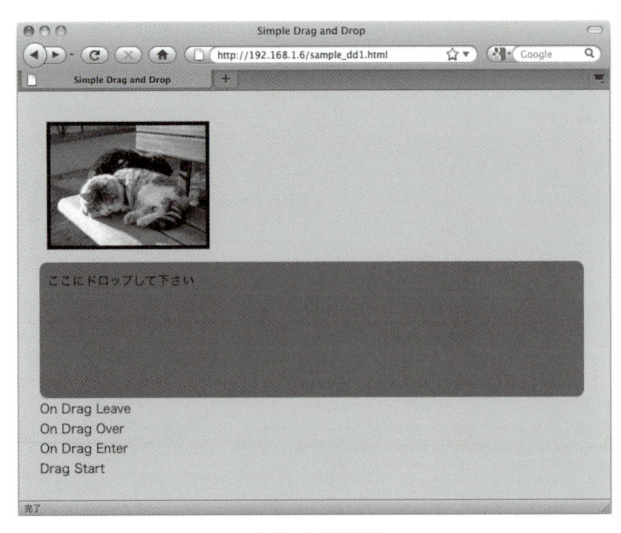

イベントの確認

[リスト8-1] イベントの確認　sample_dd1.html（抜粋）

```html
<img src="images/cat1.jpg" draggable="true" ondragstart="
onDragStart(event)" />  ←----------❶
<div id="drop" ondragenter="onDragEnter(event)"  ←----------❷
ondragenter="onDragEnter(event)"  ←----------❸
ondragover="onDragOver(event)"
ondrop="onDrop(event)"
ondragleave="onDragLeave(event)"
>ここにドロップして下さい</div>
<div id="debug"></div>
<script type="text/javascript">  ←----------❹
var debug = document.getElementById("debug");
function onDragStart(event){
    debug.innerHTML ="Drag Start" + "<br>" + debug.innerHTML;
}
function onDrop(event){
    debug.innerHTML ="On Drop"+ "<br>" + debug.innerHTML;
}
function onDragOver(event){
    debug.innerHTML ="On Drag Over" + "<br>" + debug.innerHTML;
}
function onDragEnter(event){
    debug.innerHTML ="On Drag Enter" + "<br>" + debug.innerHTML;
}
function onDragLeave(event){
    debug.innerHTML ="On Drag Leave" + "<br>" + debug.innerHTML;
}
```

❶ ドラッグ元となる要素をdraggable属性（164ページ参照）で定義します。ondragstartでドラッグが開始された際に呼び出す関数を指定します。

❷ ドロップ先となる要素を定義します。

❸ ❷で定義した領域にドロップに関するイベントにそれぞれ関数を指定します。

❹ ❶❸で指定された関数を定義します。呼び出し元となるイベントをドロップ先要素の下に表示されるようにします。

ドラッグ元となる要素をドロップ先となる要素のほうへドラッグ、ドロップすると、現在どのようなイベントが検出されているかが表示されます。

ドラッグ、ドロップの動作に関してまとめると、それぞれ次のようにイベントが定義されています。

ドラッグ&ドロップAPI | **163**

ドラッグに関するイベント

イベント名	発生するタイミング
dragstart	ドラッグ開始時
drag	ドラッグ中
dragend	ドラッグ終了時

ドロップに関するイベント

イベント名	発生するタイミング
dragenter	ドラッグ元となる要素がドロップされる要素内に入ったとき
dragleave	ドラッグ元となる要素がドロップされる要素内から退出したとき
dragover	ドラッグ元となる要素がドロップされる要素内に存在するとき
drop	ドロップ中

　ドロップ、ドラッグに関するイベントはそれぞれ「on〜」というイベントハンドラが存在しますので、これらのイベントハンドラを使って要素内に呼び出す関数を記述するか、要素に対してイベントを登録して、イベントごとの動作を指定します。

　ドラッグ元となる要素については、draggable属性を指定します。draggable属性の書式と意味は以下の通りです。

draggable属性の書式と意味

書式	意味
draggable="true"	ドラッグを可能にする
draggable="false"	ドラッグを不可にする
draggable=""	デフォルトの動作を指定

　draggable属性がデフォルトでtrueとなる要素はsrc属性が指定されたimg要素とhref属性が指定されたa要素です。それ以外の要素はデフォルトでドラッグできないので、ドラッグを行う場合はdraggable属性でtrueを指定する必要があります。

■ ドラッグ＆ドロップ間でのデータの受け渡し

　ドラッグ元からドラッグ先へのデータの受け渡しにはDataTransferというインターフェイスを利用します。DataTransferはイベントのdataTransferプロパティで参照されます。ドラッグ元のデータをDataTransfer内に格納して、ドラッグ先でDataTransferからデータを取り出す、という方法でデータを移動します。163ページのサンプルをカスタマイズしてDataTransferを使ったサンプルを作成してみます。画像をドロップすると、ドロップした画像の要素が移動する動きを実装してみます。

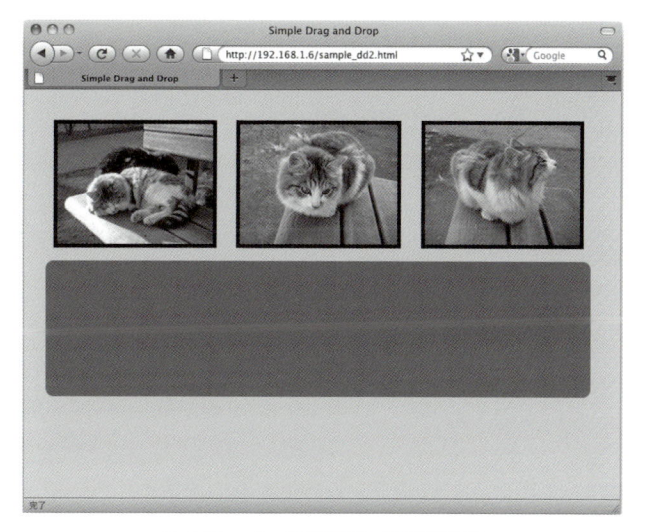

DataTransferの利用例－要素移動前

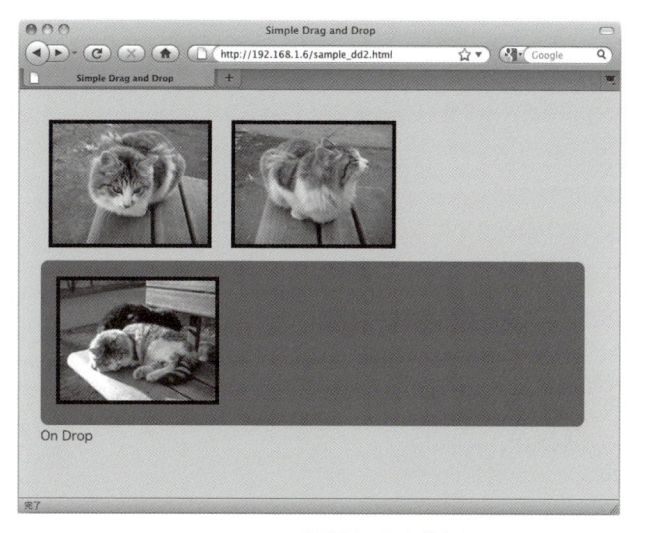

DataTransferの利用例－要素移動後

[リスト8-2]　DataTransferの利用例　sample_dd2.html（抜粋）

```
var debug = document.getElementById("debug");
function onDragStart(event){
    debug.innerHTML ="Drag Start";
    event.dataTransfer.setData("text",event.target.id);  ←----------❶
}
function onDrop(event){
    debug.innerHTML ="On Drop";
    var id = event.dataTransfer.getData("text");  ←----------❷
    var elm =document.getElementById(id);  ←----------❸
```

ドラッグ＆ドロップ API | **165**

```
        event.currentTarget.appendChild(elm);
        event.preventDefault();
    }
    function onDragOver(event){
        debug.innerHTML ="On Drag Over";
        event.preventDefault();    ◀---------- ❹
    }
    function onDragEnter(event){
        debug.innerHTML ="On Drag Enter";
    }
    function onDragLeave(event){
        debug.innerHTML ="On Drag Leave";
    }
```

❶ ドラッグが始まった際に、ドラッグ元となる要素のIDを取得してdataTransferにセットします。要素のIDはevent.target.idで取得できます。これをdataTransferに「text」というキーでセットしています。

❷ ❶でdataTransferにセットされた要素のIDを取得します。dataTransferはeventから参照し、さらに「text」というキーで❶でセットされた要素のIDを取得します。

❸ ❷で取得した要素のIDをgetElementByIdメソッドに渡し、要素ノードを取得します。取得した要素ノードをドロップ先となっている要素の子要素として追加します。

❹ ドロップ先の要素に対しては、dragoverイベントで指定される関数内でpreventDefaultメソッドを呼び出します。これはdragoverイベントがデフォルトではドロップを受け付けない仕様となっていて、そのままではドロップできないためです。このデフォルトの動作をpreventDefaultメソッド停止させます。

サンプルのようにイベント内のdataTransferを参照することで、特別なオブジェクトの受け渡し等の処理を経由することなく、ドラッグとドロップの間でデータの受け渡しができます。

DataTransferについては、以下のメソッド、プロパティが定義されています。

DataTransferのメソッド、プロパティ

名前	概要
setData(key, value)	ドラッグとドロップの間で受け渡すデータをkey、valueのペアでセットする
getData(key)	setDataメソッドでセットされたデータをkeyを指定して取得する
claearData	ドラッグとドロップの間で受け渡すデータをクリアする
types	setDataメソッドでセットされた「type」を取得する
files	他のアプリケーションからドラッグされたデータを参照するプロパティ（174ページ参照）
setDragImage(image,x,y)	ドラッグ中のイメージをimg要素を用いて指定する(x,y)で表示する座標を指定することも可能
addElement(element)	上記のイメージに要素を追加する

setDataメソッドのkeyには「text」または「url」を指定することが仕様で決められています。サンプルでは「text」を使用しました。

他のアプリケーション内のデータをドラッグ＆ドロップする

ドラッグ＆ドロップAPIでは前項までのサンプルのようにブラウザ内の要素だけでなく、他のアプリケーションで作成したファイルのドラッグ、ドロップによるデータ取得が可能です。現在の仕様では、MIMEタイプが以下の種類に規定されるファイルのドラッグ、ドロップが可能となっています。

ドラッグ＆ドロップできるMIMEタイプ

MIMEタイプ	概要
text/plain	テキストデータ
text/html	HTML文字列
text/xml	XML文字列
text/uri-list	URI、ファイル名のリスト

他のアプリケーションから「text/plain」で規定されるデータがドロップされると、ブラウザに表示するサンプルを作成してみます。

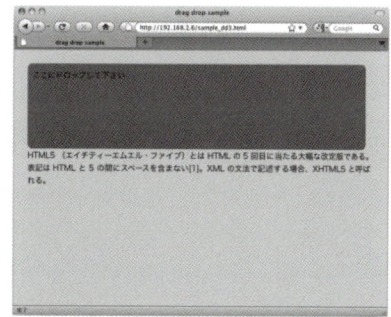

他アプリケーションのデータの表示

[リスト8-3] 他アプリケーションのデータの表示 sample_dd3.html（抜粋）

```
<div id="drop" ondragover="onDragOver(event)" ondrop="onDrop(event)">
ここにドロップして下さい</div>   ←――――――❶
<div id="disp"></div>   ←――――――❷
<script type="text/javascript">
var debug = document.getElementById("debug");
var disp  = document.getElementById("disp");
function onDrop(event){
    var text = event.dataTransfer.getData("text/plain");   ←――――――❸
    disp.innerHTML = text;
```

ドラッグ＆ドロップAPI | **167**

```
}
function onDragOver(event){
    event.preventDefault();
}
function escapeHTML(_strTarget){    ◀----------- ❹
    var div = document.createElement('div');
    var text =  document.createTextNode('');
    div.appendChild(text);
    text.data = _strTarget;
    return div.innerHTML;
}
</script>
```

❶ 前回までのサンプルと同様にドロップ先の要素とイベントで呼ばれる関数を指定します。
❷ ドロップされる他アプリケーションの内容を表示する領域を定義します。
❸ ドロップされたデータを取得しています。イベントのdataTransfer内のMIMEタイプを参照することでデータを取得できます。
❹ HTMLエスケープ処理を行うメソッドです。一度空のdiv要素を作成し、そのテキストノードに文字列を指定して、その後に取り出すとHTMLエスケープされた文字列が取得できます。MIMEタイプが「text/plain」のままの場合、文字列の中にあるスクリプトを実行してしまうことがありますので、HTMLエスケープ処理を入れています。

　サンプルの実行結果では、Chromeで表示されているWikipediaのHTML5の解説ページのテキストを、Firefoxで表示したサンプルへドロップしています。ドロップしたテキストの内容が❷で定義した部分に表示されていることがわかります。ブラウザ間だけでなく、テキストファイル、XMLファイルからのデータのドロップも可能です。

File API

IE	Firefox	Opera	Safari	Mobile Safari	Chrome
未実装	3.5以降	未実装	5以降	3以降	6以降

　File APIはローカルのファイルの取り扱いに関するAPIのことで、現在W3Cでは以下の3種類の仕様が策定されています。

File APIの一覧

名前	概要	仕様のURL
File API	ローカルのファイルのプロパティやデータを読み取る	http://www.w3.org/TR/FileAPI/
File API: Writer	ローカルのファイルの書き込みを行う	http://www.w3.org/TR/file-writer-api/
File API: Directories and System	ローカルのディレクトリの階層の読み込み、フォルダ作成、ファイル保存を行う	http://www.w3.org/TR/file-system-api/

　File APIでは、ローカルのファイルを直接取り扱うことができますので、既存のWeb APIの概念を超えるところがあると考えられています。File API: WriterとFile API: Directories and Systemについては、まだ各ブラウザへの実装が完全ではありません。本章では比較的実装の進んでいるFile APIについて説明します。

　なお、Safariはファイルの情報にはアクセスできますが、ファイルの内容を読み取る機能はまだ実装されていません。IE9、OperaはFile APIの機能自体が未実装です。

ファイル情報を取得する

　File APIでは1つ以上のファイルを扱います。対象となるファイルはtype属性がfileのinput要素で選択されたファイル、ドラッグ&ドロップで指定されたファイルになります。ここではinput要素で選択されたファイルを対象にファイル情報の取得の例を以下に示します。input要素のfilesプロパティを参照することで、選択されたファイルが取得できます。

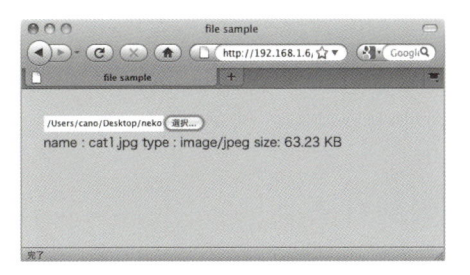

fileのプロパティを参照

[リスト8-4] fileのプロパティを参照　sample_file1.html（抜粋）

```
<input type="file" name="files[]" id="file" multiple onchange="checkFiles()">
<script type="text/javascript">
function checkFiles(){
 var fs = document.getElementById("file").files;   ←----------- ❶
 var disp = document.getElementById("disp");
 disp.innerHTML = "";
```

```
  for(var i=0; i< fs.length; i++){          ❷
    var f = fs[i];
    disp.innerHTML += f.name + " type : " + f.type + " : " +
    f.size/1000 + " KB " + "<br>";
  }
 }
</script>
```

❶ getElementByIdメソッドでinput要素にアクセスし、filesプロパティを参照します。input要素はHTML5から追加されたmultiple属性で複数のファイルを選択できるようになりました。そのため、filesプロパティで参照されるオブジェクトはJavaScriptの配列の形式となります。

❷ 取得したオブジェクトを参照して、選択したファイルのオブジェクトのプロパティを参照しています。

サンプルを実行すると、選択したファイルの名前、ファイルの種類（MIMEタイプ）、サイズが取得できているのがわかります。❷で参照したファイルのオブジェクトはFileというインターフェイスです。Fileインターフェイスのプロパティには以下のものがあります。

Fileインターフェイスのプロパティ

名前	概要
name	ファイルの名前
type	ファイルのMIME/TYPE
size	ファイルのサイズ（バイト）
urn	ファイルのURN

従来のHTMLではinput要素で選択したファイルの名前しか取得できませんでした。名前以外のファイル情報を取得する場合には、サーバーサイドでの処理が必要でした。File APIを利用すると上記のファイル情報がJavaScriptのみで取得できます。

ファイルの内容を取得する

前項169ページのファイルのプロパティに加えて、ファイルの内容を取得するAPIが用意されています。このファイル読み込みAPIには同期APIと非同期APIという2種類のAPIがあります。同期API、非同期APIではファイルの読み込みのインターフェイスが異なり、呼び出す方法も異なります。

ファイルのプロパティ

名前	インターフェイス	概要
同期API	FileReaderSync	ファイルの内容をメソッドの戻り値で受け取ることができる
非同期API	FileReader	ファイルの内容はバックグラウンドで取得され、イベントハンドラを介してファイル読み取りの結果を取得する

現在の仕様では、同期APIはJavaScriptをバックグラウンドで動作させるワーカという別の技術（第15章参照）の中でのみ利用可能となっています。ワーカ内でのAPI利用は本章の趣旨と外れるので、本章では非同期APIのみについて説明します。

■ 画像ファイルの読み込み

非同期APIでのファイルの読み込みはFileReaderというインターフェイスを利用します。FileReaderを利用すると、ファイルの読み取り結果がFileReaderのresultプロパティで参照できるようになります。resultプロパティはFileReaderで発生するイベントを通して取得します。

画像ファイルを読み込む例

[リスト8-5] 画像ファイルを読み込む例　sample_file2.html（抜粋）

```
<input type="file" name="files[]" id="file" multiple onchange="readImage()">
<div id="disp"></div>
<script type="text/javascript">
function readImage(){
 // 選択されたファイルにアクセス
 var fs = document.getElementById("file").files;   ←----------❶
 var disp = document.getElementById("disp");
 disp.innerHTML = "";
 for(var i=0; i< fs.length; i++){   ←----------❷
    var f = fs[i];
    var fr = new FileReader();   ←----------❸
    var img = document.createElement('img');
    fr.onload = function() {   ←----------❹
        img.src = fr.result;
        disp.appendChild(img);
    }
    fr.onerror = function() {   ←----------❺
        disp.innerHTML = "ファイル読み込み中にエラーが発生しました。";
    }
```

File API

```
        fr.readAsDataURL(f);  ←------- ❻
    }
  }
</script>
```

❶❷ 前回のサンプルと同様に、getElementByIdメソッドでinput要素にアクセスし、filesプロパティ
を参照して選択されたファイルにアクセスします。

❸ FileReaderを生成し、画像を表示するためのimg要素も生成しておきます。

❹ 生成したFileReaderにファイルの読み込み成功時に行う処理を、loadイベントに登録します。こ
の場合は、生成したimg要素のsrc属性の参照先をFileReaderで読み込んだ結果にしています。
その後に、img要素を「disp」というidで指定された領域にappendChildで追加して表示します。

❺ ファイル読み込みでエラーが発生した場合のメッセージの表示をerrorイベントに登録します。

❻ FileReaderのreadAsDataURLメソッドで画像ファイルを読み込みます。読み込んだ結果は❹
内のresultプロパティで参照します。

FileReaderには以下のプロパティ、メソッドには以下のものがあります。

FileReaderのメソッド、プロパティ

名前	概要
readAsBinaryString(ファイル)	ファイル内容をバイナリ文字列として返却
readAsText(ファイル , 文字エンコーディング)	指定された文字エンコーディングでファイル内容を読み込んで返却
readAsDataURL	ファイル内容をDataURL形式で返却
abord()	ファイルの読み取りを中断
result	各メソッドの結果を参照するプロパティ

上記のように、ファイルを読み取って内容を返却するメソッドが分かれています。このため、読み取
るファイルの種類によって使用するメソッドを切り替えるような処理が必要な場合もあります（176ペー
ジ参照）。

FileReaderに定義されているイベントは以下の通りです。

FileReaderに関するイベント

イベント名	発生するタイミング
loadstart	読み込みが開始されたとき
load	読み込みが終了したとき（成功時）
loadend	読み込みが終了したとき（成功時、失敗時）
abord	読み込みが中止されたとき
error	読み込みが失敗したとき
progress	読み込み中

loadもしくはloadendイベントを指定してファイルの読み込み結果を取得します。loadイベントがファイルの読み込みが成功したときのみに発生するのに対して、loadendイベントはファイルの読み込み成功／失敗に関わらず発生します。通常のファイル読み込みならばloadイベントでファイル読み込みの処理を指定して、errorイベントでファイル読み込み失敗時の処理を指定します。ファイル読み込みの成否に関わらず、何らかのメッセージを表示したい場合等にloadendイベントで処理を指定します。上記のイベントはそれぞれ「on～」というイベントハンドラが存在しますので、これらのイベントハンドラを使ってFileReaderのresultプロパティより読み込んだファイルの内容を取得するという流れになります。

テキストファイルの読み込み

画像ファイルと同様にして選択されたテキストファイルを読み込んで内容を表示してみます。テキストの読み込みはreadAsTextメソッドを利用します。

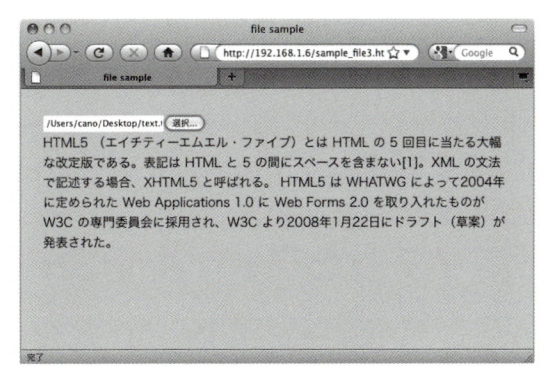

テキストファイルの読み込み

[リスト8-6] テキストファイルの読み込み　sample_file3.html（抜粋）

```
<input type="file" name="files[]" id="file" multiple onchange="readText()">
<div id="disp"></div>
<script type="text/javascript">
function readText(){
 // 選択されたファイルにアクセス
 var fs = document.getElementById("file").files;  ←──────❶
 var disp = document.getElementById("disp");
 disp.innerHTML = "";
 for(var i=0; i< fs.length; i++){  ←──────❷
    var f = fs[i];
    var fr = new FileReader();  ←──────❸
    fr.onload = function() {  ←──────❹
        disp.innerHTML = fr.result;
    }
```

```
        fr.onerror = function() {   // ←----------❺
            disp.innerHTML = "ファイル読み込み中にエラーが発生しました。";
        }
        fr.readAsText(f, "utf-8"); // ←----------❻
    }
}
</script>
```

- ❶❷ 前回のサンプルと同様に、getElementByIdメソッドでinput要素にアクセスし、filesプロパティを参照して選択されたファイルにアクセスします。
- ❸ FileReaderを生成します。
- ❹ 今回はテキストファイルなので読み込んだ内容をそのままinnerHTMLに表示させます。
- ❺ 前回のサンプルと同様にエラー発生時の処理を指定します。
- ❻ readAsTextメソッドでファイルを読み込みます。その際に文字コードを「utf-8」としています。他の文字コードのファイルを読み込むときは、readAsTextメソッドで指定する文字コードをファイルに合わせて変更します。

テキストファイル読み込み時に文字コードの指定を間違えると、文字化けして表示されますので注意してください。

ブラウザにドロップしたファイルを読み取る

前項までドラッグ&ドロップAPIとFile APIの基本的な使い方を説明しました。本項では2つのAPIを組み合わせて使う例を説明します。

■ ドロップされたファイルを読み込む

body要素内にドロップ可能な領域を設けてドロップ後の処理を設定しておくことで、input要素でのファイル選択を経由せずにJavaScriptからファイルにアクセスすることが可能となります。JavaScript内の処理としては、ドロップ可能な領域にイベントハンドラondropでファイルがドロップされた際に呼び出される処理を記述しておき、FileReaderでファイルを読み込む、という流れになります。

ondrop時のイベントを「event」とすると、ドロップされたファイルは以下のようにアクセスします。

[リスト8-7] ondrop時にファイルにアクセスする処理　sample_file4.html（抜粋）
```
event.dataTransfer.files;
```

イベントの中から直接dataTransferを参照してfilesプロパティを参照します。一度に複数のファイ

ルがドロップされることもありますので、input要素でのファイル取得と同様に複数形で取得します。

　以上のことを踏まえて、ブラウザのある領域に画像、テキストファイルをドロップすると、そのファイルのプロパティと内容を表示するサンプルを作成してみます。

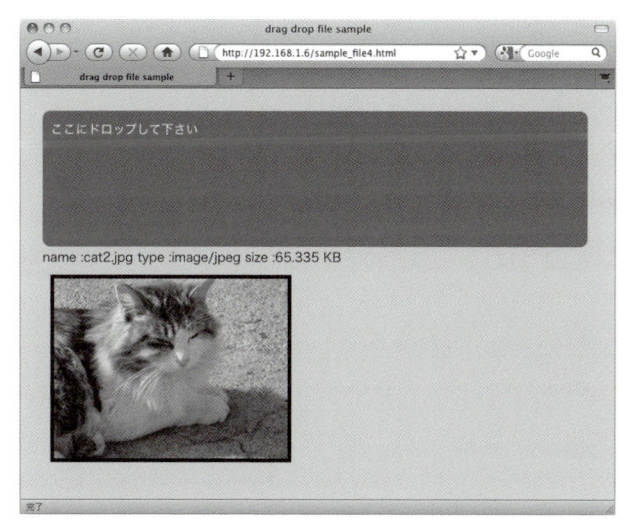

ドロップしたファイルの読み込み（画像）

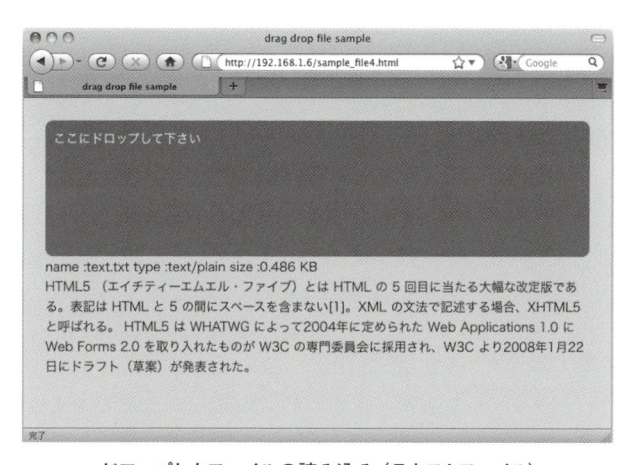

ドロップしたファイルの読み込み（テキストファイル）

[リスト8-8]　ドロップしたファイルの読み込み　sample_file4.html（抜粋）

```
<div id="sample" style="border: 1px solid;width:200px;height:200px;
padding:20px; text-align:center;"  ondragover="onDragOver(event)"
ondrop="onDrop(event)" >ここにドロップして下さい </div>
<div id="disp"></div>
<div id="elem"></div>
```

```
<script type="text/javascript">
var disp  = document.getElementById("disp");   ←-----------❶
var elem  = document.getElementById("elem");
var fr    = new FileReader();
function onDrop(event){

    var f = event.dataTransfer.files[0];   ←-----------❷

    disp.innerHTML = "name :" + f.name + "  type :" + f.type + "↵
size :" + f.size/1000 + " KB "

    if(/^image/.test(f.type)){   ←-----------❸
        var img = document.createElement('img');
        fr.onload = function() {
            img.src = fr.result;
            elem.appendChild(img);
        }
        fr.readAsDataURL(f);
    }

    if(/^text/.test(f.type)){   ←-----------❹
        fr.onload = function() {
            elem.innerHTML = fr.result;
        }
        fr.readAsText(f, "utf-8");
    }
    event.preventDefault();   ←-----------❺
}
function onDragOver(event){
    event.preventDefault();
}
</script>
```

❶ 取得したファイルのプロパティと内容を取得するためにgetElementByIdメソッドで要素を取得しておきます。

❷ ドロップされたファイルを取得します。サンプルでは1つのファイルの処理としていますのでfiles[0]でファイルを取得しています。

❸❹ JavaScriptの正規表現でファイルの種類を「image」か「text」か判断して、以前のサンプルのようにそれぞれのファイルに応じてファイルを読み込む処理を行います。

❺ ブラウザがファイル自体を表示するのを防ぐために、preventDefaultメソッドを呼び出します。

サンプルではドロップされたファイルのMIMEタイプを正規表現で判定して処理を分けています。画像、テキストだけでなく、動画ファイルや音声ファイル等の別のファイルにも対応させる場合は、それぞれのファイル形式に対する処理を追記することで対応可能です。

ファイル読み込みの進捗

上記のサンプル内ではファイルの読み込み中にはprogressイベントが発生しています。progressイベント内には進捗の状態を参照できるプロパティが定義されており、これはProgress EventsというFile APIとは別の仕様になります。Progress Eventsで定義されているプロパティには以下のものがあります。

Progress Events内のプロパティ

プロパティ	概要
lengthComputable	処理の長さがわかっているかを true ／ false で返却
loaded	読み込んだバイト数
total	読み込むファイルのバイト数

Progress Eventsを利用してprogressイベントが発生している間に、今どのくらいまでファイルが読み込まれているかという進捗を表示することができます。

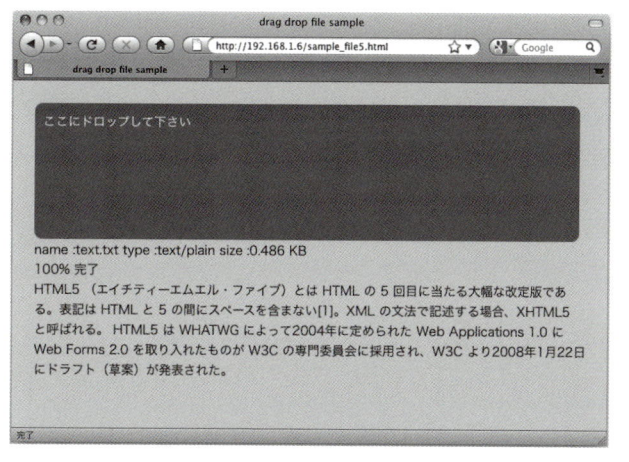

ファイル読み込みの進捗を示す例

[リスト8-9] ファイル読み込みの進捗を示す例　sample_file4.html（抜粋）

```
<progress id="prog"></progress>
                          略
var prog  = document.getElementById("prog");
                          略
var fr    = new FileReader();
fr.onprogress = function(event) {
    var rate = Math.floor(event.loaded/event.total) * 100;
    prog.innerHTML = rate + "% 完了";
}
```

イベント内の読み込みが完了したバイト数（loaded）、全体のバイト数（total）を参照して進捗が今どれくらいかを算出しています。

第9章

位置情報を表示してみよう

この章で学ぶこと

HTML5から位置情報を取得するGeolocation APIというAPIが追加されました。Geolocation APIを利用すると、ブラウザのみで位置情報の取得が可能となります。本章ではGeolocation APIの基本的な使い方と、Google Map APIと組み合わせて現在の位置情報をGoogle Map上に表示する方法を学びます。

Geolocation API

IE	Firefox	Opera	Safari	Mobile Safari	Chrome
未実装	3.5以降	10以降	5以降	3以降	5以降

　これまではHTMLでは位置情報を扱う機能は備わっておらず、携帯キャリアや端末機器メーカーが独自の規格で位置情報を定義していました。キャリアや機器の規格に従って位置情報を取得する方法をプログラム内で呼び出すことによってのみ、ブラウザで位置情報を扱うことができました。HTML5ではGeolocation APIが利用できるので、ブラウザを起ち上げておくだけで位置情報を取得できることになります。ブラウザが利用できる環境であればデバイスによらず同じアプリケーションを利用できたり、位置情報を共有したりできます。とくに持ち歩くことを前提としているスマートフォンにとっては非常に便利な機能となります。

　Geolocation APIから取得される位置情報はインターネットに接続しているWiFiや携帯電話基地局等のネットワーク環境、利用できるGPS情報やIPアドレスから取得され、ブラウザに伝えられます。

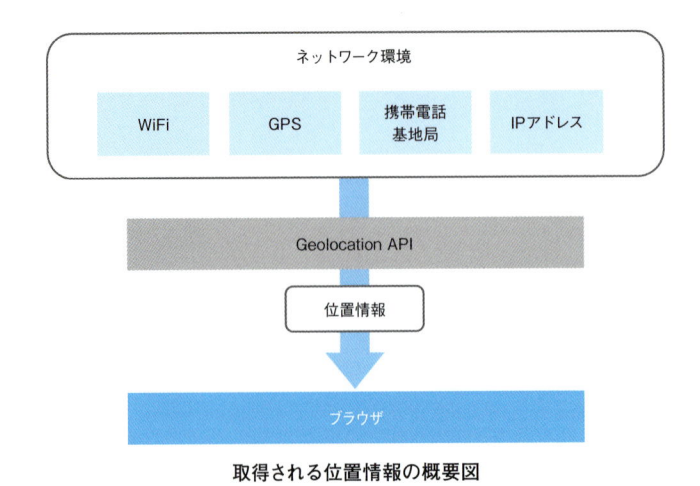

取得される位置情報の概要図

もちろん、環境によって取得できる位置情報の精度と取得までの時間に差が出る場合もあります。有線／無線LANで位置情報を取得する際には、ネットワーク環境によって現在地との間に若干の差が生じることもあります。GPSが利用できるスマートフォンの場合は、Geolocation APIによる位置情報の取得は比較的速く行われ、取得した位置情報も正確です。取得した位置情報はJavaScriptで取り扱うことができます。

　また、位置情報を取得する際には、位置情報を取得する旨の確認ウィンドウが表示されます。

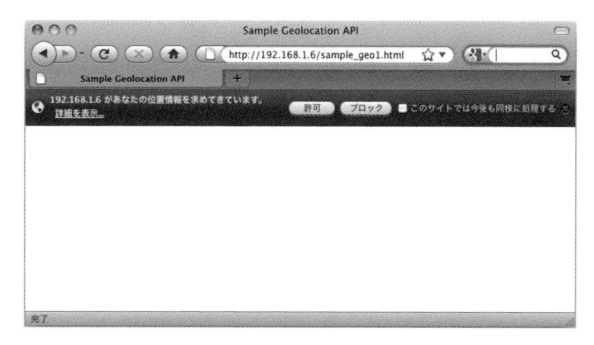

位置情報の取得の確認－Firefoxの場合

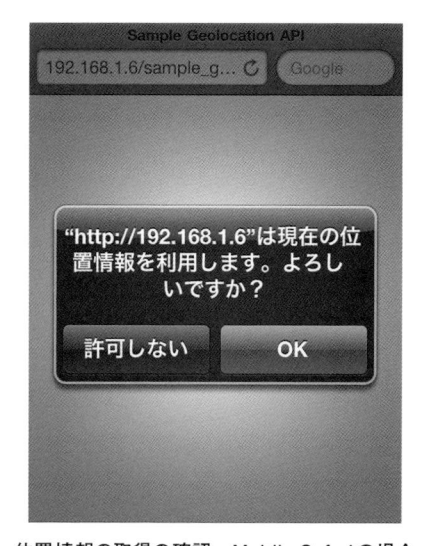

位置情報の取得の確認－Mobile Safariの場合

　この確認ウィンドウで同意しない限り、ブラウザ側で勝手に位置情報を取得する、ということはありません。

位置情報を取得できる環境

位置情報を取得できる環境かどうかは、navigatorオブジェクト内のgeolocationプロパティが存在するかどうかで判断できます。具体的には以下のような処理になります。

[リスト9-1] Geolocation APIの利用可否の確認　sample_geo1_1.html（抜粋）

```
if (!navigator.geolocation){
    windows.alert(" このブラウザは Geolocation API を利用できません ");
}
```

JavaScript内で「navigator.geolocation」を参照することで、Geolocation APIを利用できない場合の処理を入れることができます。

ブラウザから現在地の位置情報を取得する

Geolocation APIを使って、現在地の緯度経度を取得してみます。位置情報を取得する際には、取得後の処理やオプションに種類がありますので、現在の位置情報を取得するメソッドを例にそれぞれの場合について説明します。

■ 単純に現在の位置情報を取得する

位置情報の取得はnavigator.geolocation内のメソッドを利用します。現在の位置情報を取得して、緯度経度を表示するサンプルを作成してみます。

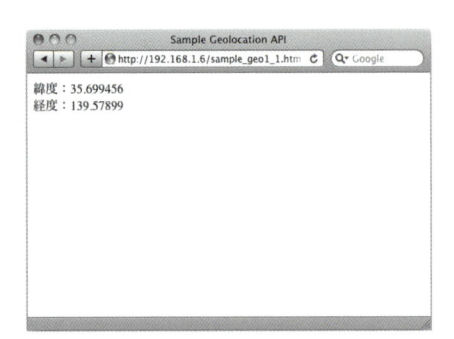

現在地の緯度経度を取得する例

[リスト9-2] 現在地の緯度経度を取得する例　sample_geo1_1.html（抜粋）

```
<script type="text/javascript">
if (!navigator.geolocation){
    windows.alert(" このブラウザは Geolocation API を利用できません ");    ←――――❶
}else{
    navigator.geolocation.getCurrentPosition(    ←――――❷
```

```
                        successCallback
                );
}
function successCallback(position){    ◀----------- ❸
    var location = "緯度：" + position.coords.latitude + "<br />";
    location += "経度：" + position.coords.longitude + "<br />";
    document.getElementById("location").innerHTML = location;
}
</script>
<div id="location"></div>
```

❶ Geolocation APIが利用できない場合にアラートを表示する処理を入れています。

❷ navigator.geolocationのgetCurrentPositionというメソッドを用いて現在地の位置情報を取得します。getCurrentPositionメソッドには、位置情報の取得に成功した際に呼び出されるコールバック関数にsuccessCallbackを指定しています（184ページ参照）。

❸ ❷で指定したコールバック関数successCallbackの実体部分です。取得した現在地はsuccessCallbackにPositionオブジェクトというオブジェクトで渡されます（184ページ参照）。Positionオブジェクト内のCoordinatesオブジェクトというオブジェクトのlatitudeプロパティを参照して緯度を、longitudeプロパティを参照して経度を取得しています（184ページ参照）。取得した緯度経度をブラウザに表示しています。

サンプルを実行すると、位置情報を取得する旨の確認メッセージが出て、現在の位置情報を取得して、緯度経度をブラウザ上に表示します。取得できた緯度、経度をGoogle Map検索画面の入力フォームに入力して検索してみてください。地図上で現在地点が確認できます。

Google Map 検索画面

http://maps.google.co.jp/

getCurrentPositionメソッドでは、位置情報の取得成功時、失敗時の処理、位置情報を取得する際のオプションを指定できます。サンプルでは位置情報の取得に成功した場合の処理のみを指定しています。getCurrentPositionメソッドの書式は以下のようになります

getCurrentPosition メソッド

書式	navigator.geolocation.getCurrentPosition(　　位置情報取得成功時のコールバック関数 [必須、任意の関数を指定], 　　位置情報取得失敗時のコールバック関数 [省略可、任意の関数を指定], 　　位置情報取得の際のオプション [省略可、ハッシュで指定] 　　);

この書式の「コールバック関数」にあたる部分は任意の関数を指定できます。呼び出された関数内に位置情報取得成功時にはPositionオブジェクト、位置情報取得失敗時にはPositionErrorオブジェクト（186ページ参照）が渡されます。オブジェクトがそのまま返却されるのではなく、APIを利用する際に定義した関数を通してオブジェクトで返却されるという点が特徴です。位置情報取得の際のオプションはPositionOptionsというオブジェクトで、JavaScriptのハッシュの形式でプロパティと値を指定します。
　getCurrentPositionメソッドと各オブジェクトの大まかな関連は以下の図のようになります。

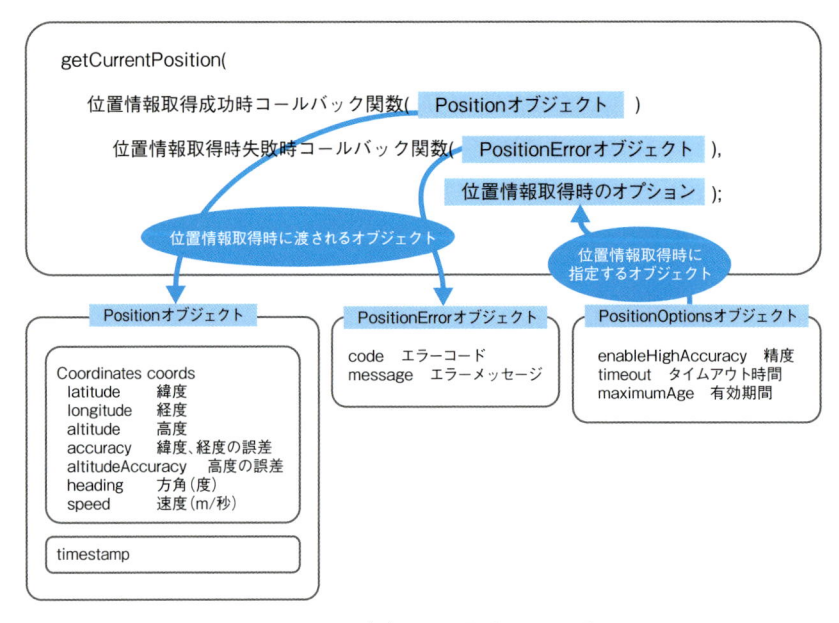

```
getCurrentPosition(
    位置情報取得成功時コールバック関数( Positionオブジェクト ),
    位置情報取得時失敗時コールバック関数( PositionErrorオブジェクト ),
    位置情報取得時のオプション );
```

位置情報取得時に渡されるオブジェクト
位置情報取得時に指定するオブジェクト

Positionオブジェクト
```
Coordinates coords
    latitude      緯度
    longitude     経度
    altitude      高度
    accuracy      緯度、経度の誤差
    altitudeAccuracy  高度の誤差
    heading       方角(度)
    speed         速度(m/秒)
timestamp
```

PositionErrorオブジェクト
```
code     エラーコード
message  エラーメッセージ
```

PositionOptionsオブジェクト
```
enableHighAccuracy  精度
timeout             タイムアウト時間
maximumAge          有効期間
```

メソッドとオブジェクトの関連のイメージ

　まず最初に、サンプル内で参照したPositionオブジェクトについて説明します。Positionオブジェクトの構造は、具体的に位置情報を数値で持つCoordinatesオブジェクトとtimestampの2つを包括しています。Coordinatesオブジェクトは位置情報の実体オブジェクトです。timestampはAPIから返却される位置情報が取得できた時間で、1970年1月1日からのミリ秒で返却されます。実際の処理ではPositionオブジェクト内のCoordinatesオブジェクトが主な役割を果たすことになります。Coordinatesオブジェクトの構成は次のようになっています。

Coordinatesオブジェクト内の要素

プロパティ名	意味
latitude	緯度
longitude	経度
altitude	高度
accuracy	緯度、経度の誤差（m）
altitudeAccuracy	高度の誤差（m）
heading	方角（度）
speed	速度（m/秒）

内部要素の名前を見てわかる通り、具体的な位置情報が格納されるオブジェクトになります。latitude、longitudeで定義される経度、緯度は世界測地系（10進法）で返却されます。日本測地系（60進法）でないため、表示する際には注意が必要です。accuracyはメートルの単位で返却される数値で、値が小さいほど正確、という意味になります。altitude、altitudeAccuracy、heading、speedは主に携帯端末向けの要素になります。端末がサポートしていない場合はnullを返却します。

■ 位置情報の取得が失敗した場合

Geolocation APIを利用して位置情報を取得する場合、インターネットに接続している環境や電波状況によって位置情報の取得ができない場合も考えられます。このため、位置情報の取得に失敗した場合の処理を指定しておくのが親切です。先のサンプルに位置情報の取得に失敗した場合の処理を追加すると以下のようになります。

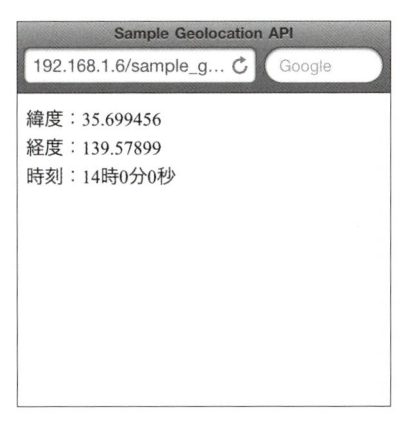

位置情報の取得に失敗した際の処理を追加した例

[リスト9-3] 位置情報の取得に失敗した際の処理を追加した例　sample_geo1_2.html（抜粋）

```
navigator.geolocation.getCurrentPosition(
        successCallback,
```

Geolocation API | **185**

```
                    errorCallback      ←---------- ❶
                );
                          略
function errorCallback(error){  ←---------- ❷
    var message = "";
    switch(error.code)
    {
        case error.TIMEOUT:
            message = " タイムアウトが発生しました ";
            break;
        case error.POSITION_UNAVAILABLE:
            message = " 位置情報が利用できませんでした ";
            break;
        case error.PERMISSION_DENIED:
            message = "Geolocation API の利用権限がありません ";
            break;
        case error.UNKNOWN_ERROR:
            message = "UNKNOWN_ERROR:" + error.message;
            break;
    }
    document.getElementById("location").innerHTML = message;
}
```

❶ 位置情報の取得に失敗した際に、コールバック関数errorCallbackを指定します。

❷ コールバック関数errorCallbackの実体部分です。位置情報の取得に失敗した際には、PositionErrorオブジェクトが渡されます（下記参照）。PositionErrorオブジェクト内のエラーコードを参照して、エラーコードに応じたメッセージをブラウザに出力するようにしています。

位置情報の取得に失敗した場合に、どのような理由で取得できなかったかをブラウザに出力して、ユーザーに位置情報の取得に失敗したことを明示しています。PositionErrorオブジェクトの内部を参照することでこのような処理が可能となります。

PositionErrorオブジェクトは、以下のようにエラーコードとエラーメッセージで構成されています。

PositionErrorオブジェクト内のプロパティ

プロパティ名	意味
code	エラーコード
message	エラー内容の詳細メッセージ

エラー時にはPositionErrorオブジェクトとしてエラーの内容に応じたエラーコードと詳細メッセージが返却されます。エラーコードには次の種類があります。

エラーコードの種類

エラーコード	英字表記	意味
1	PERMISSION_DENIED	Geolocation APIの利用が許可されない
2	POSITION_UNAVAILABLE	位置情報が取得できない
3	TIMEOUT	タイムアウト
0	UNKNOWN_ERROR	不明なエラー

　エラーコードが1〜3の場合には、エラー内容がわかりますので、それぞれに応じたエラーの対応をJavaScript内に用意しておくことができます。エラーコードが0の場合には、エラー内容詳細を取得するため、PositionErrorオブジェクト内のmessageプロパティを参照します。

■ 位置情報取得時のオプション

　getCurrentPositionメソッドの書式の通り、位置情報を取得する際に、PositionOptionsというオブジェクトでオプションを指定できます。先のサンプルで、位置情報を取得する際にオプションを指定すると以下のようになります。

[リスト9-4] 位置情報の取得にオプションを指定する例　sample_geo1_3.html（抜粋）

```
navigator.geolocation.getCurrentPosition(
        successCallback,
        errorCallback,
        {
            enableHighAccuracy: true,          ←―――❶
            maximumAge: 0,
            timeout: 10000
        }
);
```

❶ JavaScriptのハッシュで位置情報を取得する際のオプションをPositionOptionsオブジェクトのプロパティを使って指定します。

　❶で指定できるPositionOptionsオブジェクトのプロパティは以下の通りです。

PositionOptionsで指定できるプロパティ

プロパティ名	意味
enableHighAccuracy	より精度の高い位置情報を取得したい場合にtrue／falseで指定
timeout	タイムアウトまでの時間（ミリ秒）を指定
maximumAge	位置情報の有効期限（ミリ秒）を指定

maximumAgeで指定される有効期限は、位置情報をキャッシュしている有効期限になります。つまり、maximumAgeに「0」を指定すると常に新しい位置情報が取得されます。より精度の高い位置情報を取得したい場合にはenableHighAccuracyを「true」に、maximumAgeを「0」に指定します。スマートフォン向けのWebアプリケーションで、アクセスしたその瞬間の位置情報を取得する場合にはこのようにオプションを指定します。

定期的に位置情報を取得する

前項で説明したgetCurrentPositionメソッドは、現在の位置情報を1度だけ取得する場合に利用します。継続して定期的に位置情報を取得する場合には、watchPositionメソッドを使用します。watchPositionメソッドの書式はgetCurrentPositionメソッドと同じで、以下のようになります。

watchPosition メソッド

書式　　navigator.geolocation.watchPosition(
　　　　　　位置情報取得成功時のコールバック関数 [必須、任意の関数を指定],
　　　　　　位置情報取得失敗時のコールバック関数 [省略可、任意の関数を指定],
　　　　　　位置情報取得の際のオプション [省略可、ハッシュで指定]
　　　　　　);

コールバック関数へ渡されるオブジェクト、位置情報の取得の際のオプションも同じです。異なる点は、getCurrentPositionメソッドが戻り値がないのに対して、watchPositionメソッドではlong型の数値が返却されます。この数値は、定期的な位置情報の取得を中止する際に利用します（189ページ参照）。

watchPositionメソッドは、取得した位置情報が変わるたびにコールバック関数が実行されます。JavaScript側で定期的に呼び出す必要はありません。先のサンプルをカスタマイズして、位置情報が変わるたびに緯度経度を表示するようにしてみます。

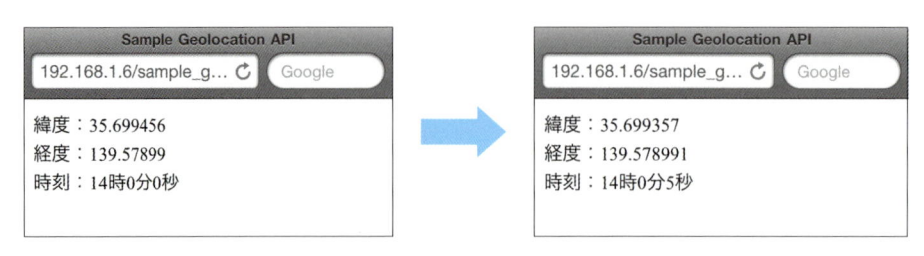

継続して位置情報を取得する例

[リスト9-5] 継続して位置情報を取得する例 sample_geo2.html（抜粋）

```
if (!navigator.geolocation){
    window.alert("このブラウザはGeolocation APIを利用できません");
}else{
    navigator.geolocation.watchPosition(　◀----------- ❶
                successCallback,
                errorCallback,
                {
                        enableHighAccuracy: true,
                        maximumAge: 0,
                        timeout: 1000
                }
                );
}
function successCallback(position){　◀----------- ❷
    var location = "緯度：" + position.coords.latitude + "<br>";
    location += "経度：" + position.coords.longitude + "<br>";
    now = new Date();
    location += "時刻：" + now.getHours() + "時" + now.getMinutes() +
    "分" + now.getSeconds() + "秒" + "<br>";
    document.getElementById("location").innerHTML = location;
}
```

❶ watchPositionメソッドはgetCurrentPositionメソッドと引数が同じで呼び出し方も同じです。185〜186ページのサンプルでgetCurrentPositionを使用して対部分をwatchPositionに書き換えます。

❷ 位置情報の取得に成功した場合のコールバック関数successCallback内に、緯度経度の他に位置情報を取得した時刻を表示する処理を入れます。位置情報が変わった場合に、緯度経度とともに位置情報を取得した時刻が表示されます。

サンプルをスマートフォンで表示したまま移動してみると、緯度経度、時刻が変わる様子がわかります。サンプルのようにwatchPositionメソッドはブラウザ側で自動で実行されるので、GPSロガーのように移動した記録を取りたい場合などに使えます。

定期的な位置情報を中止する

定期的な位置情報の取得をやめたい場合には、clearWatchメソッドを使用します。watchPositionメソッドの戻り値をclearWatchメソッドに渡すことで、その戻り値を返却したwatchPositionメソッドの動作を停止して、定期的な位置情報の取得を中止できます。clearWatchメソッドの書式は次の通りです。

clearWatch メソッド

書式　navigator.geolocation.clearWatch(watchPosition メソッドの戻り値);

先のサンプルをカスタマイズして、定期的な位置情報の取得を中止する処理を追記した例は以下のようになります。

[リスト9-6]　継続した位置情報を中止する例 sample_geo3.html（抜粋）

```
var i;
if (!navigator.geolocation){
    windows.alert(" このブラウザは Geolocation API を利用できません ");
}else{
    i =  navigator.geolocation.watchPosition(  ←----------❶
                successCallback,
                errorCallback,
        {
                enableHighAccuracy: true,
                maximumAge: 0,
                timeout: 1000
        }
            );
}
```
略
```
function stopWatchPosition(){  ←----------❷
    navigator.geolocation.clearWatch(i);
}
```
略
```
<input type="button" onclick="stopWatchPosition()" value=" 停止 ">  ←----------❸
```

❶ watchPosition メソッドの戻り値を変数 i に格納しています。
❷ 定期的な監視を中止するメソッドです。clearWatch メソッドに変数 i を渡して watchPosition メソッドの動作を止めています。
❸ ❷を呼び出すボタンです。

　前項のサンプルと同様に緯度経度、時刻が変わる様子を確認した後、停止ボタンを押して定期的な位置情報の取得を中止すると、それ以降は緯度経度、時刻が変わらないことが確認できます。
　定期的な位置情報の取得を中止した後に、定期的な位置情報の取得を再開したい場合は、再度watchPosition メソッドを呼び出します。

> **コラム　スマートフォンでの位置情報**
>
> 　携帯電話での位置情報取得は各キャリアとも仕様が異なっていて、各キャリアごとのGPS位置情報取得URLにアクセスすることでキャリアのGPSサーバーを経由してブラウザを通して遷移先の画面でGPSによる位置情報を取得していました。そのため、携帯電話向けに位置情報を利用したアプリケーションの開発を行う場合には、キャリアごとに作り込み作業が必要で非常に手間がかかっていました。
>
> 　スマートフォンではネイティブアプリでの位置情報取得の他に、HTML5対応のブラウザを搭載していますので、ブラウザから位置情報を取得することが可能です。HTML5のGeolocation APIを利用することで、パソコン向けのアプリケーションと同じようにスマートフォン向けに位置情報を利用したアプリケーションを作成できることになります。
>
> 　スマートフォンでは屋内では無線LANに接続して利用することも多いです。その際には、キャリアの回線を使わずにユーザーごとに異なったプロバイダーからインターネットに接続することが考えられます。Geolocation APIはHTML5の仕様なので、そのような場合にもインターネット接続環境を意識することなく利用できるというメリットがあります。
>
> 　またwatchPositionメソッドを利用すると、位置情報の定期的な取得ができ、携帯端末を簡易的なGPSロガーとして利用することもできます。HTML5の他のAPIではブラウザ内にデータを保持できる機能もありますので、いったん取得した位置情報を端末内に保存して、他のAPIから利用するということも可能です。位置情報を元に地域情報を検索できるWebサービスも数多く公開されておりますので、Geolocation APIとマッシュアップさせて新しいアプリケーションの開発も可能です。位置情報を利用する機能は携帯端末ではアプリの専売特許のようにいわれておりましたが、HTML5の登場によってブラウザでもアプリに劣らないアプリケーションの開発が可能になってくると予想されます。

Geolocation APIを利用して Google Mapを表示する

　次にGeolocation APIを利用して取得した緯度、経度を使ってGoogle Map上に現在位置を表示してみます。Google Mapの使い方については、本書の趣旨から外れますので詳細は割愛します。以下のページでご確認ください。

Google Map APIファミリー
`http://code.google.com/intl/ja/apis/maps/`

Google Map に現在の位置を表示するサンプルは以下のようになります。

Google Map に現在の位置を表示

[リスト9-7] Google Map に現在の位置を表示 sample_geo4.html（抜粋）

```
<script type="text/javascript" src="http://maps.google.com/maps/api/
js?sensor=true"></script>  ←―――――❶
<script type="text/javascript">
if (!navigator.geolocation){  ←―――――❷
    window.alert("このブラウザはGeolocation APIを利用できません");  ←―――――❹
}else{
    navigator.geolocation.getCurrentPosition(  ←―――――❸
                                showMap,
                                showError,
                                {
                                    enableHighAccuracy: true,
                                    maximumAge: 0,
                                    timeout: 10000
                                }
                            );
}
function showMap(position){  ←―――――❺
    var lat = position.coords.latitude;  ←―――――❻
    var lon = position.coords.longitude;
    var mapCenter = new google.maps.LatLng(lat,lon);  ←―――――❼
    var mapdiv = document.getElementById('map');
    var myOptions = {
        zoom: 16,
        center: mapCenter,
        mapTypeId: google.maps.MapTypeId.ROADMAP,
```

```
        scaleControl: true,
    };
    var map = new google.maps.Map(mapdiv, myOptions);
    var marker = new google.maps.Marker({    ◄----------- ❽
    position: mapCenter,
    map: map,
    title: '現在地'
    });

    map.setCenter(mapCenter);
}
```

❶ Google Map API Version 3を利用するために、Google Map APIのJavaScriptを呼び出します。
❷ Geolocation APIが利用可能な環境か判定します。
❸ Geolocation APIが利用可能な場合に、getCurrentPositionメソッドで位置情報を取得します。位置情報の取得に成功した場合にはコールバック関数showMapを呼び出します。
❹ Geolocation APIが利用不可能な場合はアラートを出します。
❺ 位置情報取得成功時のコールバック関数を「showMap」で定義します。
❻ Positionオブジェクト内のCoordinatesオブジェクトを参照して緯度、経度を取得します。
❼ 取得した緯度、経度をGoogle Map内のgoogle.maps.LatLng関数に渡します。
❽ google.maps.Markerを定義して、マーカーを配置します。

　Geolocation APIを利用すると、サーバーサイドでのアプリケーションを呼び出さずにHTML内で位置情報を取得して、Google Map上に取得した位置情報をマッピングすることができます。もちろん、Google Mapだけでなく、JavaScriptで位置情報を指定する地図サービスもサンプルと同様の方法で利用できます。

Google Map API
逆ジオコーディングによる住所の取得

　緯度、経度から住所を取得することを「逆ジオコーディング」といいます。本節では、Goelocation APIから取得した緯度、経度を基に住所の情報を取得し、取得した住所をGoogle Mapの情報ウィンドウ内に表示します。Google Map Version 3よりJavaScriptでも逆ジオコーディングが行えるようになりました。詳しくは以下のGoogle Map APIの解説ページをご覧ください。

Google Map API 解説ページ

http://code.google.com/apis/maps/documentation/javascript/services.html

前項のshowMapメソッドの中にgoogle.maps.Geocoderメソッドを使って逆ジオコーディングのリクエストを送信します。

[リスト9-8]　逆ジオコーディングによる住所の取得　sample_geo5.html（抜粋）

```
function showMap(position){
                      略
    var geocoder = new google.maps.Geocoder();        ←――――❶
    geocoder.geocode({'latLng': mapCenter}, getGoogleMapAddress);

    infoWnd = new google.maps.InfoWindow();           ←――――❷
}
```

❶ Google Map APIの逆ジオコーディングを行うクラスgoogle.maps.Geocoderを呼び出します。google.maps.Geocoderメソッドではパラメータに現在地とコールバック関数を指定します。戻り値としてコールバック関数内に逆ジオコーディングの結果とステータスが返却されます。サンプルではコールバック関数を「getGoogleMapAddress」と定義しています。

❷ Google Map内で利用する情報ウィンドウのオブジェクトを新たに生成しておきます。これはコールバック関数の中で利用するためです。

次にコールバック関数「getGoogleMapAddress」を以下のように作成します。逆ジオコーディングの結果（results）とステータス（status）が関数に渡されるので、ステータスを参照して逆ジオコーディングの結果をGoogle Mapに表示する処理を行います。

[リスト9-9]　逆ジオコーディングによる住所の取得　sample_geo5.html（抜粋）

```
function getGoogleMapAddress(results, status){
    var address;
    if (status == google.maps.GeocoderStatus.OK) {    ←――――❶
        address = results[0].formatted_address;       ←――――❷
        infoWnd.setPosition(results[0].geometry.location);  ←――――❸
        infoWnd.setContent(address);
        infoWnd.open(map);
    } else {
        window.alert("エラーが発生しました " + status);  ←――――❹
    }
}
```

❶ ステータスが正常だった場合に、逆ジオコーディングの結果を取得する処理に入ります。
❷ 逆ジオコーディングの結果から最初に返却された住所を取得します。
❸ 取得した住所を情報ウィンドウ内に設定し、Google Map上に配置します。
❹ ステータスが正常でなかった場合は、そのステータスをアラートで表示します。

サンプルの実行結果は以下の通りです。

sample_geo5.html実行結果

　サンプルの通り、ブラウザ内の処理のみで位置情報から住所情報を取得し、Google Mapへのマッピングまで一連の動作が確認できました。逆ジオコーディングを行うメソッド、オプションはいくつかありますので、興味のある方はGoogle Map API解説ページで確認してください。

Google Maps API ファミリー
http://code.google.com/intl/ja/apis/maps/articles/geospatial.html

> #### コラム　JavaScriptの便利な開発ライブラリ
>
> 　HTML5から従来のWebアプリケーション開発ではサーバーサイドで行っていたことのいくつかが、ブラウザ側のみでできるようになりました。本章のGeolocation APIを使っての位置情報の取得はその例の1つです。ブラウザ側で様々な機能が利用できるようになると、次にはHTML5以外のWeb APIと組み合わせてマッシュアップとしてWebアプリケーションの開発を行うことになると考えられます。マッシュアップの開発は主にサーバーサイドで行う場合が多いです。ですが、「Google AJAX API」というJavaScriptのライブラリを利用すると、サーバーサイドにプログラムを用意することなく、JavaScriptのみでマッシュアップの開発を行うことが可能になります。
>
> 　「Google AJAX API」とはその名の通りGoogleが提供するJavaScript関連ライブラリをまとめたものです。Google AJAX APIではGoogleが提供する機能をサーバーサイドではなくJavaScript

を通して利用できます。Google AJAX APIの呼び出し方は以下の通りです。

[リスト9-10] Google AJAX APIを利用する際の記述

```
<script type="text/javascript" src="http://www.google.com/jsapi"></script>
```

上記のようにGoogle AJAX APIを呼び出した後、Googleの各種検索機能、RSSフィードを取得する機能、表やグラフを作成する機能等がJavaScriptを通して利用することができます。

その他にもjQueryやPrototype、YUIといったメジャーなJavaScriptのライブラリを呼び出して利用することもできます。Google AJAX APIを呼び出しておくだけで、例えばGeolocation APIで取得した位置情報を元にGoogleで検索を行い、その結果をJSON形式で取得して、jQueryで解析後、整形してブラウザに表示する、ということも可能になります。詳しくはGoogle AJAX APIの解説ページでご確認ください。

Google Code - Google Loader Developer's Guide
http://code.google.com/apis/loader/index.html

また、Google AJAX APIをブラウザ上からコードを記述してそのまま結果を確認できるサービスも用意されています。

Google Code - Code Playground
http://code.google.com/apis/ajax/playground/

HTML5で提供されるAPIを利用する際、JavaScriptのみでマッシュアップを考える際等に、Google AJAX APIの利用も考えてみてはいかがでしょうか。

第10章

オフラインでも利用できるコンテンツを作成してみよう

この章で学ぶこと

　HTML5からインターネットに接続していないオフラインの状態でも、Webアプリケーションを利用できるようになりました。この仕様をオフラインWebアプリケーションといいます。オフラインWebアプリケーションを利用すると、ローカルにコンテンツをキャッシュしてネットワークにアクセスせずにWebアプリケーションを実行します。本章ではオフラインWebアプリケーションの仕組みと基本的な使い方について学びます。

オフラインでコンテンツを閲覧する仕組み

オフラインWebアプリケーション

IE	Firefox	Opera	Safari	Mobile Safari	Chrome
未実装	3.5以降	10.6以降	4以降	3以降	4以降

　これまでのHTMLではWebアプリケーションをオフラインで利用するということはできませんでした。HTML5では、オフラインWebアプリケーションが仕様に定義されているため、オフラインの状態でもオンラインと同じようにWebアプリケーションを利用することができます。例えば、HTMLとJavaScriptのみで実行できる簡単なゲームをオフラインの状態でも実行したい場合、ゲームに必要なHTMLファイル、JavaScript、CSS、画像等のゲームに必要なファイルをあらかじめローカルにコピーしておくことでオフラインの状態でゲームを実行することが可能となります。この**オフラインWebアプリケーション**のイメージをまとめると以下の図のようになります。

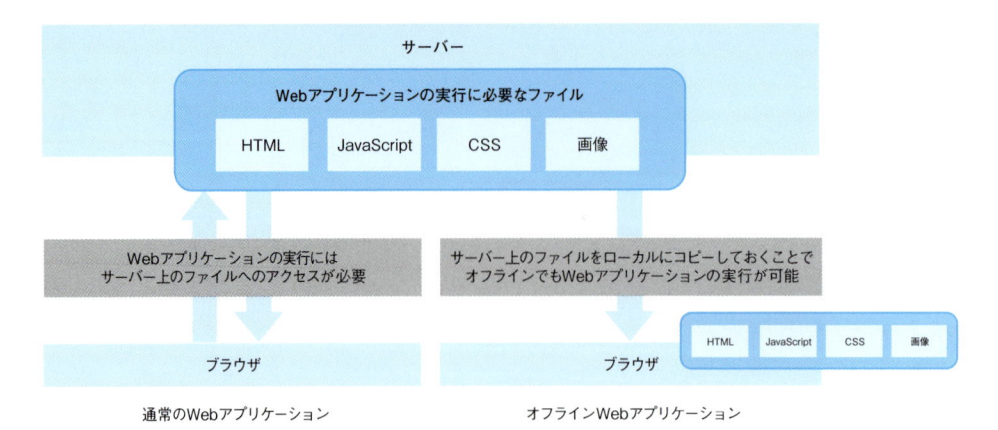

オフラインWebアプリケーションのイメージ

上図のように、通常ならばオンラインで利用するWebアプリケーションを、オフラインの状態でも利用できるようにする仕組みのことをアプリケーションキャッシュといいます。アプリケーションキャッシュを利用することでオフラインWebアプリケーションを実装することになります。

■ オフラインでの作業を行うにあたって

　オフラインでの作業とは、インターネットに接続していない環境での作業です。オフラインWebアプリケーションの動作確認では、オフラインでの確認作業が発生します。端末のインターネットの接続を停止する他に、FirefoxとOperaでは、「ファイル」メニュー→「オフライン作業」を選択することにより、ブラウザのみをオフラインの環境で動作させることができます。

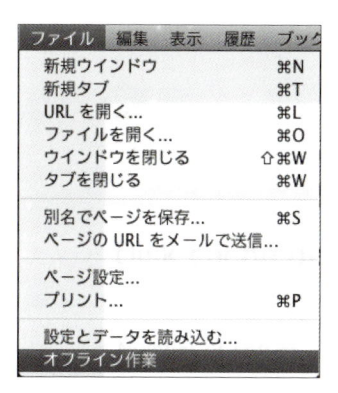

Firefoxでのオフライン作業の設定

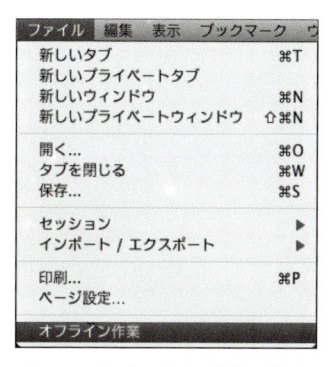

Operaでのオフライン作業の設定

　Safari、Chromeに関しては、ブラウザのみをオフラインにする機能は未実装です。
　iPhone、iPadではブラウザのみをオフライン環境にする方法がありませんので、「設定」→「機内モード」を「オン」にしてキャリアの回線から切断し、「Wi-Fi」を「オフ」にしてWi-Fiから切断して端末自体をオフラインの状態にします。

iPhoneでのオフラインの設定

　この設定を行った後に、オフラインWebアプリケーションの動作確認を行うことができます。

■■ オフラインWebアプリケーションを実行できる環境

　オフラインWebアプリケーションを実行できる環境かどうかは、windowオブジェクト内のapplicationCacheプロパティが存在するかどうかで判断できます。具体的には以下のような処理になります。

[リスト10-1] オフラインWebアプリケーションの利用可否の確認　sample_offline1_1.html（抜粋）

```
if (!window.applicationCache){
    window.alert(" このブラウザはオフライン Web アプリケーションを利用できません ");
}
```

　JavaScript内で「window.applicationCache」を参照することで、オフラインWebアプリケーションを利用できない場合の処理を入れることができます。

■■ オフラインの状態でWebアプリケーションを実行する

　Webアプリケーションに必要なファイルをローカルにキャッシュして、オフラインの環境での動作を確認する簡単なサンプルを作成してみます。以下のように、オンライン／オフライン時にそのときの状態を表示するアプリケーションを作成します。

オフラインWebアプリケーションの例

[リスト10-2] オフラインWebアプリケーションの例　sample_offline1.html

```
<!doctype html>
<html manifest="sample1.manifest">  ←----------❶
<head>
    <meta charset="utf-8" />
    <title>オフラインWebアプリケーション サンプル</title>
    <script type="text/javascript" src="sample1.js"></script>
    <meta name="viewport" content="width=device-width, user-scalable=yes,
    initial-scale=1.0, maximum-scale=3.0" />
</head>
<body>
<div id="info"></div>
</body>
</html>
```

[リスト10-3] sample1.js

```
window.onload=function(){
    if(navigator.onLine){  ←----------❷
        document.getElementById("info").innerHTML = 'オンラインです';
    }else{
        document.getElementById("info").innerHTML = 'オフラインです';
    }
}
```

[リスト10-4] オフラインWebアプリケーションの例　sample1.manifest

```
CACHE MANIFEST
sample1.html
sample1.js
```

❶ html要素のmanifest属性でキャッシュを管理するファイルであるキャッシュマニュフェストのsample1.manifestを指定しています（203ページ参照）。sample1.manifestではsample1.html、sample1.jsの両方をローカルにキャッシュするように指定しています。

❷ オンライン、オフラインの状態はnavigator.onLineを参照して判断しています。

オンラインの状態でsample1.htmlにアクセスすると以下のように表示されます。

オンライン時の実行結果

次に、オフラインの状態でsample_offline1.htmlにアクセスすると以下のように表示されます。

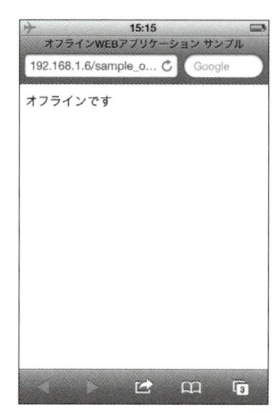

オフライン時の実行結果

オフライン時にも現在の状態を示す「オフラインです」のメッセージが表示され、JavaScriptが動作していることがわかります。

キャッシュする対象はサンプル内のsample1.manifestというテキストファイルで管理しています。このファイルは**キャッシュマニュフェスト**といい、キャッシュさせたいファイルを記述しておき、html要素のmanifest属性でファイル名を指定します。ブラウザはキャッシュマニュフェストが指定されたWebページにアクセスすると、キャッシュマニュフェストに記載されたファイルをダウンロードし、ローカルにキャッシュします。キャッシュマニュフェストに記載されているファイルがローカルのキャッシュに存在すれば、キャッシュを利用し、キャッシュに存在しなければサーバーのファイルを参照してローカルのキャッシュに保存します。キャッシュマニュフェストが指定されている場合のブラウザの動きは以下の図のようなフローになります。

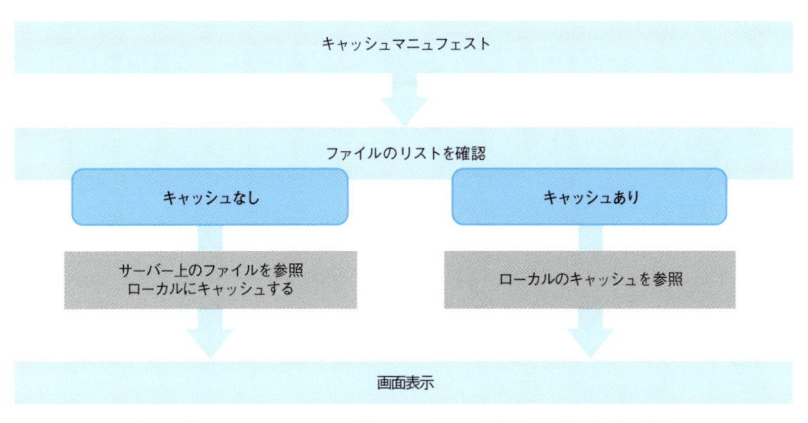

キャッシュマニュフェストが指定されている場合のブラウザの動き

オフラインWebアプリケーションを利用する場合は、キャッシュマニュフェストをWebページに指定しておくだけで後はブラウザがファイルのダウンロード、キャッシュの管理等をすべて行います。

キャッシュマニュフェストの指定例は以下のようになります。

[リスト10-5] キャッシュマニュフェストの例

```
CACHE MANIFEST
# version 1.0 created 2010.01.01
sample.html
sample.js
sample.css
images/sample.gif
```

上記の例では「sample.html」「sample.js」「sample.css」「images/sample.gif」をローカルにキャッシュさせるという意味になります。キャッシュマニュフェストに記載されているファイルがローカルの

キャッシュに存在すれば、キャッシュを利用し、キャッシュに存在しなければサーバーのファイルを参照してローカルのキャッシュに保存します。

キャッシュマニュフェストの記述に関しては以下のような決まりがあります。

- MIMEタイプは「text/cache-manifest」で指定
- 文字コードはUTF-8で記述
- 最初の行は「CACHE MANIFEST」と記述
- 改行コードは「￥r ￥n (Windows)」「￥r (Macintosh)」「￥n (Unix)」の3種類が利用可能
- エントリの区切りは行
- 行の先頭が「#」の場合はコメント
- 「CACHE:」「FALLBACK:」「NETWORK:」という3つのセクション（下記参照）が指定可能

キャッシュマニュフェストはテキストファイルなので、記述自体はとくに問題はありません。MIMEタイプに関しては、Webサーバーにキャッシュマニュフェストの MIMEタイプ「text/cache-manifest」を設定する作業が必要です。WebサーバーにApacheを利用している場合は、.htaccessに以下の記述を行います。

[リスト10-6] キャッシュマニュフェストのMIMEタイプの指定　.htaccess

```
AddType text/cache-manifest                          manifest
```

キャッシュマニュフェストのMIMEタイプの指定を行っていない場合には、オフラインWebアプリケーションの利用ができませんので注意してください。

■ キャッシュの詳細

キャッシュマニュフェストにはキャッシュする場合、キャッシュを表示する場合について詳細の指定を行うことが可能で、これをセクションといいます。セクションには3つの種類があります。

セクションの種類

セクション名	意味
CACHE	キャッシュするリソースを記述するセクション。何も指定しない場合はこのセクションと同じ意味
NETWORK	ローカルにキャッシュせず常にオンラインで参照するファイルを指定するセクション
FALLBACK	キャッシュさせていないリソースにアクセスした場合に表示する代替リソースを指定するためのセクション

CACHEセクションとNETWORKセクションはまったく逆の意味になります。NETWORKセクショ

ンには、常に最新の情報を記載しているページや動的なコンテンツを表示するCGI等の常に最新の情報を表示するファイルを指定します。もし、このようなファイルをキャッシュしてしまうと、キャッシュした時点での情報が表示され続けてしまうためです。またGoogle Map APIのJavaScript等の外部ドメインのリソースを使用する場合にもNETWORKに記述する必要があります。

　FALLBACKセクションはオンライン／オフラインの状態に関わらず有効なセクションです。URLにアクセスできない際に表示する代替リソースの指定に使用します。前項のサンプルを少し変えてその簡単な例を示します。

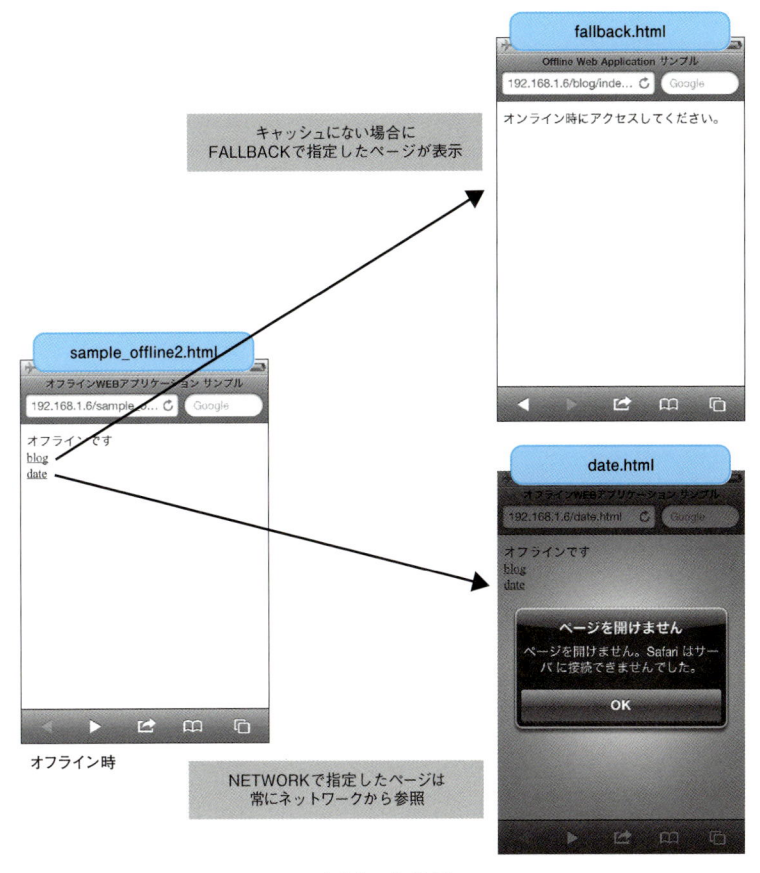

セクションの例

[リスト10-7] セクションの例　sample_offline2.html

```
<html lang="ja" manifest="sample_offline2.manifest">
<head>
    <meta charset="utf-8" />
    <title>オフラインWebアプリケーション サンプル</title>
    <script type="text/javascript" src="sample_offline1.js"></script>
    <meta name="viewport" content="width=device-width, user-scalable=yes,
    initial-scale=1.0, maximum-scale=3.0" />
```

オフラインでコンテンツを閲覧する仕組み | **205**

```
    </head>
    <body>
    <div id="info"></div>
    <a href="blog/index.html">blog</a><br>
    <a href="date.html">date</a>
    </body>
```

[リスト10-8] セクションの例　fallback.html

```
<html>
<head>
    <meta charset="utf-8" />
    <title> オフライン Web アプリケーション　サンプル </title>
    <meta name="viewport" content="width=device-width, user-scalable=yes,
    initial-scale=1.0, maximum-scale=3.0" />
</head>
<body>
オンライン時にアクセスしてください。
</body>
```

[リスト10-9] セクションの例　sample_offline2.manifest

```
CACHE MANIFEST
# ver 1.0
sample_offline2.html     ◀---------- ❶
sample_offline1.js
FALLBACK:
blog/   fallback.html    ◀---------- ❷
NETWORK:
date.html   ◀---------- ❸
```

❶ sample_offline2.html、sample_offline1.jsをキャッシュします。この2つのファイルはオフラインでも動作します。

❷ FALLBACKセクションに前方一致の記述（207ページ参照）でblogというディレクトリ以下のキャッシュされていないファイルにアクセスすると、fallback.htmlというhtmlファイルを表示します。

❸ NETWORKセクションにdate.htmlというhtmlを設定しています。date.htmlはキャッシュされず、常にネットワークからアクセスされます。

　オフライン時にsample_offline2.htmlにアクセスし、「blog」のリンクをクリックすると、リンク先の「blog/index.html」はキャッシュされていませんので、fallback.htmlの内容が表示されます。「date」のリンクをクリックすると、リンク先のdate.htmlは常にオンラインでアクセスされるため、キャッシュからの表示はありません。

　また、NETWORKセクションではFALLBACKセクションと同様に前方一致の記述が利用できます。前方一致の書式を使ったNETWORKセクションの記述例は以下のようになります。

[リスト10-10] 前方一致の書式を使ったNETWORKセクションの記述例

```
CACHE MANIFEST
NETWORK:
cgi/
http://maps.google.com/
datetime.php
```

　上記の例では、cgiディレクトリ以下のリソース、Google MAPで提供されているリソース、datetime.phpをローカルにキャッシュさせずにオンラインで利用するという意味になります。許可するリソースのみを記述していく形式なので、「ホワイトリスト」と呼ばれることもあります。

　ただし、このようにローカルにキャッシュさせないリソースを羅列していくと、管理が面倒になるというデメリットもあります。そのため、以下のようにNETWORKセクションに「*（アスタリスク）」を指定して、外部のリソースをすべてオンラインで利用するように設定することもできます。

[リスト10-11] NETWORKセクションの「*」指定

```
CACHE MANIFEST
NETWORK:
*
```

　「*（アスタリスク）」を指定する場合は、外部のリソースがデフォルトでオンラインで参照されることになります。当初は許可するリソースの記述がデフォルトだったため、指定する意味が逆になります。この点に注意してください。

キャッシュの更新について

　オフラインWebアプリケーションでは、ローカルにキャッシュが存在する場合は、ローカルのリソースを参照して、サーバー上のリソースを参照しません。そのため、サーバー側でリソースがが更新された場合でも、ブラウザではキャッシュされた時点でのコンテンツが表示されたままになっていることもあります。このような事態を避けるために、ローカルに保存されたキャッシュを更新する作業が必要になります。キャッシュを更新するには「キャッシュマニュフェストを更新する」「JavaScriptでキャッシュを更新する」という2つの方法があります。

■ キャッシュマニュフェストを更新する

　ブラウザがオンライン環境になったとき、キャッシュマニュフェストをサーバーを参照して更新する方法です。ブラウザはサーバー上のキャッシュマニュフェストとローカルのキャッシュマニュフェストの内容を比較して、差分があるとリソースが更新されていると判断し、リソースのダウンロードを行い、ローカルのキャッシュを更新します。キャッシュマニュフェスト内にコメントで更新日付やバージョンを

記載しておくことで、ブラウザにローカルのキャッシュを更新させることができます。簡単なサンプルで動作を確認してみます。

[リスト10-12] キャッシュマニュフェストでキャッシュを更新させる例　sample_offline3.html

```
<html manifest="sample_offline3.manifest">
<head>
<meta charset=utf-8 />
    <title>オフラインWebアプリケーション サンプル</title>
<link href="sample_offline.css" rel="stylesheet" type="text/css">
</head>
<body>
  <img src="images/cat1.jpg">
</body>
```

[リスト10-13] キャッシュマニュフェストでキャッシュを更新させる例　sample_offline3.manifest

```
CACHE MANIFEST
# ver 1.0
sample_offline3.html
sample_offline.css
images/cat1.jpg
images/cat2.jpg
```

上記のサンプルファイルにアクセスすると以下のように画像が表示されます。

キャッシュマニュフェストでキャッシュを更新させる例

「<img src="images/cat1.jpg">」の部分を「<img src="images/cat2.jpg">」に書き換えてsample_offline3.htmlをサーバーにアップ後、アクセスします。キャッシュから参照されるため、前の画像が表示されます。

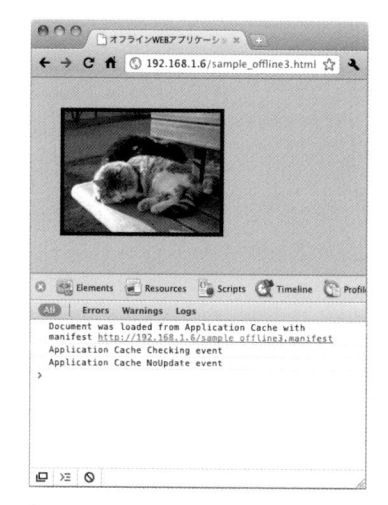

キャッシュマニュフェストでキャッシュを更新させる例

　キャッシュからファイルが参照されていることは、ChromeのJavaScriptコンソールから確認できます。
　その後、sample_offline3.manifestのバージョンを示すコメントの「# ver 1.0」の部分を「# ver 2.0」に書き換えた後、sample_offline3.manifestをサーバーにアップしてからアクセスします。キャッシュマニュフェストが更新されているので、キャッシュマニュフェスト内のファイルをダウンロードしてキャッシュしています。

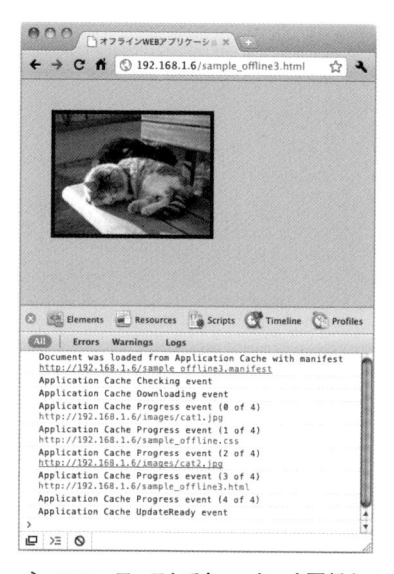

キャッシュマニュフェストでキャッシュを更新させる例

オフラインでコンテンツを閲覧する仕組み

ローカルにファイルをダウンロードしてキャッシュしている様子はChromeのJavaScriptコンソールから確認できます。

　再度アクセスするとキャッシュしたファイルから参照されるので、画像が変更されています。

キャッシュマニュフェストでキャッシュを更新させる例

　このようにキャッシュマニュフェストを更新することで、ローカルのキャッシュを更新させることができます。

■ **JavaScriptでキャッシュを更新する**

　JavaScriptからキャッシュマニュフェストが更新されているか、チェックしてローカルのキャッシュを更新する方法です。キャッシュマニュフェストを更新する方法が、キャッシュマニュフェスト自体の更新に依存しているのに対し、JavaScriptでのキャッシュの更新は、Webアプリケーションの中から任意のタイミングでサーバー上のキャッシュマニュフェストを参照し、明示的にキャッシュを更新します。具体的な方法は次節で説明します。

JavaScriptからキャッシュを更新する

　JavaScriptからローカルのキャッシュを更新します。

　アプリケーションキャッシュはJavaScriptでキャッシュの更新を行うこともできます。具体的には、キャッシュを更新するメソッドを呼び出して明示的にキャッシュマニュフェストを読み込んでキャッシュを更新させる、という方法になります。さらに、キャッシュ更新時のイベントを受け取って、キャッシュの更新状況に応じた処理を行う、ということも可能です。JavaScriptからキャッシュの更新を行う場合は、windowオブジェクトのapplicationCacheプロパティ内の以下のメソッドを利用します。

applicationCache内のメソッド

メソッド名	意味
update()	キャッシュマニュフェストに変更があった場合に、ローカルのキャッシュを更新する
swapCache()	ローカルの古いキャッシュを削除して新しいキャッシュに更新する

　キャッシュマニュフェストを参照してキャッシュを行う際には、applicationCacheに以下のイベントが発生します。

applicationCacheで発生するイベント

イベント名	発生するタイミング
cached	キャッシュに成功した
checking	キャッシュマニュフェストをチェック中
noupdate	キャッシュマニュフェストが更新されていなかった
downloading	キャッシュマニュフェスト内のリソースをダウンロード中のとき
progress	キャッシュを更新中
error	エラーが発生した
updateready onupdateready	キャッシュの更新が終わり、古いキャッシュを削除して新しいキャッシュに置換する時点

　上記のイベントはそれぞれ「on〜」というイベントハンドラが存在するので、これらのイベントハンドラを使って要素内に呼び出す関数を記述するか、イベントリスナにイベントを登録して、イベントごとの動作を指定します。

　上記のメソッドとイベントを使ってJavaScriptからローカルのキャッシュを更新するサンプルを作成してみます。

[リスト10-14] JavaScriptからキャッシュを更新する例　sample_offline4.html

```html
<body>
  <img src="images/cat1.jpg">
<div id="ev"></div>
<script type="text/javascript">
var ev = document.getElementById("ev");    ←----------❶
    window.applicationCache.addEventListener("cached", function () {    ←----------❷
        ev.innerHTML += "<br>キャッシュしました ";
    }, false);
    window.applicationCache.addEventListener("checking", function ()
        ev.innerHTML += "<br>キャッシュマニュフェストをチェック中です ";
    }, false);
    window.applicationCache.addEventListener("noupdate", function () {
        ev.innerHTML += "<br>更新はありません ";
    }, false);
    window.applicationCache.addEventListener("downloading", function () {
        ev.innerHTML += "<br>ダウンロード中です ";
    }, false);
    window.applicationCache.addEventListener("progress", function () {
        ev.innerHTML += "<br>キャッシュを更新中です ";
    }, false);
    window.applicationCache.addEventListener("error", function () {
        ev.innerHTML += "<br>エラーが発生しました ";
    }, false);
    window.applicationCache.addEventListener("updateready", function () {
        if(confirm(' 新しいキャッシュを利用しますか？ ')){    ←--❸
            window.alert(" 新しいキャッシュに置換します ");
            window.applicationCache.swapCache();
            location.reload();
        }
    }, false);
</script>
<input type="button" onclick="window.applicationCache.update()"
value=" 更新 ">    ←----------❹
```

[リスト10-15] JavaScriptからキャッシュを更新する例　sample_offline4.manifest

```
CACHE MANIFEST
# ver 1.0
sample_offline4.html
sample_offline.css
images/cat1.jpg
images/cat2.jpg
```

❶ 各イベントの発生時のメッセージを表示する領域です。

❷ applicationCache内のそれぞれのイベント発生時に、イベントに応じたメッセージを表示する処理を作成しています。

❸ ローカルにファイルをダウンロードして、新しいキャッシュに置換する際に確認ウィンドウを出力して、swapCacheメソッドで古いキャッシュを削除して新しいキャッシュに置換しています。その際に、ブラウザの画面をリロードして新しいキャッシュで画面が表示されるようにしています。

❹ キャッシュを更新するボタンを設置し、押下時にupdateメソッドを呼び出しています。

サンプルファイルsample_offline4.htmlを一度ブラウザで表示してキャッシュを生成します。

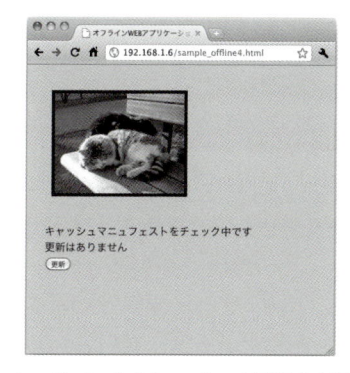

JavaScriptからキャッシュを更新する例

sample_offline4.htmlとsample_offline4.manifestを変更して、「更新」ボタンを押します。

「更新」ボタンが押された後、キャッシュマニュフェストであるsample_offline4.manifestを参照し、ローカルのキャッシュを更新します。その後、確認ウィンドウで「OK」を押すと、古いキャッシュを削除して新しいキャッシュに置換し、ページをリロードします。

すると、ページがリロードされ、新しい画像が表示されます。このときに、ChromeのJavaScriptコンソールにキャッシュからファイルがロードされていることを確認します。以上の動作でJavaScriptからローカルのキャッシュが更新されたことがわかります。

「更新」ボタンを押してから確認ウィンドウで「OK」ボタンを押す

キャッシュを更新してページをリロード

コラム キャッシュしたデータについて

キャッシュしたデータはブラウザのメニューバーのメニューから削除することができます。

Firefoxの場合とChromeの場合は、ブラウザのアドレス欄にそれぞれ「about:cache」「chrome://appcache-internals/」と入力すると、以下のようにオフラインWebアプリケーションでキャッシュしたデータが一覧で表示されます。

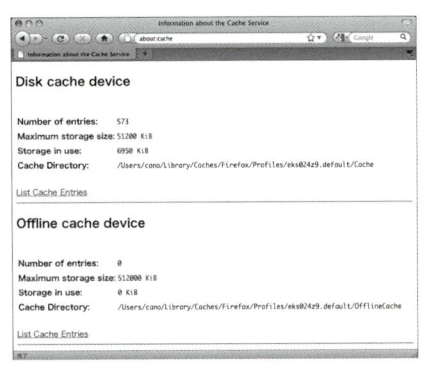

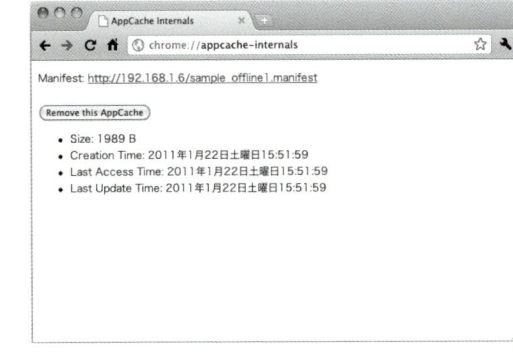

Firefoxでのキャッシュしたデータの確認　　　　Chromeでのキャッシュしたデータの確認

Firefoxでは「Offline cache device」の「Cache Directory」の下に「List Cache Entries」というリンクがあります。このリンク先で実際にキャッシュしたファイルのURLとキャッシュファイルを確認できます。Chromeの場合はキャッシュを削除するボタンが付いています。開発の際には、オフラインWebアプリケーションのキャッシュの確認と削除のためにこのようなブラウザの機能を使うことができます。

第11章

ストレージで
データを保存してみよう

この章で学ぶこと

HTML5からクライアント側にデータを保存するWeb Storageという仕様が追加されました。Web Storageを利用すると、既存のクッキーよりもより安全に、より多くのデータを永続化することができます。本章ではこのWeb Storageの概要と基本的な使い方について学びます。

Web Storageの概要

データを保存する機能という意味でストレージという概念が使われます。Web Storageとはブラウザ側でキーと値のペアの形式（key-value型）でデータを保存する機能のことをいいます。key-value型はJavaScriptでいうハッシュの形式と考えてよく、ちょっとしたデータを保存する際に手軽に利用できるという利点があります。

HTML5以前にも、ブラウザ側にkey-value型でデータを保存するクッキーという仕組みがありました。Web Storageとクッキーの機能を以下の表で比べてみます。

Web Storageとクッキーの機能

項目	クッキー	Web Storage
データの保存容量	4KB	5MB
データの有効期限	あり	なし
セキュリティ	リクエストごとにサーバーにデータを自動で送信する	データを自動で送信しない
トラフィック	リクエストごとにデータを送信するので大きい	データを送信しないため小さい

Web Storageはクッキーに比べると、データの保存容量が多く、有効期限もないことからクライアント側でのデータの管理をより自由に行うことができ、自動でデータを送信することもないのでセキュリティ的にもより安全にデータを保存することができます。

Web StorageにはsessionStorage、localStorageという2種類のストレージが用意されており、目的に応じて使い分けられるようになっています。それぞれの概要は以下の通りです。

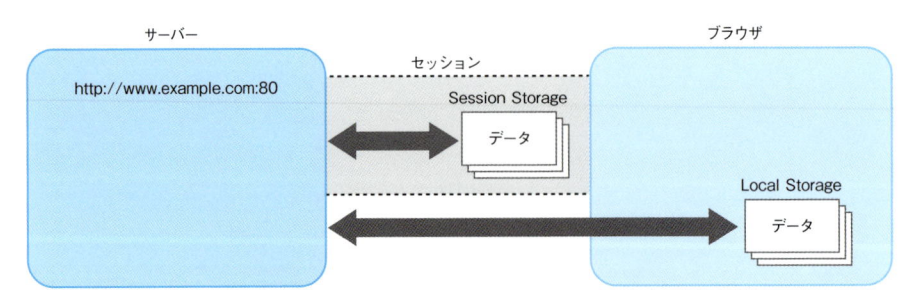

sessionStorageとlocalStorageのイメージ

■ **sessionStorage**

　sessionStorageとはウィンドウごとのセッションで有効なストレージです。ウィンドウ、タブが開いている間のみデータが保存され、ウィンドウ、タブが閉じられると、データは失われます。ウィンドウ、タブ単位で有効なストレージですので、同じドメインのサイトを別々のウィンドウで開いている場合には、ウィンドウ、タブ間でのsessionStorageは別々となります。クッキーと違ってウィンドウ間でデータが共有されることはありません。

■ **localStorage**

　localStorageとはオリジン単位でデータを永続的に保存するストレージです。オリジンとは「http://www.example.com:80」のように「プロトコル://ドメイン:ポート番号」のことです。sessionStorageと違ってオリジンが同じであれば、ウィンドウが別であってもデータを共有できます。また、ブラウザを終了してもデータが消失することはありません。

　各ブラウザの対応状況は以下の通りです。

IE	Firefox	Opera	Safari	Mobile Safari	Chrome
8以降	3.6以降	11以降	5以降	3以降	8以降

　ほぼすべてのブラウザで対応しています。HTML5内のAPIでは最もブラウザの対応が早く、すぐにでも利用することができます。また、データの保存容量は仕様で5MBが推奨されており、各ブラウザも5MBを標準の保存容量として実装しています。

Web Storage の利用例

　前述の通り、ほぼすべてのブラウザで利用できることから、すでにWeb Storageを利用したWebアプリケーションを運用しているサービスもあります。以下に著名なサイトでの利用例を挙げます。

・Amazon.co.jp

　商品詳細画面内の「この商品を買った人はこんな商品も買っています」の部分のページ番号をsessionStorageで保存しています。

・Amazon.com

　Amazon.co.jpでの使い方に加えて、直近で閲覧した商品のASIN等の情報をsessionStorageで保存しています。

・Twitter

　画面右側の「フォローしている」「フォローされている」「最近登録されたリスト」の部分のHTMLと

その部分に表示しているユーザーのアカウント、画像のURLといったデータをlocalStorageで保存しています。

　一時的に利用するデータはセッションが有効な場合のみsessionStorageで保持し、次回にアクセスするときにも利用するデータは、ブラウザを終了してもデータが消失しないようにlocalStorage内に保存されています。

JavaScriptからストレージを利用する

　sessionStorageとlocalStorageは、それぞれグローバル変数「sessionStorage」と「localStorage」で扱われます。sessionStorageとlocalStorageはともにWeb Storageのインターフェイスを継承し、同じプロパティ、メソッドを持ちます。

Web Storageを利用できる環境

　Web Storageを実行できる環境かどうかは、グローバル変数のsessionStorageまたはlocalStorgaeが存在するかどうかで判断できます。具体的には以下のような処理になります。

[リスト11-1]　オフラインWebアプリケーションの利用可否の確認　sample_session1.html（抜粋）
```
if (!typeof sessionStorage == 'undefined'){
    window.alert("このブラウザはWeb Storageを利用できません");
}
```

　JavaScript内でsessionStorageを参照することで、Web Storageを利用できない場合の処理を入れることができます。

ウィンドウごとのセッションで有効なストレージ

　ウィンドウごとのセッションで有効なストレージであるsessionStorageを使って、ストレージの扱い方を確認します。

■ データを保存する

　ストレージにデータを保存し、その後保存したデータを画面上に表示するサンプルを作成してみます。

データの保存を確認するサンプル

[リスト11-2] データの保存を確認するサンプル　sample_session1.html

```
<div id="list"></div>
<script type="text/javascript">
var storage = sessionStorage;           ←――――❶
storage.setItem('foo', 'bar');          ←――――❷
for(var i=0; i < storage.length; i++){  ←――――❸
    var _key = storage.key(i);
    document.getElementById("list").innerHTML   += _key +
    " : " + storage.getItem(_key) + "<br>";
}
</script>
```

❶ 変数storageにsessionStorageのグローバル変数であるsessionStorageを格納します。これ以降のストレージは変数storageで扱います。

❷ ストレージにkeyを「foo」valueを「bar」としたデータをsetItemというメソッドを使って保存します。

❸ ストレージ内のデータを取り出して、key：valueの形でブラウザに表示します。ストレージ内のデータの数はlengthで参照します。ストレージのkeyはkey（○番目）のプロパティで参照し、valueはgetItem(key)というメソッドで取り出しています。

ブラウザ上には❶で保存したkeyが「foo」、valueが「bar」のデータが「foo：bar」と表示されています。

Web Storageに関するメソッド、プロパティをまとめると以下のようになります。

Web Storageのプロパティ、メソッド

名前	意味
length	保存されているデータの数
key(n)	保存されているn番目のkey
getItem(key)	keyに対応するvalueを取得
setItem(key, value)	keyとvalueのペアでデータを保存
removeItem(key)	keyに対応するvalueを削除
clear()	データをすべてクリアする

これらのプロパティ、メソッドはWeb Storageインターフェイスで共通なのでsessionStorage、localStorageに関係なく使用できます。データ保存の形式がkey-value型で、他のスクリプト言語のようにsetterメソッド、getterメソッドも用意されているのでわかりやすいと思います。

またsetItem、getItemメソッドを使用せずに、そのままkeyとvalueのペアを利用して記述することもできます。keyを「foo」、valueを「bar」としたデータを保存する部分は以下のように記述することができます。

[リスト11-3] データを保存する例
```
sessionStorage.setItem("foo", "bar");
sessionStorage.foo = "bar";
sessionStorage["foo"] = "bar";
```

上記の3つの記述はすべて同じ意味になります。sessionStorage、localStorageに関係なく同じ記述が利用できます。

■ データを追加、変更する

前項のサンプルに以下の記述を追加して、データを追加、変更できるようにします。

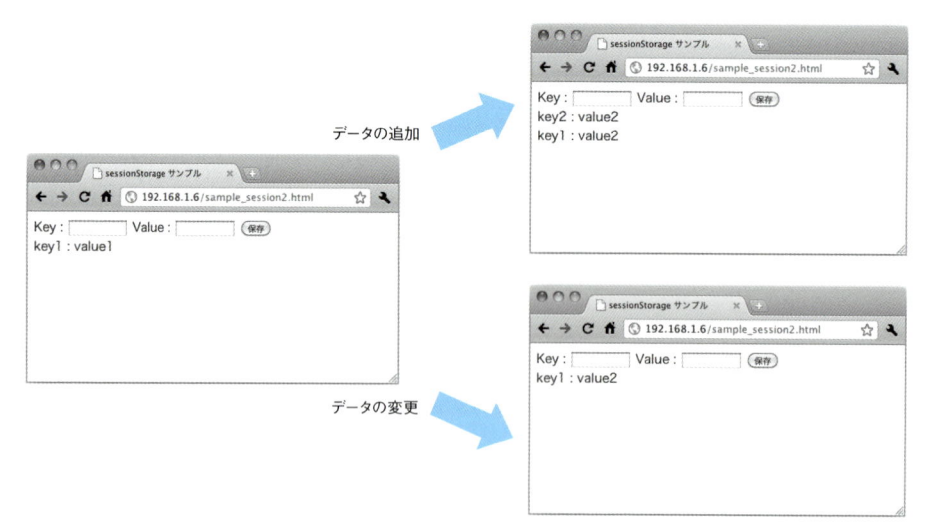

データの保存、変更を行う例

[リスト11-4] データを追加、変更する例　sample_session2.html
```
Key : <input type="text" name="key" id="key" size="10"> Value :
<input type="text" name="value" id="value" size="10"> ←--------- ❶
<input type="button" value=" 保存 " onClick="save()"> ←--------- ❷
```

```
<div id="list"></div>
<script type="text/javascript">
var storage = window.sessionStorage;
function save(){     ←--------- ❸
    var keyVal = document.getElementById("key").value;
    var valueVal = document.getElementById("value").value;
    if(keyVal && valueVal){
        storage.setItem(keyVal, valueVal);
    }
    keyVal = "";
    valueVal = "";
    list();
}
function list(){     ←--------- ❹
    var list = "";
    for(var i=0; i < storage.length; i++){
        var _key = storage.key(i);
        list += _key + " : " + storage.getItem(_key) + "<br>";
    }
    document.getElementById("list").innerHTML = list;
}
```

❶ ストレージに保存するkeyにvalueを画面から入力できるように入力欄を作成します。
❷ ボタンを作成し、ボタン押下時にデータを保存するメソッドを呼び出すようにします。
❸ ❷で呼び出されるデータを保存するメソッドの実体部分です。key、valueの入力欄に入力された値をgetElementByIdメソッドで取得し、setItemメソッドでストレージに保存します。
❹ ストレージ内のデータを取得して、画面に表示する部分をメソッドにまとめています。❸のデータ保存後にこのメソッドを呼び出して最新のデータが画面上に表示されるようにしています。

　keyとvalueを入力して「保存」ボタンを押すと、ストレージ内にkeyとvalueのペアが保存されます。またkeyを同じにしてvalueのみ変更して「保存」ボタンを押すと、既存データのvalueが上書きされてデータが変更されます。

■ データを削除する

　前項のサンプルに次の記述を追記してストレージのデータを削除できるようにします。

データの削除を行う例

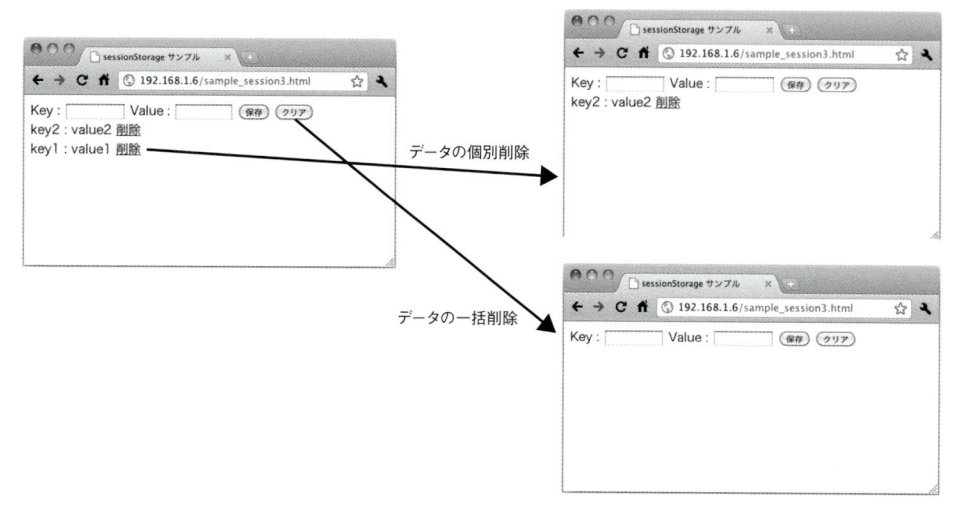

[リスト11-5] データの削除を行う例　sample_session3.html

```
<input type="button" value="クリア" onClick="reset()">     ❶
<div id="list"></div>
<script type="text/javascript">
                            略
function list(){
    var list = "";
    for(var i=0; i < storage.length; i++){
        var _key = storage.key(i);
        list += _key + " : " + storage.getItem(_key) + "  <a href=¥"#¥"
        onClick=¥"remove(" + i + "); return false;¥">削除</a><br>";    ❷
    }
    document.getElementById("list").innerHTML = list;
}
function remove(n){     ❸
    var _key = storage.key(n);
    storage.removeItem(_key);
    list();
}
function reset(){     ❹
    storage.clear();
    list();
}
```

❶ ストレージ内の全データをクリアするボタンを設置します。

❷ ストレージ内のデータを表示している部分に、該当する行のデータを1件削除するリンクを設けます。

❸ ❷で呼び出されるデータを1件削除するメソッドの実体部分です。n番目のデータのkeyをkey(n)

プロパティで取得してremveItemメソッドで削除します。

❹ ❶で呼び出される全データを削除するメソッドの実体部分です。clearメソッドを実行してストレージ内のデータをクリアします。

データの一覧表示の部分で「削除」リンクをクリックすると、n番目のデータを削除するremoveItemメソッドが呼ばれ、該当するデータのみを削除します。「クリア」ボタンを押すと全データを削除します。

■■ オリジン単位でデータを保存するストレージ

オリジン単位でデータを保存するストレージであるlocalStorageを使ってデータの保存、変更、削除の動作を確認してみます。前項でsessionStorageで利用したサンプルのstorage変数を指定する部分を変更することで、localStorageを利用したサンプルに切り替えられます。

[リスト11-6] サンプル内でlocalStorageを利用する　sample_local1.html（抜粋）
```
var storage = localStorage;
```

上記の変更のみで、localStorageを利用したサンプルが確認できます。これはlocalStorageとsessionStorageが同じインターフェイスであり、メソッドとプロパティも同じものが使えるためです。localStorageを利用した際にも、データの保存、変更、削除はsessionStorageのサンプルと同様に確認できます。

次に、ウィンドウを起ち上げた際にlocalStorage内のデータを参照するために、body要素に以下のように記述を追加します。

[リスト11-7] サンプル内でlocalStorageを利用する　sample_local1.html（抜粋）
```
<body onload="list();">
```

onload時にストレージ内のデータを一覧で表示するlistメソッドを呼び出しています。

サンプルの実行結果は次のようになります。localStorageはオリジン単位でデータ保存を行いますので、別々のウィンドウでも同じデータを参照します。

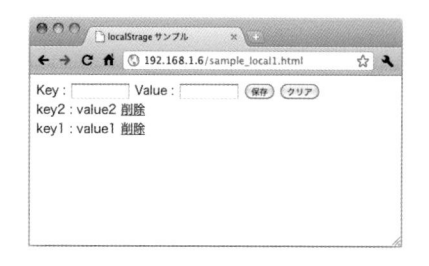

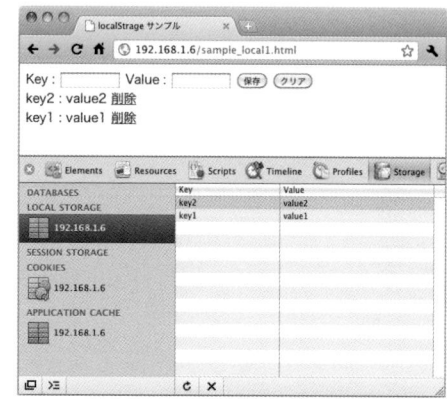

別ウィンドウでもストレージのデータが同じ

localStorageを使用した場合のデータ確認

新しくウィンドウを起ち上げて値を入力して「保存」ボタンを押すと、既存のウィンドウで入力したデータと新しく入力したデータ表示され、別のウィンドウでも同一のデータを参照していることがわかります。ブラウザを一度終了させても、再度サンプルのHTMLファイルにアクセスすると以前のデータが参照できます。

オリジンを別にした場合は、それぞれのオリジンでデータが保存されます。以下の例は同一のサイトでポートを80、8080にアクセスしてサンプルを実行した結果です。

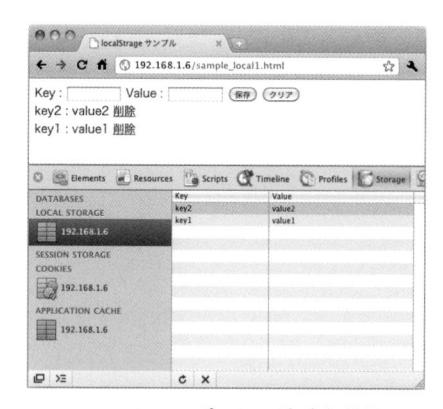

sample2.html ポート80番 実行結果

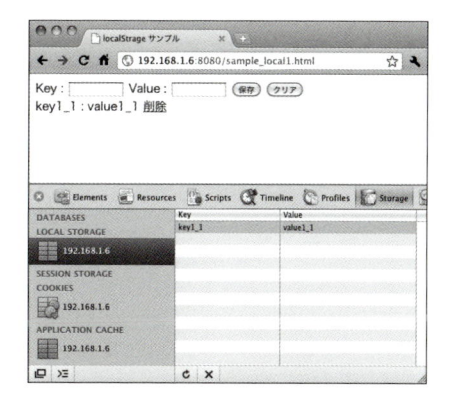

sample2.html ポート8080番 実行結果

オリジンが異なると、ウィンドウ間でlocalStorageのデータが参照できず、オリジンごとにデータが保存されていることがわかります。

■ Web Storageを利用する際の注意点

Web Storageを利用するにあたって注意する点が2点あります。オブジェクトの保存とlocalStorageのデータの混在です。それぞれについて簡単に説明します。

■ オブジェクトの保存

Web Storageは仕様上はJavaScriptのオブジェクトをそのままkey-value型のvalueに保存できることになっています。ですが、この機能を実装しているブラウザはまだなく、オブジェクトを保存しても内部でString型に変換されます。

[リスト11-8] サンプル内でlocalStorageを利用する　sample_local2.html（抜粋）

```
var storage = localStorage;
storage.setItem('key1', ["foo", "bar"]);
```

ストレージ内部を確認すると、ハッシュの ["foo", "bar"] がStringの「foo, bar」として保存されているのがわかります。ストレージ側でStringに変換される前に、JSON.stringifyメソッドを使ってJSON文字列にして保存します。データを取り出す際にJSON.parseメソッドでオブジェクトに変換します。

[リスト11-9] サンプル内でlocalStorageを利用する　sample_local2.html（抜粋）

```
var storage = localStorage;
storage.setItem('key2', JSON.stringify(["foo", "bar"]));
var data = JSON.parse(storage.getItem('key2'))
```

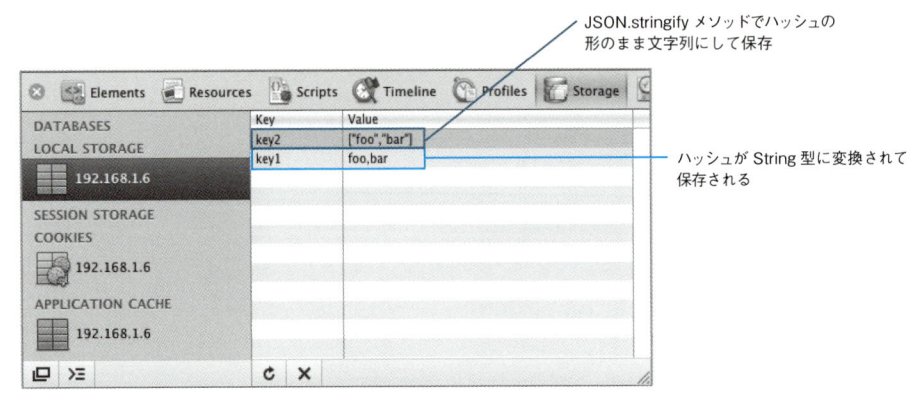

オブジェクトの保存の例

データを保存する際にJSON.stringifyメソッド、データを取り出す際にJSON.parseメソッドを間に入れることでデータをオブジェクトとして扱うことができます。

■ localStorage のデータの混在

同じドメイン内でlocalStorageを使った複数のWebアプリケーションを運用する場合、階層が違う場所でlocalStorageを使ったWebアプリケーションを使用する場合には、localStorage内のデータが混在することがあります。例を挙げると以下のような場合です。

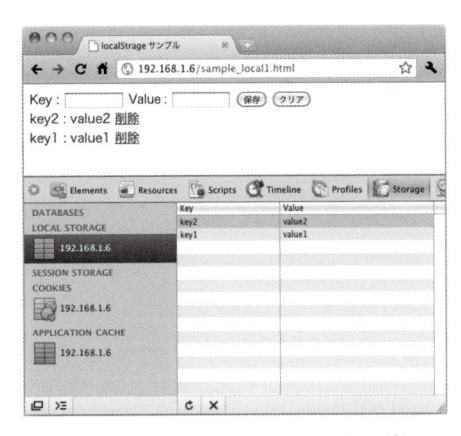

localStorageのデータの混在

上の図はトップディレクトリとsampleディレクトリ内に同一のWebアプリケーションを利用している例です。両方とも同じlocalStorageのデータを参照しています。このような場合には、データの削除処理や全件処理の際に別のデータまで一緒に処理してしまうことがあります。keyの名前が区別できるような命名規則をあらかじめ導入しておく等の対策が必要になります。

Web Storageに関するイベント

　sessionStorage、localStorageに対してデータの新規追加、変更、削除等の操作が行われると、「storage」というイベントが発生します。HTML5の他の機能では、動作単位でイベントが発生しているのに対して、Web Storageでは動作単位で発生するイベントの区別がないことに注意してください。storageイベントには以下のプロパティがあります。

名前	意味
key	イベント発生対象となったkey
newValue	keyに対する新しいvalue
oldValue	keyに対する古いvalue
url	イベントが発生したURL
storageArea	変更されたデータのストレージへの参照

　各ブラウザの対応は以下の通りです。

IE	Firefox	Opera	Safari	Mobile Safari	Chrome
9以降	3以降	未実装	未実装	未実装	9以降

　各ブラウザの対応はまちまちで、storageイベントは実装されているものの、プロパティの一部が未実装という状態です。storageイベントが発生したことを確認するために先のサンプルに以下のコードを追記します。

[リスト11-10] storageイベントの確認 sample_storageevent.html（抜粋）

```
window.addEventListener("storage", function(evt) {
    window.alert(evt);
}, false);
```

　データを新規に保存、変更、削除した場合には、以下のようにアラートが表示されます。

storageイベントの確認

　Web Storage自体は各ブラウザに実装されていますので、今後はstorageイベントのプロパティの実装が期待されています。

コラム ストレージのデータを確認するツール

　sessionStorage、localStorageのサンプルを実行したブラウザのChromeには、HTML5の機能を使った開発のためのツールが付いています。「メニュー」→「ツール」→「JavaScriptコンソール」のメニューを起ち上げます。開発ツールが起動したら、「Storage」タブをクリックします。

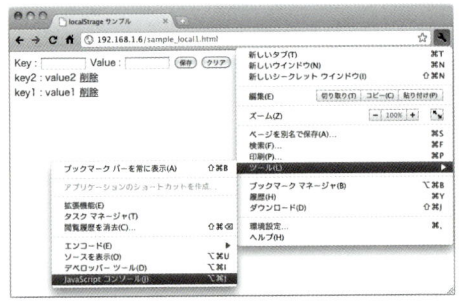

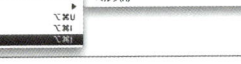

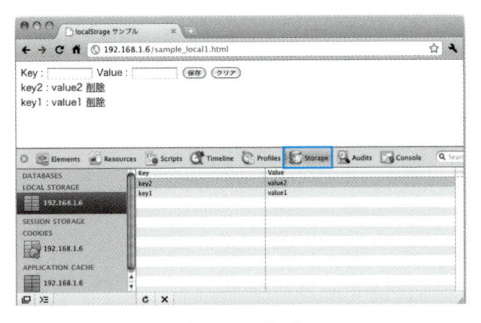

開発ツールの起動　　　　　　　　　　　　Storageタブ

　上の画面のように左側のメニューに「LOCAL STORAGE」「SESSION STORAGE」の項目があります。参照したいメニューを選択することで、ストレージのデータが確認できます。JavaScriptのメソッドで正しくデータが保存、更新、削除されているか、確認することができます。また、ツールを使ってデータの新規作成、更新、削除を行うことも可能です。開発を行う際に、JavaScript以外からストレージのデータを確認することで、JavaScript内で正しくデータを扱えているか、デバッグすることができます。Chromeだけでなく、IEやSafari、Operaでも同様の機能があります。それぞれ以下のようにしてツールを起動できます。

IE：「ツール」→「開発者ツール」→「スクリプト」→「ローカル」
Safari：「環境設定」→「詳細」→「メニューバーに"開発"メニューを表示」にした後でメニューバーの「開発」→「WEBインスペクタを表示」→「ストレージ」
Opera：「表示」→「開発者用ツール」→「OperaDragonfly」→「記憶領域」

　Firefoxでは標準ではストレージのデータを参照できる機能はありません。「FireBug」というアドオンをインストール後、「DOM」→「window」→「localStorage」「sessionStorage」でストレージのデータを参照することができます。
　これらのツールは、Web Storageのデバッグ以外にも要素のチェックやJavaScriptのエラーの検出の機能などもありますので、HTML5での開発の際に利用してみてはいかがでしょうか？

第12章

Webでデータベースを利用してみよう

> この章で学ぶこと

HTML5からクライアント側にリレーショナルデータベースを持つWeb SQL Database、Indexed Database APIという仕様が追加されました。本章ではこの2つの仕様と現状、基本的な使い方について説明します。

HTML5でのデータベースに関する仕様と現状

　HTML5から追加されたクライアント側でデータベースを利用できる仕様にはWeb SQL Database、Indexed Database APIの2つがあります。両者の根本的な違いは、前者はSQLを利用できる仕組み、後者はSQLを使わない仕組みという点になります。SQLとは、リレーショナルデータベース上でデータを操作するための問い合わせ言語です。SQLでは、利用するリレーショナルデータベースのシステムによって、違いが生じる場合があります。このため、SQLを使用する汎用的な仕組みを作ることが難しく、Web SQL Databaseの仕様の策定はしばらく止まっていました。仕様の策定が止まっている間にも、SafariとChromeではブラウザへの実装は進んでいましたが、2010年11月18日にW3CのWeb SQL Databaseのページに以下のメッセージが掲載され、仕様自体が廃止となる旨が発表されました。

　「Beware. This specification is no longer in active maintenance and the Web Applications Working Group does not intend to maintain it further.」

　訳）この仕様は管理を中止しており、将来的にも管理するつもりはありません。

W3CのWeb SQL Databaseのページ
http://www.w3.org/TR/webdatabase/

　Web SQL Databaseのドキュメント自体はW3Cのページから削除されておらず、「使ってはいけない」とも「使っていい」とも記載されていません。今後は各自の責任で利用するように告知された形となっています。Web SQL Databaseの現状はこのような状態ですが、SafariとChromeが今後ブラウザの仕様からWeb SQL Databaseの機能を削除する可能性は低いと思われますので、本章では基本的な使い方を説明します。

　一方、Indexed Database APIはWeb SQL Databaseの後で仕様が発表されたAPIです。データベースはkey-value型ですが、インデックスを作成できたり、トランザクションが使えるという機能を持ちます。

Web SQL Database

　Web SQL Databaseではリレーショナルデータベースを扱います。SQLを使っての複雑な検索やトランザクションの利用も可能ですので、すでにSQLを使った開発を行っている開発者にとっては馴染みやすい仕様です。Web SQL Databaseのデータベース構造のイメージは以下の図の通りです。

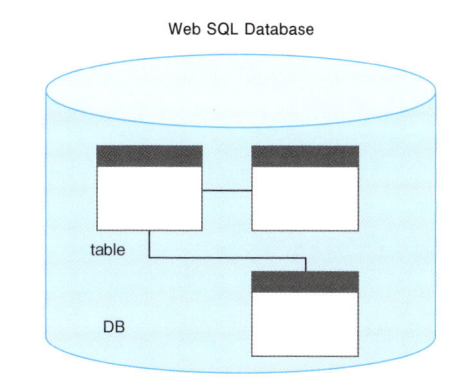

Web SQL Databaseのデータベース構造のイメージ

　MySQLやPostgreSQLと同様にデータベースの中にレコードを格納するテーブルが複数存在する構造です。

　各ブラウザの対応状況は以下の通りです。

IE	Firefox	Opera	Safari	Mobile Safari	Chrome
未実装	未実装	10.5以降	3.2以降	3以降	3.0以降

　Web SQL DatabaseはIE、Firefoxの2つのシェアの高いブラウザは対応していないものの、Safari、ChromeといったWebKitを利用したブラウザが対応していることから、スマートフォンではすでに実装済みの仕様となります。スマートフォンでは電波状況によってWebアプリケーションのレスポンスが遅くなりがちです。端末側でリレーショナルデータベースが利用できるということは、Webアプリケーションの機能の一部を端末側で実装することもでき、非常に便利な機能です。

　Web SQL DatabaseはSQLを実行することでデータベースを利用します。データベースの利用には同期APIと非同期APIがあります。同期APIはワーカの中でのみ利用可能となっています。ワーカ内でのAPI利用は本章の趣旨と外れますので、本章では非同期APIでのデータベース利用の説明のみとします。

Web SQL Database を取得できる環境

Web SQL Databaseが利用できる環境かどうかは、windowオブジェクト内にopenDatabaseというオブジェクトが存在するかどうかで判断できます。具体的には以下のような処理になります。

[リスト12-1] Web SQL Database の利用可否の確認　sample_sql1.html（抜粋）

```
if (!window.openDatabase){
    window.alert("このブラウザはWeb SQL Databaseを利用できません");
}
```

JavaScript内で「window.openDatabase」を参照することで、Web SQL Databaseを利用できない場合の処理を入れることができます

ブラウザから SQL を実行する

Web SQL Databaseを使ってデータベース作成、テーブル作成、データ挿入の作業を行い、その後作成したテーブルのデータを表示するサンプルを作成してみます。

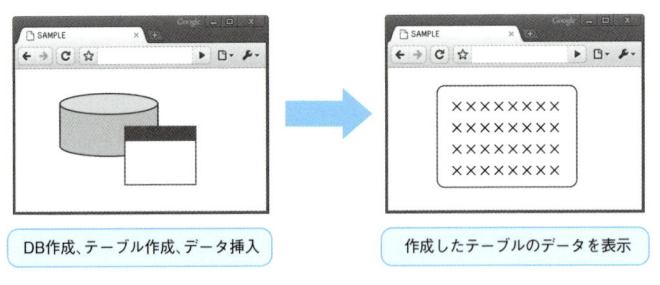

DB作成、テーブル作成、データ挿入　　作成したテーブルのデータを表示

簡単なSQLを実行するサンプル

[リスト12-2] 簡単なSQLを実行するサンプル　sample_sql1.html（抜粋）

```
<div id="list"></div>
<script type="text/javascript">
var data = [["google", "http://www.google.co.jp/"],["apple",
"http://www.apple.co.jp/"],
            ["mozilla", "http://mozilla.jp/"],["opera",
            "http://jp.opera.com/"]];    ←----------❶
var db = window.openDatabase('sample', 1.0, 'my db', 1024*1024);    ←----------❷
initDB();
function initDB(){    ←----------❸
    db.transaction(function(tx){
        tx.executeSql('CREATE TABLE IF NOT EXISTS sites
        (id INTEGER PRIMARY KEY, TITLE TEXT NOT NULL, URL TEXT NOT NULL)');
        for(var i=0; i< data.length; i++){
            var item = data[i];
```

```
            tx.executeSql("INSERT INTO sites(TITLE, URL) VALUES (?,?)",item);
        }
    });
    getList();
}
function getList(){    ←---------- ❹
    var list = "";
    db.transaction(function(tx){
        tx.executeSql("SELECT * FROM sites", [], function(tx, rs) {
            var html = "";
            for (var i = 0, j = rs.rows.length; i < j; i++) {
                var row = rs.rows.item(i);
                html += " <li><a href=¥"" + row.URL + 
                    "¥" target=¥"_blank¥">" +  row.TITLE + "</a></li>";
            }
            document.getElementById('list').innerHTML = html;
        },function(error){window.alert(error.message);});
    });
}
</script>
```

❶ テーブルに格納するデータを定義します。

❷ データベースをオープンします。名前を「sample」、バージョンを「1.0」、表示名を「sample db」、サイズの見積もりを「1024*1024」で指定します（234ページ参照）。

❸ オープンしたデータベースのtransactionメソッド内にコールバック関数でデータベースの処理を指定します（234ページ参照）。ここでは、テーブルを作成し、❶で定義したデータをテーブルに格納しています。

❹ ❸でテーブルに格納したデータを取り出して表示するメソッドです。❸と同様にオープンしたデータベースのtransactionメソッド内にコールバック関数でSQL文を実行しています（235ページ参照）。SQL実行後に渡されるSQLResultSetオブジェクトからデータを取り出して画面に表示しています（236ページ参照）。

サンプルを実行すると以下のようにテーブルに格納したデータが表示されます。

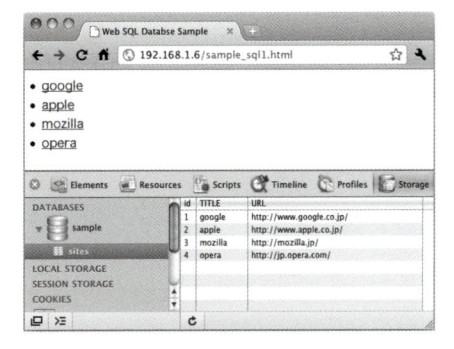

簡単なSQLを実行するサンプル

ブラウザの開発ツールから見ると、ローカルのDBにテーブルが作成され、値も格納されているのが確認できます。

サンプル内のデータベースでの処理に関するメソッドを順番に説明します。

1.データベースをオープンする

データベースをオープンする際には、openDatabase関数を使います。戻り値はデータベースにアクセスするDatabaseオブジェクトのインターフェイスとなります。

openDatabase 関数

書式　　var db = window.openDatabase(name, version, displayName, estimatedSize, creationCallback);

openDatabase関数の引数

名前	意味
name	データベースの名前
version	データベースのバージョン
displayName	データベースの表示名
estimatedSize	データベースのサイズの見積もり（バイト指定）
creationCallback	処理が完了した場合に呼び出されるコールバック関数（省略可）

データベースの名前、バージョン、表示名には任意のものを利用することができます。初回のオープンの際にデータベースが作成されるので、存在確認等の処理は必要ありません。

2.SQLを実行する

SQLの実行は、オープンしたデータベースオブジェクトの transaction メソッドで行います。メソッドに引数としてコールバック関数を指定することでSQLの実行を行います。

transaction メソッド

書式　　db.transaction(callback, errorCallback, successCallback);

各引数の意味は以下の通りです。

transactionメソッドの引数

名前	意味	省略
callback	トランザクション内で実行する処理を行うコールバック関数	不可
errorCallback	トランザクション内でエラーが発生した場合に呼び出されるコールバック関数	可
successCallback	トランザクションが成功した際に呼び出されるコールバック関数	可

callbackにSQLTransactionオブジェクトというオブジェクトが渡され、errorCallbackにはエラーの際に発生したSQLErrorオブジェクトというオブジェクトが渡されます。transactionメソッドのコールバック関数はこれらの引数を受け取るため、具体的には次のように書かれます。

コールバック関数を含んだ transaction メソッド

書式
```
db.transaction(
        function(tx){      トランザクション内での処理   },
        function(error){   エラー発生時の処理          },
        function(){        成功時の処理               }
    );
```

エラー発生時に渡されるSQLErrorオブジェクトにはmessageというプロパティがあり、messageプロパティを参照することでエラーの原因がわかります。

3.SQLの実行結果を処理する

SQLの実行は前述の通り、transactionメソッドのコールバック関数で行います。具体的にはコールバック関数に渡されるSQLTransactionオブジェクト内のexecuteSqlメソッドを利用します。executeSqlメソッドの使い方は以下の通りです。

executeSql メソッド

書式　　tx.executeSql(sqlStatement, arguments, callback, errorCallback);

上記コード内の「tx」がSQLTransactionオブジェクトになります。executeSqlメソッドの引数の意味は以下の通りです。

executeSqlメソッドの引数

名前	意味	省略
sqlStatement	SQL 文	不可
arguments	プレースフォルダ内の「?」を置換する値の配列	可
callback	SQLの実行が成功した際に呼び出されるコールバック関数	可
errorCallback	SQLの実行が失敗した際に呼び出されるコールバック関数	可

executeSqlメソッドでは、他のプログラム言語と同様にプレースホルダを利用してのSQLの実行が可能です。executeSqlメソッドでSQLを実行する場合は、セキュリティの観点からプレースホルダを利用すべきです（236ページ参照）。

SQLの実行が成功した場合には、成功時に呼ばれるコールバック関数にSQLTransactionオブ

ジェクトとSQLの実行結果が格納されるオブジェクトである**SQLResultSetオブジェクト**が渡されます。SQL実行が成功した際のコールバック関数では以下のようにSQLTransactionオブジェクト、SQLResultSetオブジェクトを引数として次のように記述します。

SQL実行が成功した際のコールバック関数

| 書式 | function(tx, rs){　　SQL実行が成功した際の処理　　}, |

また、SQLResultSetオブジェクトには以下のプロパティがあります。

SQLResultSetオブジェクトのプロパティ

名前	意味
rows	（SELECT時の）取得したレコードの配列
rowsAffected	（UPDATE／DELETE時の）処理されたレコードの数
insertId	（INSERT時の）作成されたレコードのID

　SQLResultSetオブジェクト内のレコード数はrowsプロパティで参照できる配列の長さで取得できます。rowsプロパティで参照できる配列の0番目から順番に参照していくことで、取得したレコードの1行単位での処理を行うことができます。

コラム　SQL実行時のプレースホルダ利用について

　プログラムの中に以下のように入力値を受け取って、SQL文を作成し、実行する部分があったと仮定します。

［リスト12-3］SQLの例
```
SELECT * FROM users WHERE id = '入力値';
```

　上記のSQL文で入力値に「' OR 'A' = 'A」という値が指定された場合、実行されるSQL文は以下のようになります。

［リスト12-4］不正なSQLの例
```
SELECT * FROM users WHERE id = '' OR 'A' = 'A';
```

　この場合は、usersテーブルの全レコードがSELECTされることになり、入力値の値で予期せぬSQLが不正に実行されることになります。その他にも入力値の中にSQL文で特別な意味を持つ文

字（メタ文字）を含ませることによって、不正なSQL文が実行され、不正なデータの取得や破壊が行われることがあります。

　このような事態を防ぐために、メタ文字をエスケープさせてSQLを実行するようにします。その方法の1つにプレースホルダを使う方法があります。プレースホルダとは以下のようにあらかじめSQL文を定義しておき、SQLを実行する段階で「?」の部分にパラメータを指定できる機能です。

［リスト12-5］　プレースホルダを利用したSQLの例
```
SELECT * FROM users WHERE id = ?
```

　プレースホルダを利用することで、「?」の部分では、メタ文字を自動的にSQL文に影響しない別の文字列に変換するエスケープ処理が行われ、パラメータによる不正なSQLの実行を防ぐことができます。

Indexed Database API

　Web SQL Databaseが廃止されたことから、今後データベースを利用する仕様はIndexed Database APIを中心に策定されると考えられます。Indexed Database APIでいうデータベースとは、データベース内にJavaScriptのオブジェクトをkey-value型で保存できるオブジェクトストアを複数持つことができる構造化されたストレージのデータベースです。Indexed Database APIのデータベース構造のイメージは以下の図の通りです。

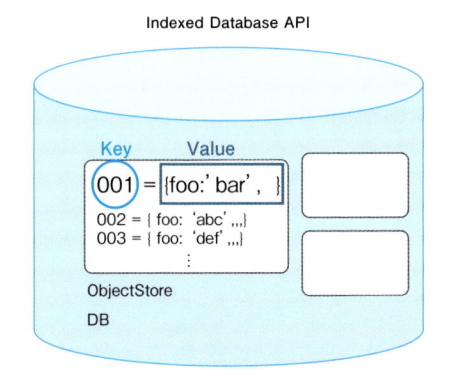

Indexed Database APIのデータベース構造のイメージ

オブジェクトストアはリレーショナルデータベースのテーブルに相当し、オブジェクトストア内に保存されている1つ1つのオブジェクトがテーブルのレコードに相当します。オブジェクトストアは検索のためのインデックスの作成やトランザクション制御を行うことができます。オブジェクトストアでは、keyの指定のみでデータを取り出すことができます。非常に使いやすい仕様ですが、まだ機能を完全な形で実装しているブラウザがありません。

各ブラウザの対応状況は以下の通りです。

IE	Firefox	Opera	Safari	Mobile Safari	Chrome
未実装	4.8以降	未実装	未実装	未実装	9以降

2010年12月現在でFirefoxとChromeの開発版が一部の機能を実装している段階です。さらにいえば、Mozilla側からもW3Cに対してIndexed Database APIの改善の提案を行っており、今後仕様が変わる可能性もあります。

▍Indexed Database APIの基本的な使い方

Indexed Database APIを使って、オブジェクトストアの作成、データ投入、インデックス作成、データ取得までの流れを簡単に説明します。

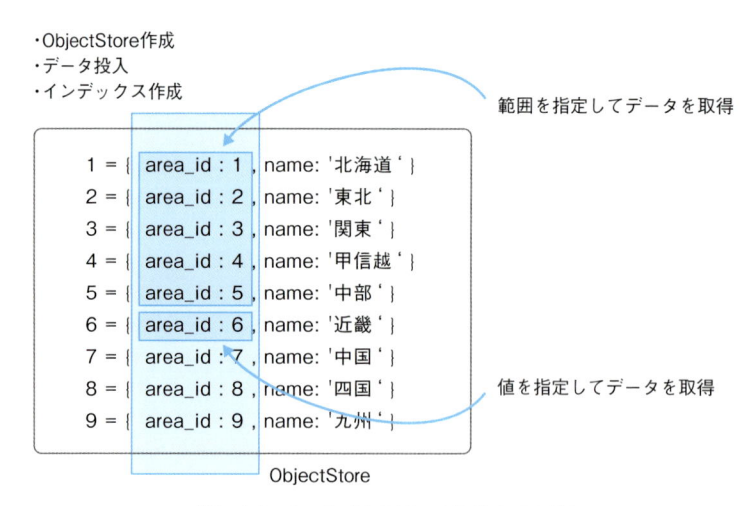

オブジェクトストア作成からデータ取得までの流れ

[リスト12-6] オブジェクトストア作成からデータ取得まで sample_index1.html（抜粋）

```
var db;
var areas = [{area_id : 1, name: '北海道'},{area_id : 2,name: '東北'},
             {area_id : 3,name: '関東'}
            ,{area_id : 4,name: '甲信越'},{area_id : 5,name: '中部'},
             {area_id : 6,name: '近畿'}
            ,{area_id : 7,name: '中国'},{area_id : 8,name: '四国'},
             {area_id : 9,name: '九州'}];       ◀----------- ❶
// DB 作成
var indexedDB = window.indexedDB || window.webkitIndexedDB ||
window.moz_indexedDB || window.mozIndexedDB;  ◀----------- ❷
var request = indexedDB.open("sample");
request.onsuccess = function(event)  ◀----------- ❸
{
    var version = "1.0";
    var db = event.result;
    if (db.version !== version)  ◀----------- ❹
    {
        db.removeObjectStore("area").onsuccess = function(event)
        {
            var store = db.createObjectStore("area", "area_id", false);
            store.onsuccess = function(event) {
                for (var index = 0; index < areas.length; index++) {
                    var obj = areas[index];
                    area.add(obj);
                }
            }
            db.setVersion(version);
        };
    }
}
// インデックス作成
var areaInx = db.createIndex("area_index", "area", "area_id", false);  ◀----------- ❺
// データ 1 件取得
var area= areaIdx.getObject(1);
// データ複数取得
var areaNames = [];
var areaIndex = areaStore.index("area_index");  ◀----------- ❻
var keyRange = new KeyRange().bound(1,5);
areandex.openObjectCursor(keyRange).onsuccess = function(event) {
    var cursor = event.result;
    if ( cursor ) {
        areaNames.push(cursor.value);
        cursor.continue();
    }
}
```

Indexed Database API | **239**

❶ オブジェクトストアに保存するデータです。

❷ Indexed Database APIで使用するデータベースのインターフェイスはグローバル変数「indexedDB」になります。ここではベンダープレフィックス（89ページ参照）を考慮してChrome、FirefoxでのindexedDBを考慮しています。「sample」という名前のデータベースをオープンします。

❸ データベースにオープンできた場合の処理をonsuccessイベントハンドラで指定しています。オープンしたデータベースは、イベントのresultプロパティで参照できます。

❹ オープンしたデータベースのバージョンが、期待したものと違う場合は、オブジェクトストアを初期化します。データベースから既存の「area」というオブジェクトストアを削除します。削除処理が成功した場合の処理をonseccessイベントハンドラで指定しています。サンプルではareaの名前でオブジェクトストアを作成し、❶のデータを保存しています（241ページ参照）。

❺ areaオブジェクトストアのarea_idプロパティにインデックスを作成しています（243ページ参照）。その後、getObjectメソッドでarea_idが1のデータを取得しています。

❻ インデックス内でキーの範囲を指定してデータを取得する処理です。area_idインデックスのarea_idが1から5の範囲でデータを取得する処理になります（243ページ参照）。

非同期APIでの処理なので、イベントを経由して次の処理につなげることになります。

1.データベースをオープンする

データベースをオープンする際には、indexedDBのopen関数を使います。戻り値は「IDBRequest」という非同期APIの結果にアクセスするインターフェイスになります。

open 関数

書式　　var req = window.indexedDB.open("DBの名前", "DBの表示名");

DBの表示名は省略できます。戻り値であるIDBRequestは以下のようなイベントハンドラを属性に持っています。

IDBRequestの持つイベントハンドラ

イベントハンドラ名	イベント名	イベントの発生のタイミング
onsuccess	success	データベースのオープンが成功した
onerror	error	データベースのオープンが失敗した

データベースをオープンした後の処理は、これらのイベントハンドラを通して処理を行います。イベントハンドラで指定した関数でイベントの内容を受け取ってその後の処理につなげます。

現在のところ、indexedDBにはブラウザベンダーがベンダープレフィックスを付けて実装しています。ベンダープレフィックスを付けた主なindexedDBは次の通りです。

ベンダーごとのindexedDBの定義

indexedDB名	対応ブラウザ
webkitIndexedDB	Chrome 9
moz_indexedDB	Firefox 4.8
mozIndexedDB	Firefox 4.9

　上記のindexedDBはすべて開発版のブラウザに対するものです。Indexed Database APIの仕様が固まり次第、統一されるものと予想されています。

2.オブジェクトを保存する

　オープンしたデータベースにデータを保存するためには、ObjectStoreというオブジェクトを利用します。ObjectStoreとはオブジェクトを保存しておく構造体で、リレーショナルデータベースのテーブルに近いイメージです。

　ObjectStoreを新規に作成する場合は、createObjectStoreというメソッドを使います。データベースをオープンする際に発生するイベントのresultプロパティでデータベースのオブジェクトが参照し、createObjectStoreメソッドを実行します。具体的な使い方は以下の通りです。

createObjectStore メソッド

| 書式 | var req = window.indexedDB.open("DBの名前", "DBの表示名");
　　req.onsuccess = function(event){
　　　　var db = event.result; db.createObjectStore(name, keyPath, autoIncrement);
　　} |

　createObjectStoreメソッドには「name」「keyPath」「autoIncrement」の引数の意味は以下の通りです。

createObjectStoreメソッドの引数

名前	意味
name	作成するObjectStoreの名前
keyPath	作成するObjectStore内で使うkeyの名前
autoIncrement	keyのプロパティに自動的に連番を付けるか（true／false）

　既存のObjectStoreを参照する場合はobjectStoreメソッドを使います。具体的な使い方は次の通りです。

既存の objectStore のオープン

書式　　db.ObjectStore("objectStore の名前 ", " モード 0: 読み書き可能 1: 参照のみ ", " タイムアウト : ミリ秒 ");

　ObjectStore の「モード」、「タイムアウト」の引数は省略可能です。省略した場合は「参照のみ」のモードとなります。

3.データを保存、参照、削除する

　実際にオブジェクトを扱う際にはObjectStoreのメソッドを利用します。ObjectStoreの主なメソッドは次の通りです。

createObjectStore メソッドの引数

名前	概要
add(オブジェクト)	オブジェクトを保存する
remove(オブジェクトのキー)	オブジェクトを削除する
get(オブジェクトのキー)	オブジェクトを取得する
openCursor	複数のデータを取得する（243 ページ参照）
createIndex	インデックスを作成する（下記参照）

　objectStoreへのデータ追加は以下の書式のようになります。

objectStore のデータ追加

書式　　objectStore.add({ key1 : 'value1', key2 : ' value2 ' … });

　areaプロパティの値に「関東」、prefectureプロパティの値に「東京都」が入れると、次のようになります。

[リスト12-7] objectStore のデータ追加の例

```
objectStore.add({ area : '関東', prefecture : '東京都' });
```

4.インデックスの作成

　ObjectStoreにはkey以外にインデックスを作成することができます。インデックスの作成は前述のcreateIndex メソッドで行います。

createIndex メソッド

書式　　db.createIndex(" 作成する index の名前 ", "objectStore の名前 ", " プロパティ名 ", " ユニークにするか (true / false で指定)");

前項で作成したObjectStoreのprefectureのエリアIDにインデックスを作成して、エリアIDが「3」のオブジェクトを取得する例は以下のようになります。

[リスト12-8] objectStore メソッドの使い方

```
var areaInx = db.createIndex("area_index", "area", "area_id", true);
var area = areaIdx.getObject(3);
```

作成したインデックスに対してgetObjectメソッドで値を指定してオブジェクトを取得します。

5.データの取得

インデックスを参照してデータを取得するメソッドには以下のものがあります。インデックスのキーに対する値や範囲を指定して利用します。

インデックス内のデータ取得に関するメソッド

メソッド名	概要
openObjectCursor(キーの範囲、並び順)	指定されたキーの範囲での objectStore を参照できるカーソルを返却
openCursor(キーの範囲、並び順)	指定されたキーの範囲でのインデックスの値を参照できるカーソルを返却
getObject(キーの値)	指定されたキーの値に相当する objectStore を返却。複数ある場合には最初の 1 件を返却

複数のデータを取得する場合は、戻り値は複数の値が格納され、順番に参照できるカーソルというオブジェクトで返却されます。複数のデータを取得した後の処理は以下の書式のようになります。

openObjectCursor メソッド

書式　　[インデックス].openObjectCursor(キーの範囲).onsuccess = function(event) {
　　　　　　var cursor = event.result;
　　　　　　if (cursor) {
　　　　# 処理
　　　　　　　　cursor.continue();
　　　　　　}
　　　　}

Indexed Database API

データ取得メソッドのonsuccessイベントハンドラ内で、データ取得後の処理を行います。イベント内のresultプロパティを参照して結果を受け取った後に、処理を行います。このあたりの仕様はまだブラウザに反映されていませんので、仕様から類推しています。返却されたカーソルはcontinueメソッドで次のレコードを参照できますので、ここでwhileやfor文で取得したデータ1件単位での処理を行うことになると予想されています。

　Indexed Database APIの仕様がまだ確定されていない以上、今後新しいオブジェクト参照の機能が追加されることは十分に予想できます。

第13章

異なるドメイン間での通信を行ってみよう

この章で学ぶこと

HTML5からリアルタイムでの異なるドメイン間の通信が可能となりました。異なるドメイン間での通信には2つの方法があり、1つはクロスドキュメントメッセージングといい、MessageEventというDOMイベントのインターフェイスを介して異なるオリジン間（プロトコル、ドメイン、ポート番号の組み合わせ）でデータのやり取りを行う技術です。もう1つはXMLHttpRequestの次のバージョンとなるXMLHttpRequest Level2を使う方法です。両方とも従来ならばPHPやPerl等で作成したアプリケーションを経由しなければ実装できなかった技術です。非常に便利ですが、その反面、セキュリティ上の対策を行ったうえで利用しなければなりません。本章ではこの2つの仕様の概要と基本的な使い方について説明します。

クロスドキュメントメッセージング

クロスドキュメントメッセージングはその名前の通り、異なるオリジンでもウィンドウ、フレーム間でメッセージのやり取りが可能となる仕組みのことです。

通常はサーバーサイドのアプリケーションを介さずに直接JavaScriptでiframe内の異なるドメインのDOMにはアクセスすることはできません。以下のようにiframe要素で呼び出している異なるウィンドウのdocumentをJavaScriptを使って取得しようとするとエラーになります。

[リスト13-1] JavaScriptで別ドメインのdocumentを参照した場合のエラー　sample_xdm1.html（抜粋）

```
<iframe id="frame" src="http://www.yahoo.co.jp" width="100%"></iframe>
<script type="text/javascript">
window.addEventListener("load",
    function(){
        var frame = document.getElementById("frame")
        window.alert(frame.contentWindow.document);
    }
, true);
</script>
```

JavaScriptで別ドメインのdocumentを参照した場合のエラー

　JavaScriptのコンソールで確認すると、ドメイン、プロトコル、ポート番号が一致しない限りアクセスできない旨のメッセージが確認できます。このようにセキュリティ上の制約があり、アクセスは許可されていません。

　クロスドキュメントメッセージングでは、postMessageという新しく新しく定義されたメソッドを利用して異なるオリジンでもウィンドウ、フレーム間でメッセージのやり取りがを行うことができます。postMessageメソッドを利用した通信のイメージは以下の通りです。

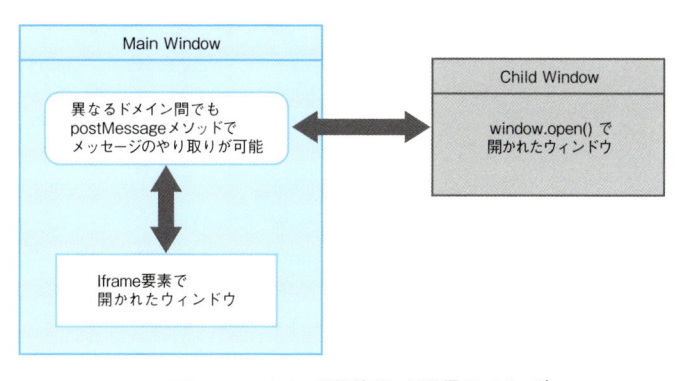

postMessageメソッドを利用した通信のイメージ

　仕組みとしては非常にシンプルで、サーバーサイドのアプリケーションを介さずにガジェットにメッセージを送り何らかの動作を行わせたり、ガジェットから処理結果を受け取ったりといった使い方が考えられています。各ブラウザの対応状況は以下の通りです。

IE	Firefox	Opera	Safari	Mobile Safari	Chrome
8以降	3.0以降	9.6以降	4.0以降	3以降	2.0以降

クロスドキュメントメッセージング　247

IE8では実装済みとされていますが、メッセージを受信する際のイベントのプロパティが参照できない等、完全な形での実装ではありません。

異なるオリジンのフレームにメッセージを送信する

postMessageメソッドを使って異なるオリジンのフレームにメッセージを送信し、返信を確認するサンプルを作成してみます。

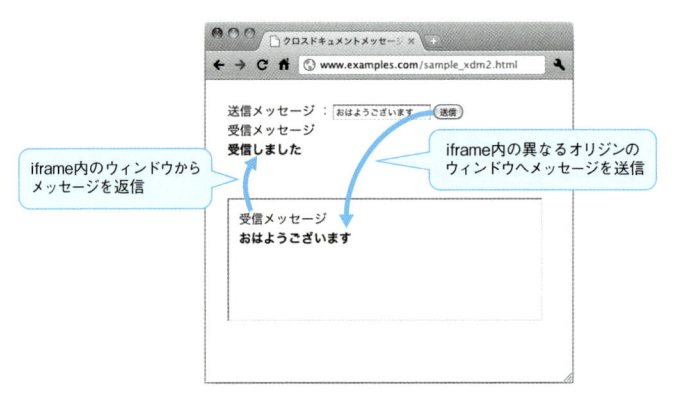

異なるオリジンのフレーム間でのメッセージ送受信の例

[リスト13-2] 異なるオリジンのフレーム間でのメッセージ送受信の例　sample_xdm2.html（抜粋）

```
<script type="text/javascript">
var targetOrigin = "http://iframe.examples.com";  ←----------①
window.addEventListener("message",  ←----------②
    function(e){
        if (e.origin == targetOrigin) {
            var text = document.getElementById("receive").innerHTML;
            document.getElementById("receive").innerHTML =
            htmlEscape(e.data) + "<br>" + text;
        }
    }
, true);
function send() {  ←----------③
    var str = document.getElementById("message").value;
    document.getElementById("centerFrame").contentWindow.postMessage
    (str, targetOrigin);
}
function  htmlEscape(_strTarget){  ←----------④
    var div = document.createElement('div');
    var text =  document.createTextNode('');
    div.appendChild(text);
    text.data = _strTarget;
    return div.innerHTML;
```

```
}
function replace( targetStr, searchStr, replaceStr ){
    var replaceArray = targetStr.split(searchStr);
    return replaceArray.join(replaceStr);
}
</script>
送信メッセージ：<input type="text" id="message" name="message" value="">↵
<input type="button" value="送信" onClick="send()"><br>
受信メッセージ<br>
<strong id="receive"></strong><br><br>
<iframe id="centerFrame" src="http://iframe.examples.com/sample_xdm3.html" ↵
width="400"></iframe>
```

❶ 通信を行う相手のオリジンを定義します。ここではiframe要素で参照するURLのオリジンが対象です。

❷ メッセージを受信した際の処理を、メッセージイベントのイベントリスナに登録します（251ページ参照）。メッセージイベント内のoriginプロパティを参照した値が❶で定義したオリジンと同じだった場合のみ、処理を行います。受け取ったメッセージをエスケープして（❹）idが「receive」のstrong要素内のinnerHTMLに受信した順に改行して表示していきます。

❸ 「送信」ボタンで呼ばれるメッセージを送信するメソッドです。iframe要素にidで「centerFrame」を割り振っていますので、document.getElementById("centerFrame").contentWindowでiframe要素で呼ばれるウィンドウのオブジェクトを取得できます。このウィンドウオブジェクトのpostMessageメソッドを実行して、メッセージを送信します。

❹ HTMLエスケープ処理を行うメソッドです。一度空のdiv要素を作成し、そのテキストノードに文字列を指定して、その後に取り出すとHTMLエスケープされた文字列が取得できます。メッセージ内に悪意のあるJavaScriptのコードが存在した場合に、そのまま実行してしまうのを回避するためにHTMLエスケープ処理を行うメソッドを設けています。

次にiframe要素で呼び出される側のウィンドウを作成します。親となるウィンドウと同様に、メッセージ受信時の処理、送信時の処理を定義します。

[リスト13-3] iframe要素で呼び出される側のウィンドウ sample_xdm3.html（抜粋）

```
<script type="text/javascript">
var targetOrigin = "http://www.examples.com"; ◀---------- ❶
window.addEventListener("message", ◀---------- ❷
    function(e){
        if (e.origin == targetOrigin) {
            var text = document.getElementById("receive").innerHTML;
            document.getElementById("receive").innerHTML = htmlEscape(e.data) ↵
            + "<br>" + text;
             e.source.postMessage('受信しました', targetOrigin);
        } else {
```

```
        }
    }
, true);
```
―――――――――――――― 略 ――――――――――――――
```
</script>
受信メッセージ <br>
<strong id="receive"></strong>
```

❶ 通信を行う相手のオリジンを定義します。ここでは親となるウィンドウのURLのオリジンが対象です。
❷ 親となるウィンドウと同様にメッセージを受信した際の処理をメッセージイベントに登録しています。こちらは受信したメッセージを画面に表示した後に、「受信しました」というメッセージを返信する処理をしています。メッセージを送信したウィンドウのオブジェクトはメッセージイベントのsourceプロパティを参照して取得できるので、このウィンドウのオブジェクトのpostMessageメソッドを実行してメッセージを送信しています。

サンプルを実行すると、以下のような動作が確認できます。

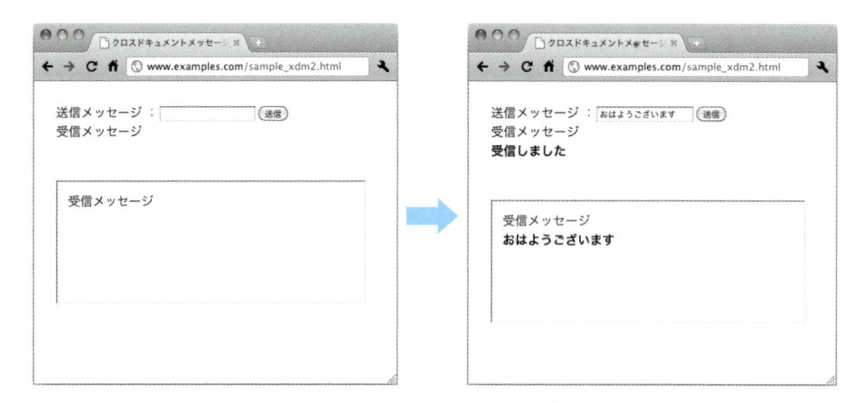

異なるオリジンのフレーム間でのメッセージ送受信の動作

iframe要素で開かれている異なるオリジンのウィンドウに対してメッセージを送信すると、iframeのウィンドウに送信したメッセージが表示され、iframe側から送信されたメッセージがメインのウィンドウにも表示されます。異なるオリジン間のウィンドウでpostMessageメソッドメッセージの送受信が行われていることが確認できます。

postMessageメソッドを利用する際の書式は以下の通りです。

postMessage メソッド

| 書式 | otherWindow.postMessage(message, targetOrigin); |

各パラメータの意味は以下の通りになります。

postMessageメソッドのパラメータ

名前	意味
otherWindow	メッセージ送信先となるウィンドウのオブジェクト
message	送信するメッセージ
targetOrigin	メッセージ送信先のオリジン

　otherWindowは、iframe要素のcontentWindowプロパティで参照できるオブジェクト、JavaScriptのwindow.open()メソッドで返却されるオブジェクトになります。

　postMessageメソッドで送信されたメッセージは、MessageEventというイベントのインターフェイスを通して受け取れます。また、MessageEventは、windowのonmessageというイベントハンドラを経由して受け取ることもできます。MessageEventを受け取る際のコードの例は以下のようになります。

[リスト13-4] MessageEventを受け取る例

```
window.addeventListener("message",
    function messageGet(e){
        window.alert(e.data);
    }
, true);
window.onmessage = function(e){
    window.alert(e.data);
}
```

　上記の2つのコードは同じ意味になります。コード内の「e」がMessageEventになります。MessageEventのdataプロパティを参照することで送信されたメッセージを参照することができます。MessageEventの主なプロパティは以下の通りです。

MessageEventのプロパティ

名前	意味
data	送信されたメッセージ
origin	送信元のオリジン
source	送信元のウィンドウのオブジェクト
ports	送信元のポート

　originプロパティでメッセージ送信元のオリジンを参照できます。クロスドキュメントメッセージングでは、オリジンに制限されることなく、メッセージの送信が可能です。そのため、悪意のあるメッセージが送信されてしまうことも考えられます。セキュリティ上、MesssageEventのoriginプロパティを参

照して送信元のオリジンのチェックを行い、想定外のオリジンからメッセージを受信した場合には、何もしないという処理を入れておくべきです。

■ 異なるドメインの複数のウィンドウ、フレームにメッセージを送信する

postMessageメソッドを利用すると、異なるドメインの複数のウィンドウ、フレームに同一のメッセージを送信することができます。複数のガジェットをほぼ同じタイミングで同一の条件で動作させることができます。サンプルを通してその動作を確認してみます。

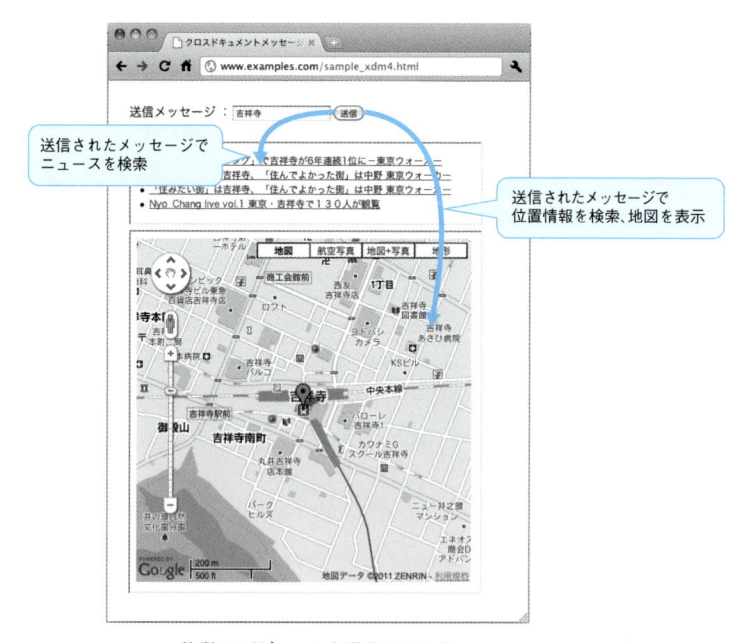

複数のガジェットを動作させる例

[リスト13-5] 複数のガジェットを動作させる例　sample_xdm4.html（抜粋）

```
<script type="text/javascript">
var targetOrigin = "http://iframe.examples.com";   ←――――❶
function send() {   ←―――――❷
    var str = document.getElementById("message").value;
    if(!str) return '';
    var iframes = document.getElementsByTagName("iframe");
    for(var i=0; i<iframes.length; i++){
        document.getElementsByTagName("iframe")[i].
        contentWindow.postMessage(str, targetOrigin);
    }
}
</script>
```

```
送信メッセージ：<input type="text" id="message" name="message" value="">
<input type="button" value="送信" onClick="send()"><br>
<br>
<iframe id="newsFrame" src="http://iframe.examples.com/sample_xdm_news.html"
width="450" height="100"></iframe><br>
<iframe id="mapFrame" src="http://iframe.examples.com/sample_xdm_map.html"
width="450" height="450"></iframe>
```

❶ メッセージ送信元のオリジンを定義しておきます。

❷ iframeで呼び出しているウィンドウに向けてメッセージを送信します。

[リスト13-6] 複数のガジェットを動作させる例　sample_xdm_news.html（抜粋）

```
var targetOrigin = "http://www.examples.com";  ←――――❶
window.addEventListener("message",  ←――――❷
    function(e){
        if (e.origin == targetOrigin) {
            var keyword = e.data;
            var script = document.createElement('script');
            script.src = "http://ajax.googleapis.com/ajax/services/search/
            news?q=" + encodeURI(htmlEscape(e.data)) + "&v=1.0&rez=small&hl=
            ja&callback=showNews";
            document.body.appendChild(script);
        }
    }
, true);
function showNews(data){  ←――――❸
    var html = "";
    var results = data.responseData.results;
    results.forEach( function(result){
            html += " <li><a href=¥""  + result.unescapedUrl +
            "¥" target=¥"_blank¥">" + result.titleNoFormatting + "</a></li>";
    });
    document.getElementById('list').innerHTML = html;
}
```

❶ メッセージ送信元のオリジンを定義しておきます。

❷ メッセージを受信した際に呼び出される処理をメッセージイベントのイベントリスナに登録します。受け取ったメッセージをHTMLエスケープした後に、Google Ajax APIの「Google News Search API」を利用して、受け取ったメッセージに関するニュースを取得しています。Google News Search APIでは任意のキーワードでニュースを検索でき、結果をJSONで返却されます。その際にコールバック関数を指定することもできるので、コールバック関数でJSONのデータを取得してニュースを一覧表示するメソッドshowNewsを呼び出しています。

❸ ❷で呼び出されるニュースを一覧表示するメソッドの実体部分です。Google News Search APIから返却された結果を、ループさせてニュースのURLのunescapedUrlとニュースのタイトルの

titleNoFormattingを取り出して一覧を作成して画面に表示しています。

Google AJAX API

http://code.google.com/intl/ja/apis/loader/

Google News Search APIは以下の書式で呼び出せます。

Google News Search API の利用

書式　　http://ajax.googleapis.com/ajax/services/search/news?q=[検索キーワード]
　　　　&v=[バージョン]&rez=[検索結果の数]&hl=[言語指定]&callback=[コールバック関数]

詳細はGoogle News Search APIのページで確認できます。

Google News Search API

http://code.google.com/intl/ja/apis/newssearch/v1/index.html

[リスト13-7]　複数のガジェットを動作させる例　sample_xdm_map.html（抜粋）

```
<div id="map" style="width:430px; height:430px" align="center"></div>
<script type="text/javascript" src="http://maps.google.com/maps/api/
js?sensor=true"></script>
<script type="text/javascript">
var targetOrigin = "http://www.examples.com";　　◀----------❶
window.addEventListener("message",
    function(e){
        if (e.origin == targetOrigin) {　◀----------❷
            var address = htmlEscape(e.data);
            var geocoder = new google.maps.Geocoder();
            if (geocoder) {
                geocoder.geocode( { 'address': address}, function(results, status) {
                    if (status == google.maps.GeocoderStatus.OK) {
                        var mapCenter = results[0].geometry.location;
                        var mapdiv = document.getElementById('map');
                        var myOptions = {
                            zoom: 16,
                            center: mapCenter,
                            mapTypeId: google.maps.MapTypeId.ROADMAP,
                            scaleControl: true,
                        };
                        var map = new google.maps.Map(mapdiv, myOptions);
                        var marker = new google.maps.Marker({
                            position: mapCenter,
                            map: map,
```

```
                title: address
            });

            map.setCenter(mapCenter);
        } else {
            window.alert("エラーが発生しました : " + status);
        }
      });
    }
  }
}
, true);
```

❶ メッセージ送信元のオリジンを定義しておきます。
❷ メッセージを受信した際に呼び出される処理をメッセージイベントのイベントリスナに登録します。受け取ったメッセージをHTMLエスケープした後に、Google Map APIを利用して受け取ったメッセージに関する位置情報を取得しています。その後、受け取った位置情報の最初のデータが中心になるようにGoogle Mapの地図を表示しています。

Google Mapの使い方については、本書の趣旨から外れますので詳細は割愛します。詳細はGoogle Map APIのページで確認できます。

Google Map API
http://code.google.com/intl/ja/apis/maps/

サンプルを実行すると以下の動きが確認できます。

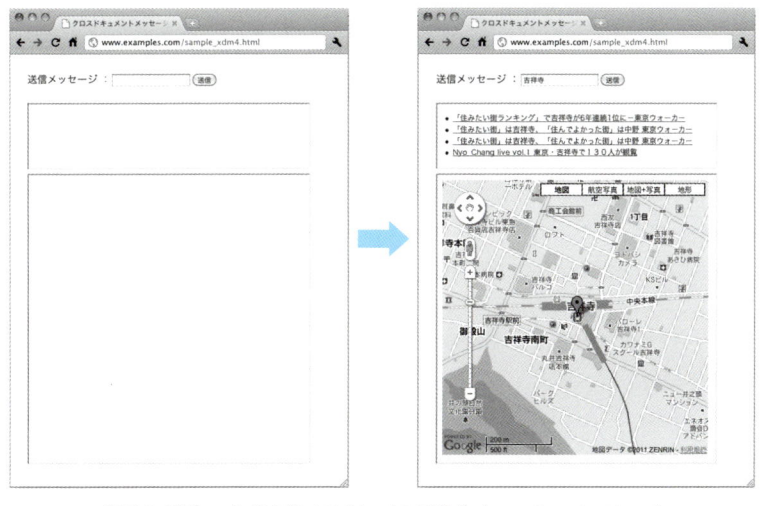

複数のガジェットを実行するサンプルの動作（sample_xdm4.html）

送信されたメッセージ「吉祥寺」に応じてキーワード「吉祥寺」でのニュース検索、Google Mapの地図の表示が行われます。メインとなるウィンドウから送信されたメッセージによって、複数のガジェットを同一の条件の下でほぼ同時に動作していることが確認できます。

XMLHttpRequest Level2

IE	Firefox	Opera	Safari	Mobile Safari	Chrome
未実装	3.5以降	11.0以降	4.0以降	3以降	2.0以降

　XMLHttpRequest Level2とは、XMLHttpRequestの新しいバージョンとして策定が進められている仕様のことを指します。XMLHttpRequestとは、JavaScript内でWebサーバーとのHTTP通信を行うためのオブジェクトです。ブラウザで一度読み込んだページ内からページを遷移することなく、データを送受信できるAjaxを支える基本的な技術の1つです。現在のXMLHttpRequestでは利用するページと同一のオリジンのみと通信可能となっています。これまではAjaxを使って異なるドメインのサイトと通信してデータの送受信を行う場合には、異なるドメインのサーバーとAjaxの間に何らかのアプリケーションを自身のサーバー内に設置する必要がありました。XMLHttpRequest Level2を利用すると、このようなアプリケーションを経由することなく、異なるドメインのサーバーとの直接のデータの送受信が可能になります。この点が大きな違いになります。

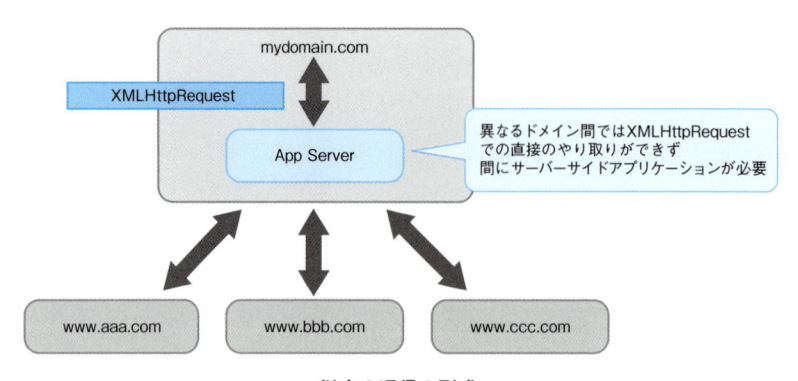

従来の通信の形式

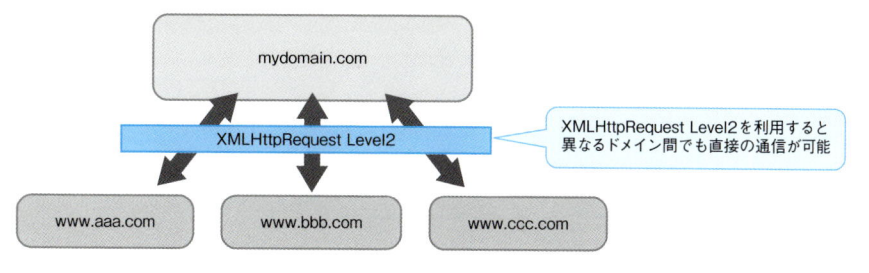

XMLHttpRequest Level2を利用した通信の形式

　その他の追加された機能も含めて、まとめるとXMLHttpRequest Level2では以下の点が仕様に追加されています。

- 異なるオリジンとのHTTP通信が可能
- テキストデータだけでなく、Blob型やドキュメント型のデータの送受信も可能
- Progress Eventの実装

事前準備

　XMLHttpRequest Level2を利用する際には、リクエストを受ける側のサーバーで「Access-Control-Allow-Origin」というレスポンスヘッダに通信するオリジンを指定しておく必要があります。WebサーバーがApacheの場合は、.htaccessに以下のように記述します。

[リスト13-8]　.htaccessの記述例
```
Header append Access-Control-Allow-Origin: http://examples.com
```

　上記の例は「http://examples.com」の80ポートとクロスオリジンの通信を行う場合の設定例です。ポート番号が80である場合は省略して書くことができます。「8080」ポートを利用する場合は、「http://examples.com:8080」のように記述します。

クロスオリジンで通信を行う

　XMLHttpRequest Level2を利用してクロスオリジンで通信を行ってみます。別ドメインのサーバー上にあるJSONのデータをXMLHttpRequest Level2を使って取得して画面に表示します。

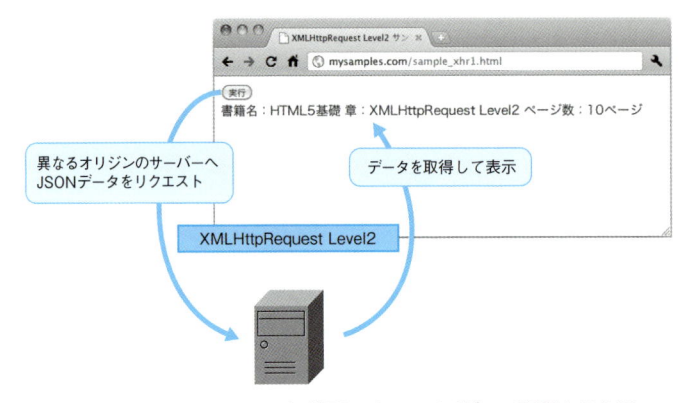

XMLHttpRequest Level2 を利用してクロスオリジンで通信を行う例

[リスト13-9] XMLHttpRequest Level2 を利用してクロスオリジンで通信を行う例　sample_xhrl.html

```
<script type="text/javascript">
function get(){             ←----------❶
    var xhr = new XMLHttpRequest();
    xhr.open("GET","http://www.examples.com/data.json");
    xhr.send();

    xhr.onload = function(){    ←----------❷
        var result = parse(xhr.responseText);
        document.getElementById('result').innerHTML = result;
    };
}
function parse(json)        ←----------❸
{
    var data = eval("("+json+")");
    var resultData = "書籍名：" + data.bookTitle + " 章：" + data.bookChapter +
    " ページ数："+ data.bookPage + "ページ";
    return resultData;
}
</script>
<input type="button" value=" 実行 " onClick="get()">
<div id="result"></div>
```

❶ 「実行」ボタン押下時に呼ばれるpostメソッドの実体部分です。XMLHttpRequest Level2を利用するために、XMLHttpRequestオブジェクトを生成します。その後にopenメソッドでHTTP接続するためのGETメソッドとJSONのデータを取得するURLを指定し、sendメソッドでHTTPリクエストを送信します（260ページ参照）。

❷ イベントハンドラonloadに読み込みが成功した際に実行される処理を指定します。接続先からのレスポンスのデータはresponseTextプロパティを参照することで取得できます。それをparseメソッド（❸）で解析し、idが「result」のDIV領域に表示します。

❸ ❷で呼ばれるJSONの解析メソッドです。eval関数でJSONデータを解析後、データを加工して

返却します。

[リスト13-10] XMLHttpRequest Level2を利用してクロスオリジンで通信を行う例　data.json

```
{
"bookTitle":"HTML5基礎",
"bookChapter":"XMLHttpRequest Level2",
"bookPage":"10"
}
```

XMLHttpRequest Level2で取得するJSONのデータは上記の通りです。
サンプルを実行すると以下の動作が確認できます。

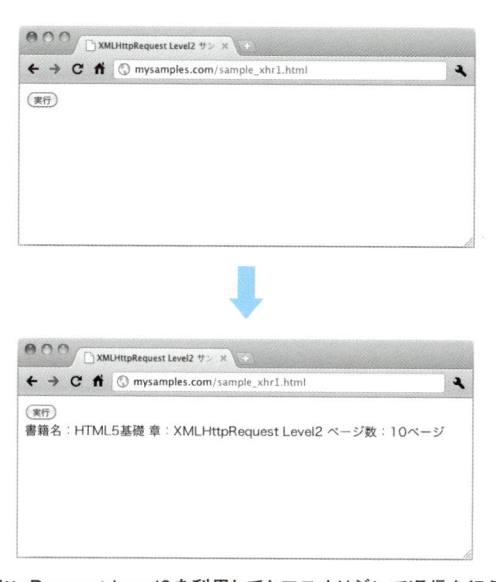

XMLHttpRequest Level2を利用してクロスオリジンで通信を行う動作

　「実行」ボタンを押すと、「書籍名:HTML5基礎 章:XMLHttpRequest Level2 ページ数:10ページ」と表示され、外部サーバーにあるJSONのデータを取得しているのがわかります。XMLHttpRequestオブジェクトからのリクエスト送信は、外部サーバーを指定する以外は従来の方法と変わりません。
　サンプルの通り、JavaScript内でクロスオリジンで通信を行うXMLHttpRequest Level2のオブジェクトは「XMLHttpRequest」となります。現在のXMLHttpRequestと同じ記述です。現在のXMLHttpRequestのオブジェクトとXMLHttpRequest Level2のオブジェクトは下位互換の関係になるので、利用者側はこれまでと同様にXMLHttpRequestオブジェクトを呼び出すだけでXMLHttpRequest Level2の機能を利用できます。
　XMLHttpRequest Level2の主なプロパティ、メソッドは次の通りです。

XMLHttpRequest Level2 の主なプロパティ、メソッド

名前	概要	新しく定義されたもの
timeout	タイムアウト時間を指定	○
asBlob	Blob 型のレスポンスが使えるか	○
followRedirects	リダイレクトを許可するか	○
withCredentials	複数のオリジンにアクセスできるか	○
upload	アップロードの状態を参照するプロパティ	○
open(メソッド、URL、非同期フラグ)	メソッド、リクエスト先、非同期にアクセスする (true / false) かを指定	―
send()	リクエストを送信	―
send(Blob データ)	Blob データ（バイナリデータ）を送信	―
send(Document データ)	Document データ（XML データ）を送信	―
send(DOMString 型データ);	DOMString 型データ（テキストデータ）を送信	―
send(FormData 型データ)	FormData 型データ（フォームの内容）を送信 Content-Type は「multipart/form-data」	―
abort()	通信を中断	―
status	ステータス	―
statusText	HTTP 受信ステータス	―
setRequestHeader(ヘッダ名 , 値)	リクエストを送信する際のヘッダを指定	―
getResponseHeader(ヘッダ名)	指定したレスポンスヘッダを返却	―
getAllResponseHeaders()	すべてのレスポンスヘッダを返却	―
overrideMimeType(MIME タイプ)	取得したデータの MIME タイプを設定	―
responseBody	受信したデータ本体	―
responseBlob	受信した Blob データ	―
responseText	受信したテキストデータ	―
responseXML	受信した XML データ	―

　XMLHttpRequest Level2 が利用できる環境かどうかは、XMLHttpReques 内の XMLHttpRequest Level2 のみで利用できるプロパティを参照することで確認できます。

[リスト13-11] XMLHttpRequest Level2 の利用可否を確認する例

```
var xhr = new XMLHttpRequest()
if (typeof xhr.withCredentials === undefined)
{
    window.alert(" このブラウザでは XMLHttpRequest Level2 は利用できません ");
}
```

　上記の例では withCredentials プロパティを参照して、XMLHttpRequest Level2 が利用できない場合の処理を入れることができます。

　また、XMLHttpRequest Level2 ではダウンロード、アップロードの際には別々にイベントが発生し

ます。ダウンロードの際にはXMLHttpRequest Level2オブジェクトに対して、アップロードの際にはXMLHttpRequest Level2オブジェクトのuploadプロパティで参照されるオブジェクトに対してイベントが発生します。イベントに対して処理を行う際にはこの点に気を付けてください。ダウンロード、アップロードの際に発生するイベントは同じで以下のものがあります。

XMLHttpRequest Level2で利用できるイベント

イベント名	イベント発生のタイミング
loadstart	読み込みが開始された
progress	読み込み中
abord	読み込みが中断された
error	読み込み中にエラーが発生した
load	読み込みが（成功して）完了した
timeout	タイムアウトが発生した
loadend	読み込みが（成功／失敗に関わらず）終了した

上記のイベントはそれぞれ「on ～」というイベントハンドラが存在しますので、これらのイベントハンドラを使って進捗の度合いを取得したり、エラーが発生した際の処理を入れることができます。

■■ 外部サーバーへデータをアップロード

XMLHttpRequest Level2を利用して外部サーバーにデータを送信するサンプルを作成してみます。本サンプルではApacheに加えてPHPの動作する環境が必要です。

テキストエリア内に入力されたテキストデータをXMLHttpRequestオブジェクトを利用して外部サーバーへ送信します。外部サーバーではPHPでデータを受信してファイルに出力します。以下のような画面を作成してテキストエリアに入力された値を外部のサーバーへ送信するための画面を以下のように作成します。

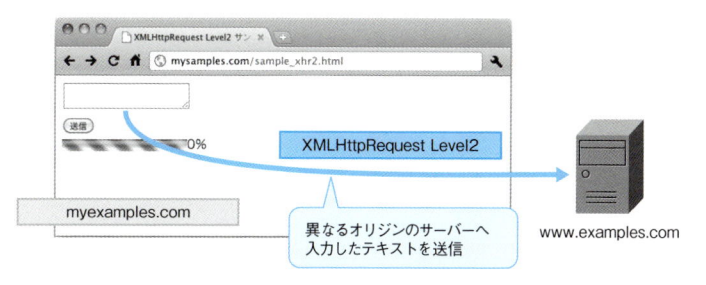

XMLHttpRequest Level2を利用して外部サーバーにデータを送信する例

今回のサンプルではXMLHttpRequestのPOSTメソッドを使ってデータを送信します。

[リスト13-12] 外部サーバーにデータを送信する例　sample_xhr2.html

```
<script type="text/javascript">
var targetLocation = "http://www.example.com/post.php";
var xhr = new XMLHttpRequest();
function postData() {   ←──────── ❶
    var dataElement = document.getElementById("sendtext");
    xhr.upload.onprogress = function(e) {   ←──────── ❷
        var raito = e.loaded / e.total * 100;
        document.getElementById("progress").value = raito;
        document.getElementById("raito").innerHTML = raito ;
    }
    xhr.upload.onload = function(e) {   ←──────── ❸
        document.getElementById("finish").innerHTML = "finished";
    }
    xhr.upload.onerror = function(e) {   ←──────── ❸
        document.getElementById("error").innerHTML = " エラーが発生しました ";
    }
    xhr.open("POST", targetLocation, true);   ←──────── ❹

    var fd = new FormData();
    fd.append('text', dataElement.value);
    xhr.send(fd);
}
</script>
<textarea id="sendtext"></textarea><br>
<input type="button" value=" 送信 " onClick="postData()"><br>
<progress id="progress" max="100"></progress><span id="raito">0</span>%
<div id="finish"></div>
<div id="error"></div>
```

❶ 送信ボタン押下時に呼ばれるpostDataメソッドの実体部分になります。idが「sendtext」のテキストエリアから入力された値を取得します。

❷ データのアップロードなので、XMLHttpRequestオブジェクトのuploadプロパティでXMLHttpRequestオブジェクトがデータを送信する際のイベントを参照できます。総データ「total」に対する読み込んだデータ「loaded」の割合からデータ送信の進捗の度合いを算出し、画面に表示しています。

❸ ❷と同様に、通信が成功して終わった際、エラーが発生した際の処理をそれぞれonload、onerrorのイベントハンドラで指定しています。

❹ FormDataオブジェクトを使って、通常のフォームで送信する際と同様にnameとvalueのペアを設定します。ここでは「text」の名前でテキストエリアに入力された値を指定しています。

[リスト13-13] 外部サーバーにデータを送信する例　post.php（抜粋）

```
$log_file = "post.txt";   ←──────── ❶
$fp = @fopen($log_file, "a");   ←──────── ❷
```

```
if($fp){
    flock($fp,LOCK_EX);
    fwrite($fp,$_POST['text'] ."¥n");
}
fclose($fp);
header("HTTP/1.1 200 OK");
```

❶ POSTされた値を書き込むログファイルを指定します。
❷ ログファイルを追記モードでオープンし、「text」の名前でPOSTされた値をログファイルに書き込みます。

サンプルを実行すると以下の動作が確認できます。

XMLHttpRequest Level2を利用して外部サーバーにデータを送信する動作

実行後に受信側のPHPがpost.txtというログを出力しています。post.txt内にテキストエリアに入力された値が出力されています。

■ File APIとの連携

File APIと連携して画像ファイルをアップロードするサンプルを作成してみます。本サンプルではApacheに加えてPHPの動作する環境が必要です。以下のようにブラウザのある領域に画像ファイルがドロップされた際に、XMLHttpRequestオブジェクトを使って外部のサーバーにファイルを送信します。サーバー側ではPHPで送信されたデータを受け取った後、JPGファイルとして書き出します。

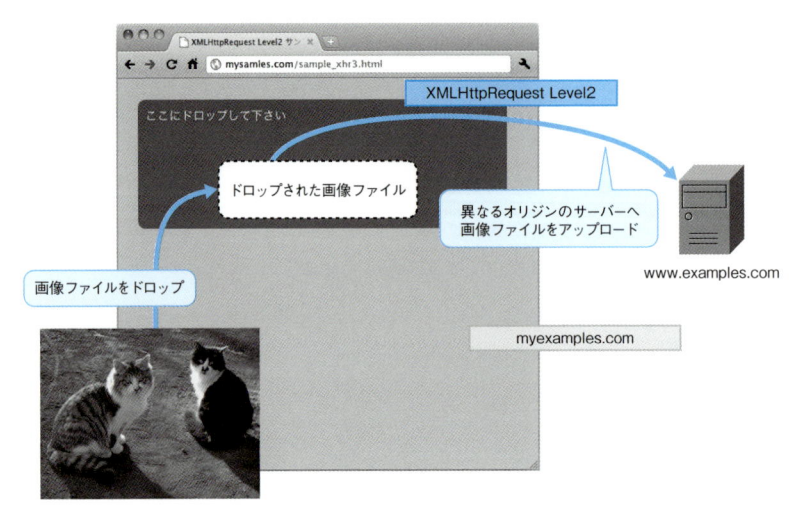

File APIと連携して画像ファイルをアップロードする例

「ここにドロップしてください」と表示されている領域にdropイベントが発生した際に、ファイルを取得してXMLHttpRequestオブジェクトを使ってファイルを送信する処理を記述します。サンプルコードは以下のようになります。

[リスト13-14] File APIと連携して画像ファイルをアップロードする例　sample_xhr3.html（抜粋）

```
<div id="drop" ondragover="onDragOver(event)" ondrop="onDrop(event)" >
ここにドロップしてください </div>    ←---------- ❶
<div id="disp"></div>
<div id="elem"></div>
<script type="text/javascript">
var disp  = document.getElementById("disp");
var elem  = document.getElementById("elem");
var fr    = new FileReader();
var targetLocation = "http://www.example.com/file.php";
var xhr = new XMLHttpRequest();
function onDrop(event){    ←---------- ❷

    var f = event.dataTransfer.files[0];

    disp.innerHTML = "name :" + f.name + "    type :" + f.type +
    "    size :" + f.size/1000 + " KB "

    if(/^image/.test(f.type)){
        var img = document.createElement('img');
        fr.onload = function() {
            img.src = fr.result;
            elem.appendChild(img);
```

```
            }
            fr.readAsDataURL(f);
        }

        xhr.open("POST", targetLocation, true);   ←---------- ❸
        var fd = new FormData();   ←---------- ❹
        fd.append('file', f);
        xhr.send(fd);
        event.preventDefault();
    }
    function onDragOver(event){
        event.preventDefault();
    }
```

❶ ファイルをドロップする領域を定義します。イベントハンドラondropでファイルがドロップされた際のメソッドonDrop（❷）を呼びます。

❷ ❶で呼ばれるondrop時のメソッドの実体です。ドロップされるファイルはdataTransferのfiles[0]プロパティを参照して取得します。

❸ XMLHttpRequestオブジェクトを使って、アップロード先のURLにPOSTメソッドでファイルを送信します。

❹ FormDataオブジェクトを使って、通常のフォームで送信する際と同様にnameとvalueのペアを設定します。ここでは「file」の名前でドロップされたファイルのデータを値としています。

サーバー側で送信されたデータを受信するPHPのプログラムは以下のようになります。

[リスト13-15] File APIと連携して画像ファイルをアップロードする例　file.php（抜粋）
```
if(is_uploaded_file($_FILES['file']['tmp_name'])){
    if(move_uploaded_file($_FILES['file']['tmp_name'], $_FILES['file']['name'])){
        chmod($_FILES['file']['name'],0644);
    }
}
header("HTTP/1.1 200 OK");
```

通常のフォームでアップロードされたファイルを保存する場合と同様の処理になります。アップロードされたfileという名前のファイルのテンポラリファイルをmove_uploaded_file関数を使って、アップロード時と同じファイル名でfile.phpと同じ階層に保存しています。

サンプルを実行すると次の動作が確認できます。

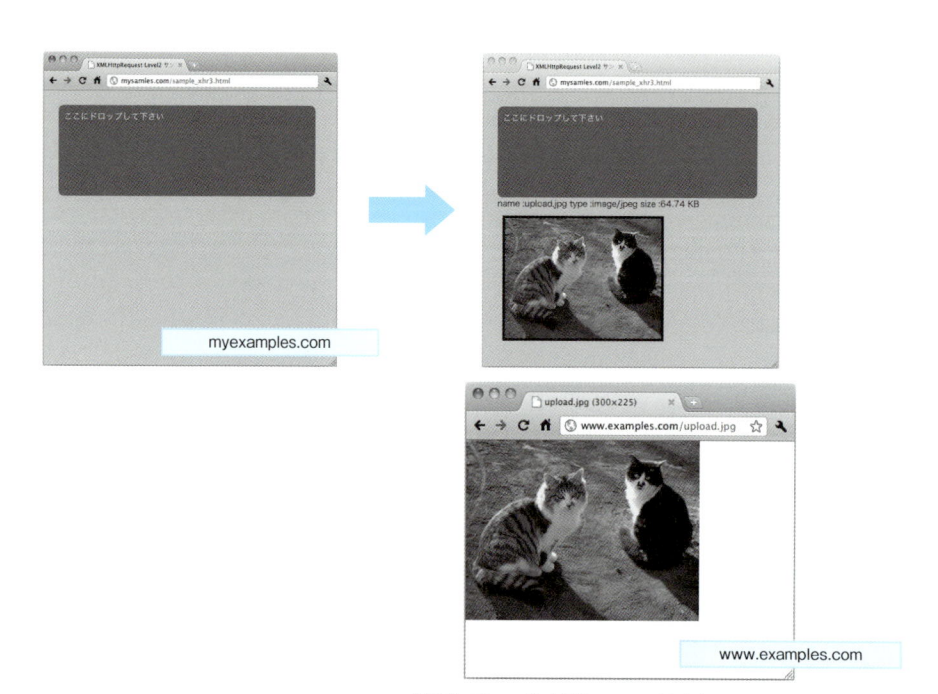

送信先でドロップした画像ファイルが出力されていることを確認

File APIと連携して画像ファイルをアップロードする動作

　サーバー内に送信先のPHPが送信された画像ファイルをアップロード時と同じ名前で出力しています。ファイル内容を確認すると、ブラウザにドロップしたファイルであることが確認できます。

第14章

サーバーと双方向通信をしてみよう

この章で学ぶこと

　HTML5で追加されたWebSocketを利用すると、サーバーとブラウザの間で双方向の通信を実現できます。これまではブラウザからのリクエストに応じてサーバーがレスポンスを返すという単純な通信形式でした。WebSocketでは、ブラウザとサーバーの間に一度接続が確立されると、どちらかが切断しない限り、データのやり取りを行うことができます。ただし、ブラウザだけでなく、サーバーのほうもWebSocketに準拠している必要があります。本章ではWebSocketの基本的な実装の方法と使い方について学びます。

WebSocket

　WebSocketとはサーバーとブラウザの間で双方向の通信を実現するためのAPIのことをいいます。WebSocketによる通信では、サーバーとブラウザの間にコネクションが成立すると、ブラウザは任意のタイミングでサーバーにデータを送信でき、サーバーからもデータを特別な手続きを行うことなく受け取ることができる双方向の通信が確立されます。簡単にいうと、WebSocketとはサーバーとクライアントの間で接続を行った後は通信手順の詳細を意識することなくデータの送受信が可能なソケット通信を行う仕組みです。

　以上のことから、WebSocket通信で実現できるWebアプリケーションの特徴は次のように考えられます。

- サーバーはWebSocketで接続しているすべてのクライアントに同じデータを一斉に送信することができる
- クライアントはサーバーを介してWebSocketで接続しているすべてのクライアントに同じデータを送信することができる

　上記のことをまとめると次の図のようなイメージになります。

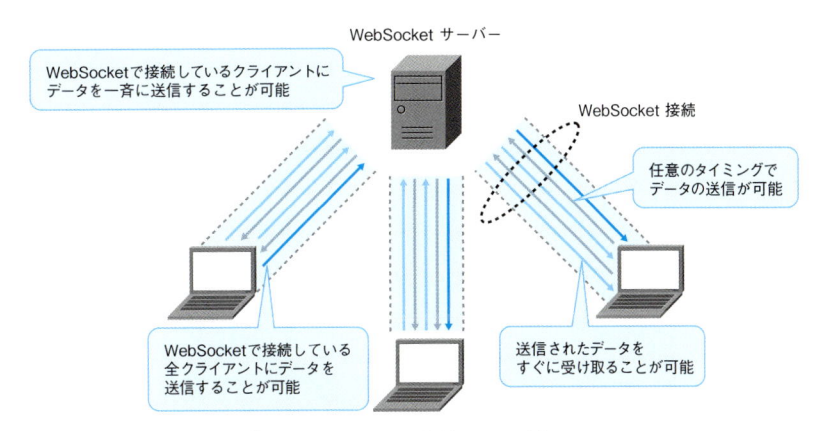

WebSocketの通信のイメージ

　上記の図のようにWebSocketは、チャット、ゲーム、情報共有などのWebアプリケーションに向いています。次項でこの他のWebSocket通信の特徴を説明します。
　WebSocketの呼び方については、W3C内でも「WebSocket」「WebSockets」「Web Socket」等、表記にばらつきがあります。本章では最新の表記である「WebSocket」に統一します。

WebSocketでの通信の特徴

　最初に説明した通り、WebSocketでの通信は接続が確立した後は通信手順を意識することなくサーバーとブラウザの間で双方向の通信が可能です。つまり、一定時間ごとのリフレッシュを行う必要のないリアルタイム性の高い通信です。WebSocket以前にもAjax、Cometという技術を使ってリアルタイムを実現しようとする試みがありました。両者のリアルタイム性実現の概要と短所は以下の通りです。

・Ajax
概要：非同期通信でページの変更のあった部分のデータをブラウザとサーバーがやり取りし、段階的にページを更新することで、待ちの時間を減らすことでリアルタイムを実現しようとした。
短所：基本的にブラウザからのリクエストがない限り、サーバーはデータを送信しない。

・Comet
概要：クライアントからリクエストがあった際に、サーバー側ですぐにレスポンスせずに保留の状態にしておき、ページの更新があった際等にレスポンスを返すことでリアルタイムを実現しようとした。
短所：サーバーで保留の状態を作りレスポンスを行うタイミングまで待つため、リソースの消費が多い。

　上記の通り、両者には短所がありました。さらにAjax、CometともにHTTP通信をベースにしてい

るため、通信の際には毎回HTTPヘッダが付与され、接続数が多くなるたびにトラフィックも多くなりがちでした。WebSocketでは、最初の接続の際にサーバーとブラウザの間でコネクションができると、そのコネクションを使い続け、余計なトラフィックがなるべく発生しないように設計されています。このため、WebSocket通信の接続数が増えても、余計なトラフィックが発生することによるWebアプリケーションへの影響はあまりありません。

このように、WebSocketは、HTTP通信の短所をカバーしつつ、リアルタイム性を実現するための仕様として策定が続いています。

各ブラウザの対応状況は以下の通りです。

IE	Firefox	Opera	Safari	Mobile Safari	Chrome
未実装	未実装	未実装	5.0以降	4以降	5.0以降

WebSocketのプロトコル仕様は、互換性なくドラフトが改訂されている状態で、一部のプロトコルにセキュリティホールが報告されています。その影響で2010年12月現在、Firefox 4.7以降とOpera 11以降でWebSocketの機能が無効になっています。Safari、Chromeではプロトコルの改定よりも先に深刻な攻撃コードが出た場合に、WebSocketの機能を無効にするとしています。WebSocketのプロトコルは2011年5月の完成を目標に策定が続いています。WebSocketの仕様の詳細はW3C内のページで確認できます。

> W3C - The Web Sockets API
> http://www.w3.org/TR/websockets/

WebSocketを利用しているサービス

実際にWebSocketを利用しているサービスを2つ紹介します。
2つとも非常にリアルタイム性の高いWebアプリケーションです。

・GroupDashpon

　GroupDashponは、共同購入型クーポンサイト「Groupon」のAPIからクーポン購入情報を取得し、どの州の人がどれくらい節約したかという情報をWebSocketを使ってリアルタイムに流しています。

> GroupDashpon
> http://groudashpon.heroku.com/

GroupDashpon

・Hummingbird

　Hummingbirdは、WebSocketを利用したオープンソースのアクセス解析ツールです。WebSocketを利用することで、アクセス結果をリアルタイムで参照できます。

Hummingbird

```
http://mnutt.github.com/hummingbird
```

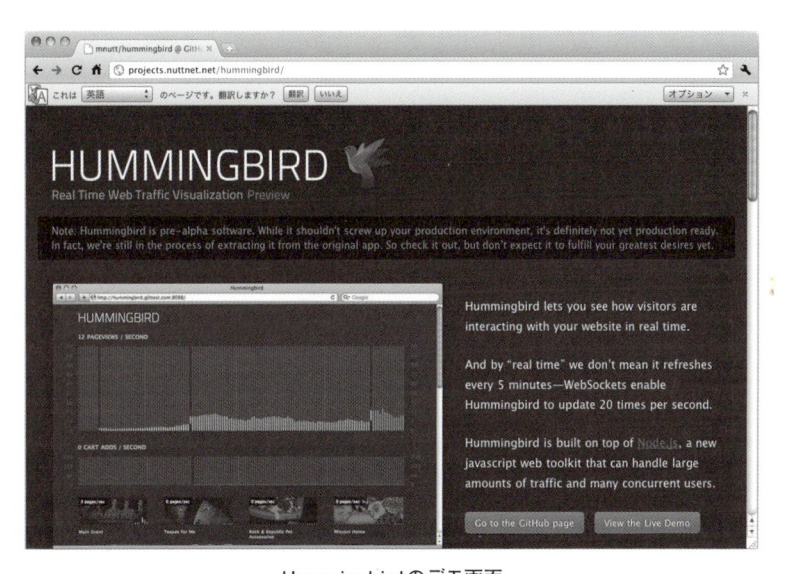

Hummingbirdのデモ画面

WebSocket | **271**

WebSocket に対応したサーバー

WebSocketを利用したWebアプリケーションを作成する場合には、WebSocketに対応したサーバーが必要です。WebSocketが利用できる主なサーバーには、以下のものが公開されています。

WebSocketが利用できるサーバー

名前	概要
Kaazing WebSocket Gateway	Javaで作成されたWebSocketゲートウェイサーバー
Jetty	WebSocketをサポートしているJavaのフレームワーク
mod_pywebsocket	Apache組み込みのWebSocketモジュール
node.js	WebSocketをサポートしているサーバーサイドのJavaScriptのフレームワーク
PHP Websocket Class	PHPで作成されたWebSocketサーバー

本書では上記の中で最も容易に設置できる「PHP Websocket Class」を利用します。サンプル実行時には、配布元サイトからWebSocketServer.phpをダウンロードして、サンプルファイルと同じディレクトリに配置してください。またサンプル実行の実行にはApacheとPHP5が動作する環境が必要です。

PHP Websocket Class の配布元サイト「BOHUCO」
http://bohuco.net/

WebSocketを使ったアプリケーションの例

WebSocketを使った簡単なサンプルを作成して、双方向通信、接続しているクライアントへのリアルタイムな通信を確認するサンプルを作成してみます。

WebSocketを利用したチャットアプリケーション

WebSocketを利用して入力したメッセージが他のウィンドウにも即時に反映されるリアルタイムなチャットのアプリケーションを作成してみます。

まず、WebSocketサーバーとなるPHPプログラムを作成します。PHP Websocket Classをそのまま利用してサーバーとして起動させ、サーバーがメッセージを受信すると接続元にメッセージを送信するというメソッドをコールバック関数に指定する、という方法をとります。PHP Websocket Class自体の説明は本書の趣旨から外れますので最低限にします。詳細はPHP Websocket Class配布元サイトで確認してください。

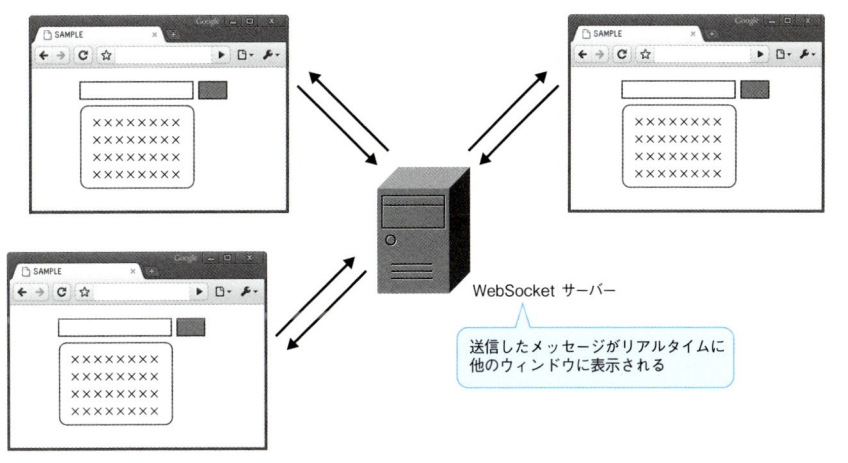

WebSocketを利用したチャットアプリケーション

[リスト14-1] WebSocketを利用したチャットアプリケーション　server.php

```php
<?php
require 'WebSocketServer.php';
$server = new WebsocketServer('192.168.1.6', 12345, 'process');  // ←----------- ❶
$server->run();
function process(WebsocketUser $user, $msg, WebsocketServer $server)  // ←----------- ❷
{
    foreach($server->getUsers() as $user){
        $server->send($user->socket, $msg);
    }
}
```

❶ WebSocketサーバーのコンストラクタに「サーバーのドメインまたはIPアドレス」「ポート番号」「コールバック関数」を指定します。サンプルではサーバーに「192.168.1.6」、ポート番号に「12345」を指定しています。コールバック関数はWebSocketサーバーに接続しているソケットに何か変化があった際に呼ばれます。run()メソッドでサーバーが起動します。

❷ ❶で指定したサーバー内でソケットに何かあった際に呼ばれるコールバック関数の実体部分です。変数「$server->getUsers()」で接続している全クライアントを取得できます。この全クライアントに対して、サーバーが受信したメッセージ「$msg」をsend()メソッドでクライアントに送信しています。

WebSocketサーバーの起動はコンソール上からPHPコマンドで行います。

WebSocketサーバーの起動

```
php server.php
```

WebSocketサーバーを停止させる際は [Ctrl] + [C] を押します。

WebSocketサーバーを起動後に、ブラウザでsample_ws1.htmlにアクセスします。

[リスト14-2] WebSocketを利用したチャットアプリケーション　sample_ws1.html

```
<script type="text/javascript">
var ws = new WebSocket("ws://192.168.1.6:12345"); ←──────── ❶
ws.onmessage = function(event){ ←────────── ❷
    output(event.data);
}
ws.onopen = function(event){ ←────────── ❸
    output("接続しました");
}
ws.onclose = function(event){ ←────────── ❹
    output("切断しました");
}
function send(){ ←────────── ❺
    var str = document.getElementById("message").value;
    ws.send(str);
    document.getElementById("message").value = "";
}
function disconnect(){ ←────────── ❻
    ws.close();
    ws = null;
}
function output(str) { ←────────── ❼
    document.getElementById("output").innerHTML += htmlEscape(str) + "<br>";
}
function  htmlEscape(_strTarget){ ←────────── ❽
    var div = document.createElement('div');
    var text =  document.createTextNode('');
    div.appendChild(text);
    text.data = _strTarget;
    return div.innerHTML;
}
</script>
<input type="text" id="message" name="message" value="">
<input type="button" value=" 送信 " onClick="send()">
<input type="button" value=" 切断 " onClick="disconnect()">
<br><br>
<div id="output"></div>
```

❶　WebSocketを利用する際には、WebSocketサーバーと接続するWebSocketオブジェクトを呼び出します。接続先のURLを指定するスキームには「ws://」「wss://」のどちらかを指定し（276ページ参照）、接続先のサーバー、接続するポート番号を指定します。サンプルでは接続先のサーバーに「192.168.1.6」、接続するポート番号に「12345」を指定しています。先に作成したserver.

❶ phpに合わせます。

❷ メッセージを受信した際の処理です。メッセージを受信した際には、❶で生成したWebSocketオブジェクトにmessageイベントが発生します（下記参照）。messageイベントの発生時に、イベント内のdataプロパティを参照してデータを受信して画面に表示しています（251ページ参照）。

❸❹ ❷と同様にWebSocket接続時、切断時の処理を指定しています（下記参照）。

❺ チャットのメッセージ送信処理です。入力欄の値を取得して、WebSocketオブジェクトのsendメソッドでサーバーに送信しています（下記参照）。

❻ WebSocketサーバーから切断する処理です（下記参照）。

❼ ❷のメッセージ受信後に呼ばれる処理です。受け取ったメッセージをHTMLエスケープした後に、画面に表示しています。

❽ ❼で呼ばれるHTMLエスケープ処理を行うメソッドです。一度空のdiv要素を作成し、そのテキストノードに文字列を指定して、その後に取り出すとHTMLエスケープされた文字列が取得できます。メッセージ内に悪意のあるJavaScriptのコードが存在した場合に、そのまま実行してしまうのを回避するためにHTMLエスケープ処理を行うメソッドを設けています。

サンプルを実行すると以下の動作が確認できます。

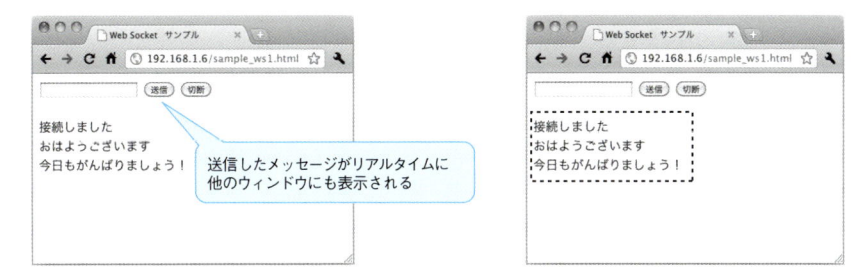

WebSocketを利用したチャットアプリケーション実行結果

WebSocket通信を使って、入力したメッセージが他のウィンドウにもリアルタイムに反映されます。WebSocketオブジェクトのメソッド、イベントハンドラをまとめると以下のようになります。

WebSocketオブジェクトのイベントハンドラ、メソッド

名前	概要
WebSocket(url)	WebSocketオブジェクトを生成するコンストラクタ。スキームには「ws://」「wss://」のどちらかを指定する（276ページ参照）
send(文字列)	メッセージを送信する
close()	接続を切断する
onopen	接続が確立した際に呼び出されるイベントハンドラ
onclose	接続が切断された際に呼び出されるイベントハンドラ
onmessage	メッセージを受信した際に呼び出されるイベントハンドラ

sendメソッドでデータを送信する際には、現在の仕様ではテキストデータでのデータ送信になります。文字コードがUTF-8の日本語文字列をそのまま送信できます。将来的にはテキストデータだけでなく、バイナリデータの送信にも対応すると期待されています。

　また、WebSocketサーバーに接続するためのスキームには以下の2つのうちどちらかを指定します。

WebSocketオブジェクトのスキーム

名前	概要
ws://	httpに相当。データは平文で送信される
wss://	httpsに相当。データは暗号化して送信される

　WebSocket通信にもHTTP通信と同様に暗号化して通信を行う仕組みが用意されています。

WebSocket通信を利用してオブジェクトを共有する

　WebSocket通信を使うことによって、疑似的にオブジェクトの共有を行うこともできます。サンプルでは、ウィンドウ間で他のウィンドウのマウスの動きがわかるWebアプリケーションを作成してみます。

マウスの動きをウィンドウ間で共有する

　ブラウザでマウスの動きを検出して、その動きをWebSocketを用いて接続している他のブラウザ上にリアルタイムに再現します。

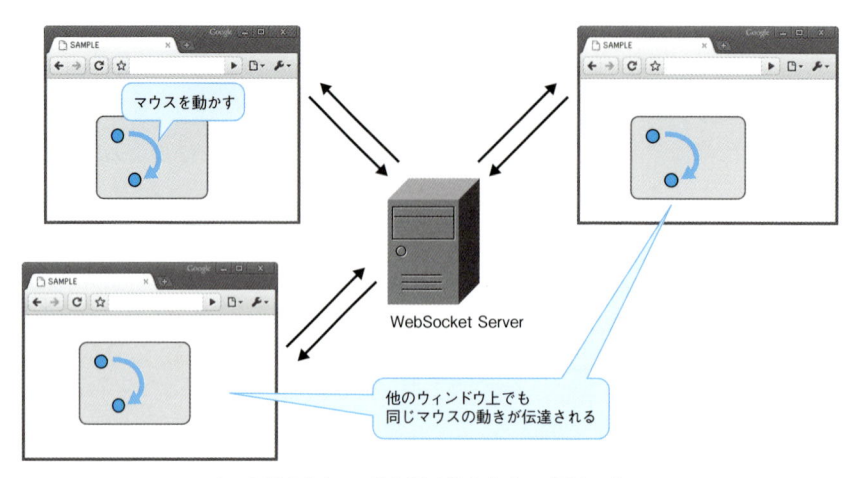

マウスの動きをウィンドウ間で共有するアプリケーション

WebSocketサーバーとなるPHPプログラムを以下のように変更します。

[リスト14-3] WebSocketを利用したオブジェクトの共有　position.php

```php
<?php
require 'WebSocketServer.php';
$server = new WebsocketServer('192.168.1.6', 12345, 'process');
$server->run();
function process(WebsocketUser $user, $msg, WebsocketServer $server){    ◀──────────❶
    $user->data['position'] = $msg;

    $return = array();
    foreach($server->getUsers() as $user){
        if (! isset($user->data['color'])) {
            $user->data['color'] = randomColor();
        }
        $return[$user->id] = $user->data;
    }

    foreach($server->getUsers() as $user){
        $server->send($user->socket, json_encode($return));
    }
}
function randomColor(){   ◀──────────❷
 $color_array  = array("#f5f5f5","#ffe4e1","#778899","#0000ff",,,,,);
 return $color_array[rand (0 , count($color_array)-1 )];
}
```

❶ 先のサンプルと同様のコールバック関数です。今回は接続しているブラウザに返却するデータを加工しています。ブラウザからはマウスの現在の位置情報が送られてきますので（278ページ参照）、そのデータとともに以下の配列を作成しています

position.phpで作成する配列

| 書式 | array($user->id => array('position' =>[ブラウザのマウスの現在の位置情報], 'color'=>[色])); |

user->idとはWebSocketServerクラスが接続しているブラウザを識別するためのidです。上記のように接続している各ブラウザ単位でマウスの位置情報と色を配列にします。その作成した配列をjson_encodeでJSON形式の文字列に変換した後に、接続している全ブラウザに送信します。

❷ ❶でブラウザ単位に設定する色の情報を返却するメソッドです。初回接続時のみ呼ばれて、ランダムに色を割り振ります。

[リスト14-4] WebSocketを利用したオブジェクトの共有　sample_ws2.html

```
<style type="text/css">
.point { position:absolute; left:0; top:0; width:20px; height:20px;
background:lime;   ←-----------❶
    border-radius: 10px; -moz-border-radius: 10px; -webkit-border-radius: 10px;
}
```

　　　　　　　　　　　　　　　略

```
<body>
<p>
<div id="screen"></div>
<p>
<script type="text/javascript">
var ws = new WebSocket("ws://192.168.1.6:12345");
```

　　　　　　　　　　　　　　　略

```
var screen  = document.getElementById("screen");   ←-----------❷
screen.addEventListener('mousemove', function(evt) {   ←-----------❸
    x = evt.clientX;
    y = evt.clientY;
    ws.send(x + ',' + y);
}, 'false');
ws.onmessage = function(event){   ←-----------❹
    if (event.data) {
        try {
            var data = JSON.parse(event.data);
            for (user_id in data) {
                if (data[user_id].position) {
                    var pos = data[user_id].position.split(',');
                    createPoint(user_id, pos[0], pos[1], data[user_id].color);
                }
            }
        } catch(ex){ console.log(ex); }
    }
}
function createPoint(user_id, x, y, c) {   ←-----------❺
    var _user_id = htmlEscape(user_id);
    var _x = htmlEscape(x);
    var _y = htmlEscape(y);
    var _c = htmlEscape(c);
    var u_elm = document.getElementById(_user_id);
    if(!u_elm){
        u_elm = document.createElement("div");
        u_elm.className = "point";
        u_elm.id = _user_id;
    }
    with (u_elm.style) {
        left = _x + "px";
```

```
        top        = _y + "px";
        background = _c;
    }
    document.documentElement.appendChild(u_elm);
}
```

❶ スタイルシートでマウスの位置を表示する際に利用する装飾を定義しておきます。

❷ マウスの動きを表示する領域を取得します。

❸ ❷で取得した領域内に、マウスを動かすとその位置（x,y）を「x,y」の文字列でWebSocketサーバーへ送信するようにmousemoveイベントに登録します。

❹ メッセージを受信した際の動作をWebSocketオブジェクトのmessageイベントに登録します。WebsocketサーバーからJSON形式の文字列でデータが送信されてきますので、このデータをJSON.parseメソッドでJSON形式のオブジェクトに変換します。その後、ブラウザの識別子をインデックスとしてループし、データを解析した後、「ブラウザの識別子，マウスのx位置，マウスのy位置，色」を引数としてcreatePointメソッドを呼び出します。

❺ ❹から呼び出される各ブラウザのマウスの位置を表示するメソッドです。受け取ったパラメータをすべてHTMLエスケープします。その後、ブラウザの識別子をidとして要素を探し、ない場合はdiv用を作成し、そのidにブラウザの識別子、適応するスタイルシートに❶の定義を指定します。さらに、受け取ったマウスのx位置、マウスのy位置、色を要素のスタイルに追加した後、Body要素に追加して画面に表示します。

サンプルを実行すると以下の動作が確認できます。

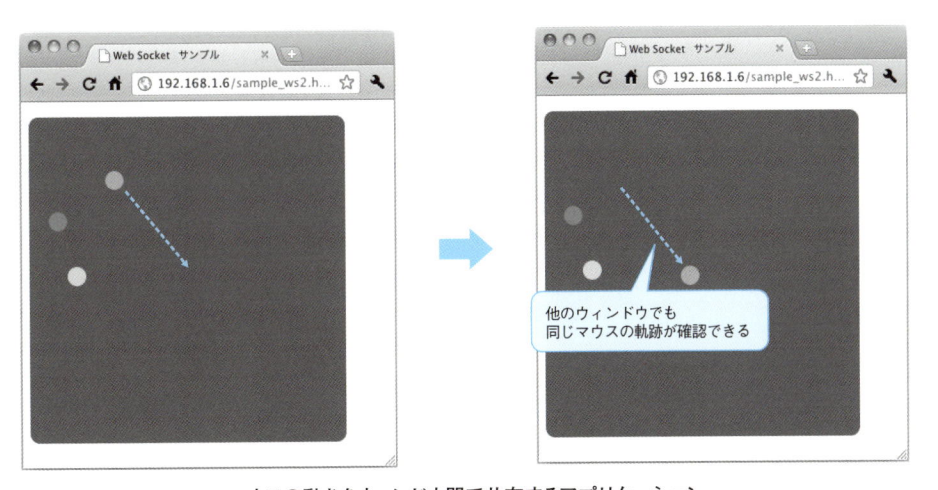

マウスの動きをウィンドウ間で共有するアプリケーション

これまではリアルタイムなマウスの動作や描画したデータ等のオブジェクトの共有はFlash Media ServerやJavaアプレットといった専用のアプリケーションが必要でした。WebSocketの利用次第では、キャンバスに描画したデータの共有ブラウザ間で共有する等のある程度のオブジェクトの共有がJavaScriptで実装できます。

第15章

バックグラウンドで JavaScriptを動かしてみよう

この章で学ぶこと

　従来のHTMLではブラウザのレンダリング、JavaScriptの処理も含め、すべての処理が逐次に行われます。そのため、処理の流れの中に負荷の高いものがあると、その部分の処理の過程でブラウザがフリーズしてしまうことがあります。HTML5から追加されたWeb Workersという機能を利用すると、JavaScriptの処理をバックグラウンドで行うことができ、ブラウザのフリーズを回避できます。本章ではWeb Workersを利用したJavaScriptの処理をバックグラウンドについて基本的な事柄を説明します。

Web Workers概要

IE	Firefox	Opera	Safari	Mobile Safari	Chrome
未実装	3.5以降	10.6以降	4以降	未実装	3以降

　アプリケーションがすべての処理が逐次に行うことを**シングルスレッド**といいます。これに対して、複数の処理を同時に行うことを**マルチスレッド**といいます。シングルスレッドとマルチスレッドのイメージは以下の図の通りです。

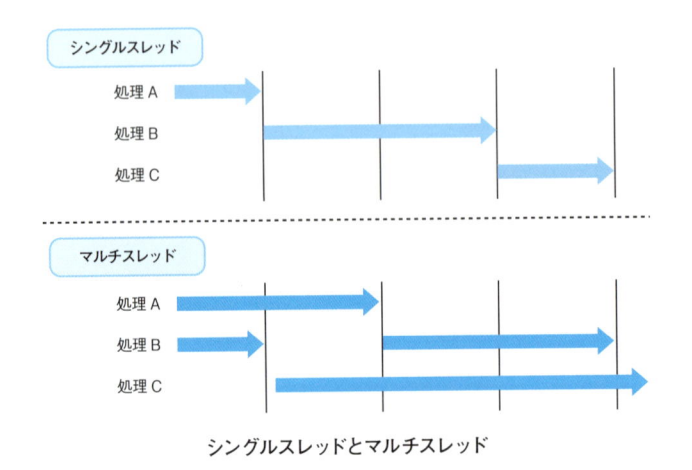

シングルスレッドとマルチスレッド

　シングルスレッドに比べると、マルチスレッドは同時に複数の処理を行うことができ、処理を速く行うことができます。HTML5以前のブラウザでは、基本的にすべての処理がシングルスレッドで行われていました。このため、JavaScript内の処理に負荷の高いものがあると、ブラウザがその処理を行っている間は、レンダリングが停止し、ユーザーはブラウザ上で操作を行うことができません。さらに場

合によってはブラウザがフリーズしてしまうことがあります。このような場合にWeb Workersを使用して、JavaScriptの処理をバックグラウンドのスレッドで行うことで、負荷の影響によってブラウザのUIが停止する事態を防ぐことができます。バックグウランドで動作するJavaScriptのコードを**ワーカ**といいます。ワーカを利用しない場合、利用した場合の処理の違いは以下の図のようになります。

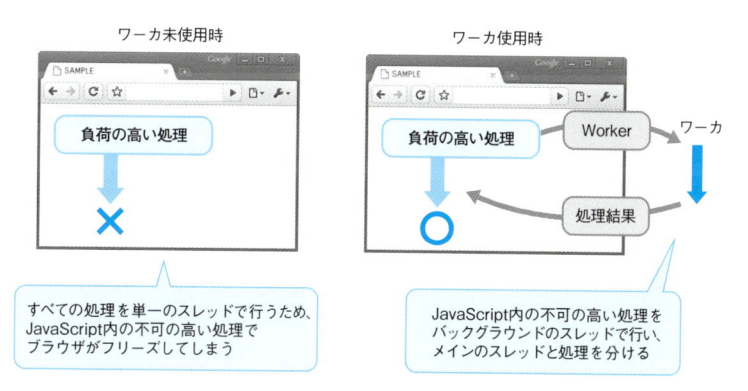

ワーカ未使用時／使用時の処理

ワーカの使用例としては以下のような処理が考えられます。

- 大きなファイルの読み込み
- Indexed Database APIを利用したDBの複雑な処理
- JavaScriptでの動的な画像処理
- 複雑な計算

上記のように負荷の高く、そのまま実行するとブラウザの他の動作に影響があると予想される場合にワーカの利用が考えられます。

ワーカ使用時、未使用時の違い

サンプルを使ってワーカを使用した場合と使用しない場合のブラウザの動作を確認してみます。0から入力された数の間に3の倍数がいくつあるか、という処理をワーカ使用時／未使用時で行ってみます。

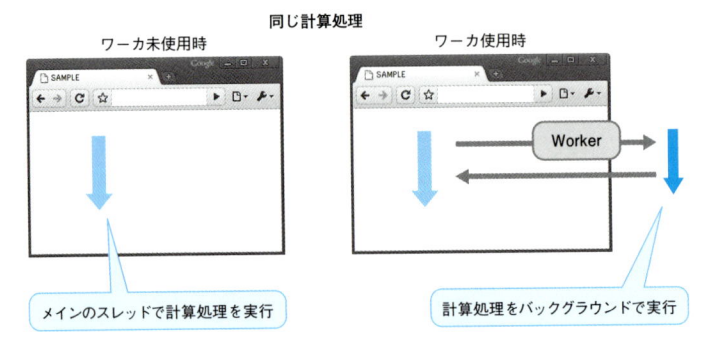

ワーカ未使用時／使用時での計算処理の比較

[リスト15-1] Web Workers 使用時　sample_wk1.html（抜粋）

```html
<script type="text/javascript">
var worker = new Worker("sample_wk1.js");  ←----------- ❶
function send(){  ←----------- ❷
    var num = document.getElementById("num").value;
    worker.postMessage(num);
    document.getElementById("output").innerHTML = "計算中です";
}
worker.onmessage = function(event){  ←----------- ❸
    document.getElementById("output").innerHTML = event.data;
}
</script>
</head>
<body>
<input type="text" id="num" name="num" value="">
<input type="button" value="送信" onClick="send()">
<br><br>
<div id="output"></div>
```

❶ バックグラウンドで実行するJavaScriptのファイルを指定して、ワーカのインスタンスを作成します。コード内の「worker」というオブジェクトがJavaScript「sample_wk1.js」をバックグラウンドで動かすプロセスを管理するワーカのオブジェクトです。

❷ 入力された数値をワーカに渡すメソッドです。JavaScript内のgetElementByIdメソッドで入力された数値を取得した後、postMessageメソッドでワーカへ数値を渡します。

❸ ワーカからメッセージを受け取った際の処理をイベントハンドラonmessageで指定します。サンプルの場合は計算結果がワーカから返却されますので、その値を受け取ってdiv要素のinnerHTMLに指定しています。上記のようにワーカとのやり取りはpostMessageメソッド、イベントハンドラonmessageで行います。ワーカから呼び出されるsample1.jsのコードは次のようになります。

[リスト15-2] Web Workers使用時　sample_wk1.js（抜粋）

```
onmessage = function(event){     ◀----------- ❹
    var i=0
    var c = 0;
    for(i=1;i<=event.data;i++){
        if(i%3==0)  c++
    }
    postMessage("3の倍数は " + c + " 個です ");    ◀----------- ❺
}
```

❹ onmessageでsample1.html側からのメッセージを受け取った際の処理を指定できます。onmessageで呼び出される関数へ渡されるのはMessageEvent（第13章251ページ参照）になります。受信したメッセージの内容はイベントのdataプロパティを参照して取得します。処理を重くするために、1から入力された数字までを1つ1つチェックして3の倍数であるかを確認しています。

❺ sample1.html側へのメッセージ送信はpostMessageメソッドで行います。

[リスト15-3] Web Workers未使用時　sample_non_wk1.html（抜粋）

```
function send(){
    document.getElementById("output").innerHTML = " 計算中です ";
    var num = document.getElementById("num").value;
    var i=0
    var c = 0;
    for(i=1;i<=num;i++){
        if(i%3==0)  c++;
    }
    document.getElementById("output").innerHTML = "3の倍数は " + c + " 個です ";
}
</script>
</head>
<body>
<input type="text" id="num" name="num" value="">
<input type="button" value=" 送信 " onClick="send()">
<br><br>
<div id="output"></div>
```

　Web Workers未使用時の場合は、上記のようにJavaScriptの中でsample_wk1.jsの処理を行います。

　実行結果は次の通りです。

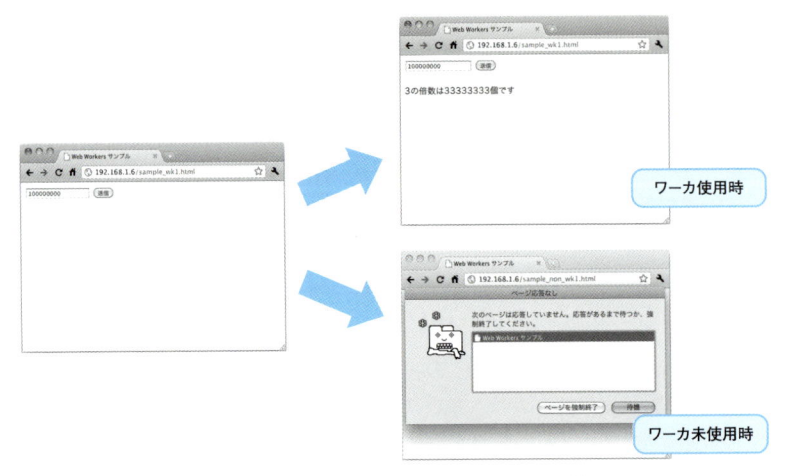

ワーカ未使用時／使用時での計算処理の比較

　ワーカ使用時のサンプルは入力した数値が大きくなっても、結果取得までに時間はかかるものの、処理が止まることはありません。ワーカ未使用時のサンプルは入力した数値が大きくなると、ブラウザが反応しなくなってしまいます。起算処理を別のスレッドで動かしたことで、ブラウザ本体の動作を阻害しないことがわかります。

　サンプルの❶〜❺までの流れを図で示すと以下のようになります。

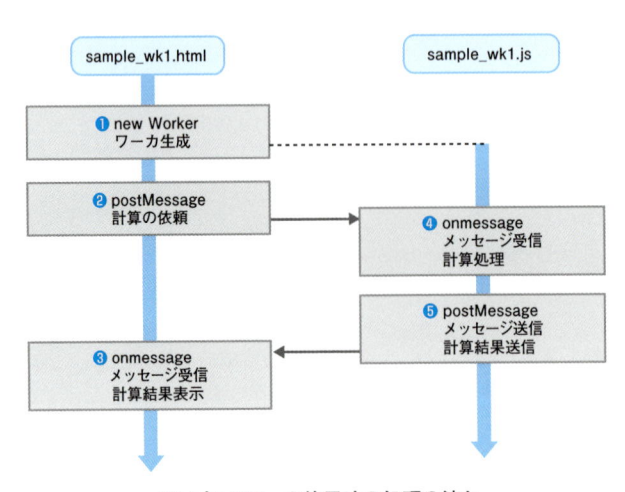

サンプルのワーカ使用時の処理の流れ

　Web Workersを利用する際の大まかな処理の流れは上記の図のようなフローになります。ブラウザ側では、postMessageメソッド、messageイベントを通してワーカを管理します。Workerオブジェクトの主なイベントハンドラ、メソッドをまとめると次のようになります。

Workerオブジェクトのイベントハンドラ、メソッド

名前	概要
onmessage	ワーカからのメッセージを受信した際に呼び出されるイベントハンドラ
onerror	エラーが発生した際に呼び出されるイベントハンドラ
postMessage	ワーカにメッセージを送信する
terminate()	ワーカを停止する

　Web WorkersのpostMessageメソッドで送信できるメッセージはArray、Date、Math、String、JSON等のJavaScriptオブジェクトになります。

ワーカの特徴

　ワーカでは、ブラウザオブジェクトへのアクセス、JavaScriptファイルのインポートが通常のJavaScriptと若干違います。以下にまとめます。

・ブラウザオブジェクトへのアクセス

　ワーカで呼ばれるJavaScriptは、ブラウザ上ではなくバックグラウンドで実行されます。このため、通常ブラウザで実行されるJavaScriptで利用できるUIに関するwindow、documentオブジェクトを参照できません。したがって、ワーカからはDOM／UIへのアクセスはできません。この点を注意してください。jQueryやPrototype.js等のDOMの操作を前提としたライブラリもワーカからはすべての機能が利用できるとは限りません。

　ブラウザオブジェクトのワーカからのアクセス可否は以下の通りです。

ブラウザオブジェクトのワーカからのアクセス可否

オブジェクト名	アクセス
window	否
document	否
navigator	可
location	可
history	否

・JavaScriptファイルのインポート

　ワーカでは別のJavaScriptファイルをインポートして利用することも可能です。その際には、JavaScriptファイルをインポートするimportScriptsというメソッドを使います。ワーカ内で共通で使う処理をあらかじめ別のファイルにしておくことができます。importScriptsメソッドの使い方は次の通りです。

importScripts メソッド

書式　importScripts("ファイル名1","ファイル名2");

上記のようにワーカ内で利用するJavaScriptのファイル名をカンマ区切りで指定します。先のサンプルの3の倍数をカウントする処理を別ファイルにして、importScriptsメソッドを使ってファイルをインポートして利用する例は以下のようになります。

[リスト15-4] ファイルをインポートして利用　sample_wk1_2.js

```
importScripts("sample_wk1_3.js");
onmessage = function(event){
    postMessage(cal(event.data));
}
```

[リスト15-5] ファイルをインポートして利用　sample_wk1_3.js

```
function cal(num){
    var i=0
    var c = 0;
    for(i=1;i<=num;i++){
        if(i%3==0)  c++
    }
    return "3の倍数は" + c + "個です";
}
```

3の倍数をカウントする処理をsample_wk1_3.jsとし、このファイルをsample_wk1_2.jsからimportScriptメソッドでインポートしています。このため、sample1_2.jsではsample_wk1_3.jsのcalメソッドが利用できることになります。ワーカではこのようにJavaScriptを分けられることでコードの管理が楽になります。

> ### コラム Web Workersの利用とマルチコアCPU
>
> 当然のことですが、ワーカで呼び出されるJavaScriptはクライアントの端末で実行されます。端末のCPUがマルチコアであれば、1つの処理を複数のプロセッサで実行する並列処理を行うことができます。下の画面はサンプルを実行したときのCPUの使用率です。
>
> サンプルを実行した時点で
> 2つのCPUの使用率が上昇
>
> サンプル実行時のCPU稼働率
>
> サンプルを実行し、JavaScriptの処理をバックグラウンドで開始した際に、2つのCPUの使用率が同じタイミングで上昇しています。このことから、ワーカを用いてバックグラウンドでJavaScriptを実行する際にはマルチコアのCPUを有効に活用できることがわかります。

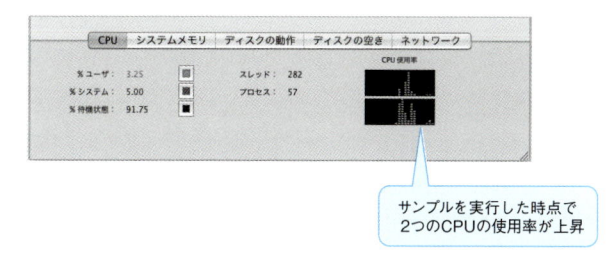

ワーカ内から同期APIを利用する

　HTML5以降に追加されたAPIの仕様の中で、ワーカ内からのみ利用できる同期APIという区分があります。現時点では、Web SQL Database、Indexed Database API、File APIに同期APIが存在します。Web SQL Databaseは仕様は廃止され、Indexed Database APIはまだすべての機能を実装しているブラウザがありませんので、ここではFile APIの同期APIについて説明します。

File APIの同期APIを利用する

　ブラウザでファイルを選択し、JavaScriptでファイルを読み込んで表示するWebアプリケーションを考えます。このWebアプリケーション内でワーカを利用して、ファイルを読み込む処理をバックグラウンドで行うサンプルを作成してみます。ワーカ内でFile APIの同期APIを利用します。

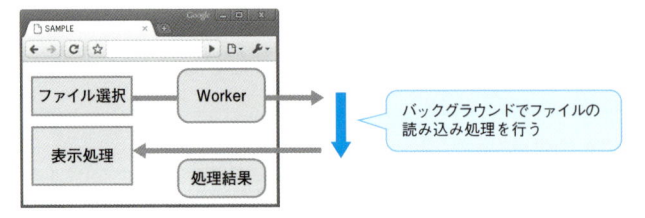

ワーカからの File API の利用

[リスト15-6] ワーカからの File API の利用　sample_wk1.html（抜粋）

```html
<script type="text/javascript">
var worker = new Worker("sample_wk_file.js");   ←------------❶
function send(){   ←-----------❷
    var file = document.getElementById("file").files[0];
    worker.postMessage({"file" : file, "type": file.type});
    document.getElementById("output").innerHTML = " 処理中です ";
}
worker.onmessage = function(event){   ←-----------❸
    ret = event.data;
    if(/^image/.test(ret.type)){
        var img = document.createElement('img');
        img.src = ret.val;
        document.getElementById("output").innerHTML = "";
        document.getElementById("output").appendChild(img);
    }

    if(/^text/.test(ret.type)){
        document.getElementById("output").innerHTML = ret.val;
    }
}
</script>
</head>
<body>
<input type="file" id="file">
<input type="button" value=" 送信 " onClick="send()">
<br><br>
<div id="output"></div>
```

❶ バックグラウンドで実行するJavaScriptのファイルを指定して、ワーカのインスタンスを作成します。

❷ 入力されたファイルの情報ををワーカに渡すメソッドです。選択されたファイル、ファイルのMIMEタイプをハッシュの {"type": MIMEタイプ, "file": 選択されたファイル情報} でワーカへ渡しています。

❸ ワーカからメッセージを受け取った際の処理をイベントハンドラonmessageで指定します。ワーカからの戻り値もハッシュで {"type": MIMEタイプ, "val": 読み込んだファイルのデータ} の形式で返却されます（287ページ参照）。戻り値のMIMEタイプを判定し、画像ならimg要素を作成してそのsrc属性にファイルのデータを指定して表示、テキストならファイルのデータを画面内のdiv要素

のinnerHTMLに指定して画面に表示します。

ワーカ側のコードは以下のようになります。

［リスト15-7］ ワーカからのFile APIの利用　sample_wk_file.js（抜粋）

```
onmessage = function(event){
    var reader = new FileReaderSync();    ←──────────❹
    var data = event.data;
    var val = "";
    if(/^image/.test(data.type)){
        val = reader.readAsDataURL(data.file);
    }

    if(/^text/.test(data.type)){
        val = reader.readAsText(data.file);
    }
    postMessage({"type": data.type, "val": val});    ←──────────❺
}
```

❹ File APIの同期API内のFileReaderSyncインスタンスを作成します。受け取ったハッシュのMIMEタイプを判別し、画像ファイル／テキストファイルをそれぞれ対応するメソッドでファイル内容を読み取ります（292ページ参照）。

❺ {"type": MIMEタイプ, "val": ワーカで読み込んだファイルのデータ} の形式でデータを返却します。

実行結果は以下の通りです。

ワーカからFile APIを利用するサンプルの実行結果

大きなファイルを読み込んだり、読み込んだファイルの内容を参照して複雑な処理を行う場合等にFileReaderSyncを使ってバックグラウンドで処理を行うことができます。FileReaderSyncには以下のメソッドがあります。

FileReaderSyncのメソッドとプロパティ

名前	概要
readAsBinaryString(ファイル)	ファイル内容をバイナリ文字列として返却
readAsText(ファイル , 文字エンコーディング)	指定された文字エンコーディングでファイル内容を読み込んで返却
readAsDataURL	ファイル内容を DataURL 形式で返却

　同期 API なので、メソッドの戻り値として上記メソッドの実行結果を受け取ることができます。非同期 API を利用する場合と違って、イベントを経由する必要はありません。

ワーカを共有する

　前項までの例では、ワーカのインスタンスとバックグラウンドのプロセスが1対1のものでした。これ以外にも、複数のワーカのインスタンスがバックグラウンドのプロセスを共有するという使い方もできます。このことを共有ワーカといいます。

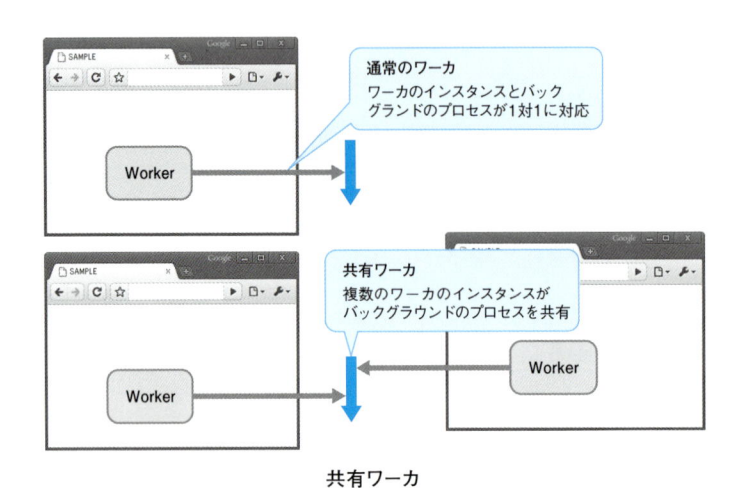

共有ワーカ

　共有ワーカでは、複数のiframe内で同じ処理を行う場合や、特定の処理と処理結果をウィンドウ間で共有したい場合での利用が考えられています。本書執筆時時点では、共有ワーカにはまだブラウザの実装が追い付いておらず、ChromeとSafariで一部確認できるのみです。共有ワーカが実際に利

用されるようになるのはもう少し先になると予想されています。

共有ワーカで変数を共有する

サンプルを通して、共有ワーカの基本的な使い方を変数の値が共有されることで確認してみます。

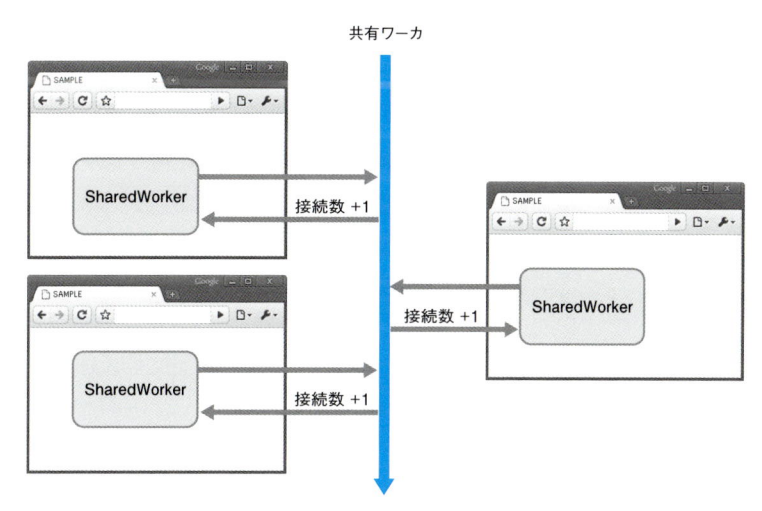

共有ワーカを利用して共通の変数の値を参照する

[リスト15-8] 共有ワーカを利用した共通の変数の値の参照　sample_ws2.html（抜粋）

```
<script type="text/javascript">
function connectWorker(){
    var worker = new SharedWorker("sample_wk2.js", "sw");
        worker.port.onmessage = function(event){
        document.getElementById("output").innerHTML = event.data + "<br>";
    }
}
</script>
</head>
<body>
<input type="button" value=" 接続 " onClick="connectWorker()">
<br><br>
<div id="output"></div>
```

「接続」ボタン押下時に共有ワーカのインスタンスSharedWorkerをJavaScriptファイル名「sample_wk2.js」、名前「sw」で生成し、共有ワーカに接続します（295ページ参照）。共有ワーカとは、SharedWorkerオブジェクトのportプロパティを通してメッセージのやり取りができます。サンプルでは、onmessageイベントハンドラを利用して、共有ワーカから受信したメッセージをブラウザに表示しています。

[リスト15-9] 共有ワーカから受信したメッセージをブラウザに表示　sample_wk2.js

```
var array = [];
onconnect = function(event){
    array.push(event.ports[0]);
    for (var i = 0 ; i < array.length ; i++) {
      array[i].postMessage(" 共有数： " +  array.length);
    }
}
```

　共有ワーカは、SharedWorkerのインスタンスを生成されたときに、onconnectというイベントハンドラでインスタンス生成時の処理を指定できます。共有ワーカ側では、呼び出す側（クライアント）をイベントのportsプロパティで取得します（251ページ参照）。サンプルでは、グローバル変数にarrayという名の配列を用意し、onconnectイベントハンドラ内でクライアントのポートを配列arrayに格納していきます。その後に、array内のすべてのクライアントに対してpostMessageメソッドで共有されている数をarrayの長さで返却しています。

　ブラウザを複数起ち上げて、共有ワーカのインスタンスを生成すると、その数だけ共有されている旨のメッセージが送信されていることが確認できます。

共有ワーカを利用して共有数を参照する

　共有ワーカのインスタンスSharedWorkerの生成の書式は以下の通りです。

SharedWorker のインスタンス生成

| 書式 | var worker = new SharedWorker("JavaScript の URL", " 名前 "); |

SharedWorkerオブジェクトのイベントハンドラをまとめると以下のようになります。

SharedWorkerオブジェクトのイベントハンドラ、メソッド

名前	概要
onconnect	接続した際に呼び出されるイベントハンドラ
onerror	エラーが発生した際に呼び出されるイベントハンドラ

共有ワーカでは、クライアントからメッセージを受信した際の処理を行う場合、クライアントごとにonconnectイベントハンドラでメッセージを受信した際の処理を定義することになります。

共有ワーカ側では、呼び出す側（クライアント）をイベントのportsプロパティで取得します。共有ワーカとの接続時に発生するイベントはMessageEvent（251ページ参照）です。MessageEventにはportプロパティで参照できるMessagePortArrayというポートを格納するオブジェクトがあり、この0番目にクライアントの接続ポートが格納されています。したがって、共有ワーカ側でクライアントが接続した際にonmessageイベントハンドラで処理を行う際の書式は以下のように書くことができます。

[リスト15-10] 共有ワーカでonmessage時の処理を指定する例

```
onconnect = function(event){
    event.ports[0].onmessage = function(e){
        # 処理
    }
}
```

サンプルの共有ワーカでは、クライアントが接続してきた際にMessageEventを通して取得したポートを、配列に格納しておき、for文で回して全クライアントのポートに対してpostMessageメソッドを実行するようにしています。サンプル内のコードは以下の部分になります。

[リスト15-11] sample_wk2.js（抜粋）

```
array.push(event.ports[0]);
for (var i = 0 ; i < array.length ; i++) {
    array[i].postMessage("共有数： " +  array.length);
}
```

共有ワーカを利用して、全クライアントに対して処理を行う場合には、あらかじめイベントからポートを収集しておくことが必要になります。

INDEX
索引

■ 記号・数字

-moz- 89
-ms- 89
-o- 89
-webkit- 89
.htaccess 257
.html 24
@font-face 94
@keyframes 107
2D コンテキスト 132

■ A

Access-Control-Allow-Origin 257
accuracy 185
address 要素 53
Ajax 13, 269
altitude 185
altitudeAccuracy 185
animation-name プロパティ 107
application/xhtml+xml 25
application/xml 25
applicationCache プロパティ 200, 211
article 要素 49
aside 要素 50
audio 要素 112, 124
autocomplete 属性 70
autofocus 属性 71

■ B

background-image プロパティ 99
background-position プロパティ 99
border-radius プロパティ 100
button 要素 79

■ C

CACHE セクション 204
Canvas 17, 130
Canvas API 130
canvas 要素 131
charset 属性 26
circle 要素 157
clearWatch メソッド 189
Comet 269
command 要素 68
Content-Type 24
contentWindow プロパティ 251
continue メソッド 244
controls 属性 115
Coordinates オブジェクト 184
createIndex メソッド 242
createObjectStore メソッド 241
CSS 16, 31
CSS3 88
CSS セレクタ 86

■ D

Database オブジェクト	234
datalist 要素	72
DataTransfer	164
data プロパティ	251
details 要素	68
display プロパティ	102
div 要素	44
DOCTYPE	25
document	246
DOM	246
DOM 操作	86
draggable 属性	164

■ E

error イベント	173
EUC	26
executeSql メソッド	235

■ F

FALLBACK セクション	205
fieldset 要素	80
figcaption 要素	53
figure 要素	53
File API	168, 263, 289
File API: Directories and System	169
File API: Writer	169
FileReader	171
FileReaderSync	292
files プロパティ	169, 174
File インターフェイス	170
Flash	17, 127
footer 要素	47
form 要素	80

■ G

Geolocation API	180
geolocation プロパティ	182
getContext メソッド	132
getCurrentPosition メソッド	183
getElementById メソッド	118
getItem メソッド	220
getObject メソッド	243
getter メソッド	220
Google AJAX API	195, 254
Google Docs	159
Google Map	191, 255
Google Map API	193, 205
Google News Search API	254

■ H

H.264	114
h1 〜 h6 要素	52
header 要素	46
heading	185
hgroup 要素	52
HTML	12
HTML 4.0	12
HTML 4.01	12
HTML5	14, 24
HTMLWG	14
html 要素	25
HTTP Live Streaming	123
HTTP 通信	256
HyperText Markup Language	12

■ I

IDBRequest	240
iframe 要素	246
importScripts メソッド	287
Indexed Database API	19, 230, 237, 283, 289
indexedDB	240
input 属性	93

input 要素 169, 175
i 要素 56

J

JavaScript 118, 125, 162, 195, 211, 218
JavaScript のライブラリ 150
JavaScript ファイルのインポート 287
jQuery 65
jQuery Mobile 22
JSON 257
JSON.parse メソッド 225
JSON.stringify メソッド 225

K

keygen 要素 67

L

latitude 185
link 要素 27
list 属性 72
loadend イベント 173
load イベント 173
localStorage 217
longitude 185

M

manifest 属性 26
mark 要素 54
max 属性 74
menu 要素 68
MessageEvent 251, 295
message イベント 286
message プロパティ 187
meta 要素 26, 69
meter 要素 68
MIME タイプ 25, 117, 167, 176, 204
min 属性 74
mobl 58

mp4 117
multiple 属性 72

N

navigator オブジェクト 182
nav 要素 49
NETWORK セクション 204
novalidate 属性 77
nth-child プロパティ 91

O

objectStore メソッド 241
object 要素 116
Offline Web Application 18
Ogg Theora 114
ogv 117
onconnect イベントハンドラ 294
openDatabase 関数 234
open 関数 240
origin プロパティ 251
otherWindow 251
output 要素 68

P

path 要素 158
pattern 属性 77
PHP Websocket Class 272
placeholder 属性 76
polygon 要素 156
port プロパティ 293
PositionError オブジェクト 184, 186
PositionOptions オブジェクト 184, 187
Position オブジェクト 184
poster 属性 116
postMessage メソッド 247, 250, 286, 294
POST メソッド 261
preload 属性 116
Progress Events 177

progress イベント 177
progress 要素 67

■ Q
querySelector 86
querySelectorAll 86

■ R
readAsText メソッド 173
rect 要素 155
required 属性 78
result プロパティ 171, 244
RGBA 97
RGB 形式 136
rp 要素 56
rt 要素 55
ruby 要素 55

■ S
script 要素 27
section 要素 47
Selectors API 85
Selectors API Level2 86
SEO 57
sessionStorage 217
setItem メソッド 220
setter メソッド 220
SharedWorker オブジェクト 293
Shift_JIS 26
Silverlight 17
small 要素 56
source 要素 117
speed 185
SQL 230
SQLError オブジェクト 235
SQLResultSet オブジェクト 236
SQLTransaction オブジェクト 235
SQL の実行 234

step 属性 75
storage イベント 227
strong 要素 56
summary 要素 68
SVG（Scalable Vector Graphics）............... 155, 160

■ T
text-shadow プロパティ 97
text/cache-manifest 204
text/html 24
text/plain 167
textBaseline プロパティ 144
text 要素 157
The constraint validation API 81
timestamp 184
time 要素 54
transaction メソッド 234
transition プロパティ 106
type 属性 27, 60, 117, 169

■ U
upload プロパティ 261
UTF-8 26

■ V
ValidityState 81
video/ogg 119
video 要素 112, 115, 123
viewport 69

■ W
watchPosition メソッド 188
Web 2.0 13
Web Applications 1.0 15
Web Socket API 20
Web SQL Database 230, 289
Web Storage 19, 216
Web Workers 20, 282

索引 **299**

WebKit 22, 58
WebM 114
WebSocket 268
Web フォント 94
WHATWG 13
window オブジェクト 200, 232

■ X

XHTML 12
XHTML 1.0 12
XHTML 1.1 12
XHTML 2.0 12
XHTML5 24
XML 12
XMLHttpRequest Level2 256
XMLHttpRequest オブジェクト 261
XML 構文 24

■ Y

YUI 65

■ あ行

アウトライン 42
圧縮形式 112
アニメーション 107, 151
アプリケーションキャッシュ 199
位置情報 18, 180
色 135
色の入力 65
インタラクティブコンテンツ 37
インデックス 230
インデックスの作成 242
エラーコード 186
エラーメッセージ 186
円 138, 157
円形グラデーション 136
円弧 140
エンベッディッドコンテンツ 36

オーディオトラック 112
オートコンプリート機能 70
オブジェクトストア 237
オブジェクトの共有 276
オフライン 18
オフライン Web アプリケーション 198
オリジン 217

■ か行

カーソル 243
開始タグ 28
開発ライブラリ 195
外部コンテンツ 30
外部サーバー 261
拡張子 24
ガジェット 247
可視領域 69
画像 141
画像ファイル 171
角丸 99
カラーピッカー 65
カラムレイアウト 102
空要素 27
逆ジオコーディング 193
キャッシュ 18, 204
キャッシュの更新 207
キャッシュマニュフェスト 203
強調表示 54
共有ワーカ 292
クッキー 216
グラデーション 110, 136
グラフ 145
グリッドレイアウト 110
クローラー 57
クロスオリジン 257
クロスドキュメント通信 19
クロスドキュメントメッセージング 246
検索エンジン 57

公開鍵暗号方式 67
構造化 29
構造化要素 16
構文チェック 38
後方互換性 24
コーデック 113
コールバック関数 234
異なるオリジンのフレーム 248
コピーライト 47
コンテナファイル 112
コンテンツモデル 34

■ さ行

最小値 74
最大値 74
三角形 156
四角形 132, 155
色名 136
終了タグ 27
シングルスレッド 282
進捗の状態 177
数値関連の入力 63
ストレージ 216
スマートフォン 57, 69, 181, 191
スレッド 283
正規表現 176
セクショニングコンテンツ 35
セクション 42, 204
セクション内部 51
セレクタ 90
線 134
線形グラデーション 136
双方向通信 20
属性セレクタ 92
属性値 28
ソケット通信 268

■ た行

多角形 135
著作権情報 47
データベース 230
テキストファイル 173
テンプレート 39
動画ファイル 112
同期 API 170, 231, 289
ドラッグ＆ドロップ 17
ドラッグ＆ドロップ API 162
トランザクション 230
ドロップ 174

■ な行

入力のチェック 77
入力の補助 70

■ は行

パス 134
バックグラウンド 20, 283
バリデーション結果 81
日付関連の入力 64
ビデオトラック 112
非同期 API 170, 231, 240
非同期通信 269
秘密鍵 67
ファイル形式 112
フォーカス 71
フォーム機能 16, 29
フォームコントロール 60
フッタ 46
ふりがな 55
フレージングコンテンツ 36
プレースホルダ 235
フローコンテンツ 35
ブロック要素 34
ヘッダ 46
ヘッディングコンテンツ 36

ベンダープレフィックス 89, 240
ホワイトリスト 207

■ ま行

マークアップ言語 12
マルチコア CPU 289
マルチスレッド 282
マルチメディア要素 17
見出し 52
メタ情報 47
メタデータ 112
メタデータコンテンツ 35
メディアファイル 112
文字 142, 157
文字エンコーディング設定 26

■ や行

要素セレクタ 90

■ ら行

リレーショナルデータベース 19, 230
ルビ 55
連絡先情報 53

■ わ行

ワーカ 171, 283, 289

■ 参考資料

＜Webサイト＞

・W3C HTML5仕様
　http://www.w3.org/TR/html5/

・WHATWG HTML仕様
　http://whatwg.org/html

・Micsoroft Internet Explorer9 公式ページ
　http://windows.microsoft.com/ja-JP/internet-explorer/products/ie-9/home

・Firefox HTML5サポートページ
　https://developer.mozilla.org/ja/HTML/HTML5

・Operaサポートページ
　http://dev.opera.com/

・Safariサポートページ
　http://developer.apple.com/devcenter/safari/index.action

・Chromeサポートページ
　http://www.google.com/chrome/

・次世代 HTML 標準 HTML5 情報サイト
　http://www.html5.jp/

・FindmebyIP HTML5 & CSS3 SUPPORT
　http://www.findmebyip.com/litmus/

＜文献＞

『徹底解説HTML5マークアップガイドブック』波田野太巳著　秀和システム刊　2010年

『HTML5 & API 入門』株式会社あゆた監修　白石俊平著　日経BP社刊　2010年

『Google API Expertが解説するHTML5ガイドブック』Google API Expert　羽田野太巳、白石俊平、古籏一浩、太田昌吾共著　インプレスジャパン刊　2010年

『スマートフォンのためのHTML5アプリケーション開発ガイド　iPhone/iPad/Android対応』クジラ飛行机　ソシム刊　2010年

『HTML5: Up and Running』Mark Pilgrim著　O'REILLY刊　2010年

『INTRODUCING HTML5』Bruce Lawson, Remy Sharp 共著　New Riders Press 刊　2010年

『Pro HTML5 Programing』Peter Lubbers, Brian Albers, Frank Salim 共著　APRESS刊　2010年

■著者略歴

片渕彼富 Katafuchi, Kanotomi

執筆コミュニティ「WINGSプロジェクト」所属のライター。九州大学大学院農学研究院動物学分野修了。旅行、EC、アイドル関係のコンテンツ会社勤務後、フリーへ。現在は株式会社メディカルアプリ取締役としてスマートフォン関連事業に邁進中。

■監修者略歴

山田祥寛 Yamada, Yoshihiro

千葉県鎌ヶ谷市在住のフリーライター。Microsoft MVP for ASP/ASP.NET。執筆コミュニティ「WINGSプロジェクト」代表。書籍執筆を中心に、雑誌／サイト記事、取材、講演までを手がける多忙な毎日。最近の活動内容は公式サイト(http://www.wings.msn.to/)を参照されたい。

●お問い合わせについて

本書の内容に関する質問は、下記のメールアドレスおよびファクス番号までお送りください。ご質問の際は、書名・ページ数を明記してくださいますよう、お願い申し上げます。なお、電話によるご質問や本書の内容を越えるご質問にはお答えできませんので、悪しからずご了承ください。

メールアドレス　book_mook@mycom.co.jp
ファクス　03-6267-4028

HTML5 基礎

2011年3月26日　初版第1刷発行　　2011年5月24日　初版第2刷発行

●著者	WINGSプロジェクト 片渕彼富
●監修者	山田祥寛
●発行者	中川信行
●発行所	株式会社 毎日コミュニケーションズ
	〒100-0003　東京都千代田区一ツ橋1-1-1パレスサイドビル
	TEL:048-485-2383（注文専用ダイヤル）　TEL:03-6267-4477（販売）
	TEL:03-6267-4433　MAIL: book_mook@mycom.co.jp（編集）
	URL:http://book.mycom.co.jp
●装丁・本文デザイン	轟木亜紀子（株式会社トップスタジオ）
●DTP	久保田千絵
●印刷・製本	図書印刷 株式会社

©2011 Kanotomi Katafuchi., Printed in Japan
ISBN978-4-8399-3793-5
定価は裏表紙に記載してあります。乱丁・落丁本はお取り替えいたします。
乱丁・落丁のお問い合わせはTEL:048-485-2383（注文専用ダイヤル）、電子メール：sas@mycom.co.jpまでお願いいたします。
本書中に登場する会社名や商品名は一般に各社の商標または登録商標です。
本書は著作権法上の保護を受けています。
本書の一部あるいは全部について、著者、発行者の許諾を得ずに無断で複写、複製することは禁じられています。